"十二五"职业教育国家规划教材

经全国职业教育教材审定委员会审定

普通机械加工技能实训

主编 王增强

参编 陈开君 刘 惠

主审 董康成 张 毅（企业）

机械工业出版社

CHINA MACHINE PRESS

本书是经全国职业教育教材审定委员会审定的"十二五"职业教育国家规划教材，是根据教育部于 2014 年公布的中等职业学校相关专业教学标准，同时参考车工、铣工和磨工职业资格标准编写的。

本书共分为四个单元，内容包括安全文明生产、车工技能实训、铣工技能实训和磨工技能实训。为了突出技能训练、着重培养学生的动手能力，本书遵循由浅入深、实训引领的原则，将专业理论知识融入训练课题，使学生在技能训练的过程中能够反复学习、归纳总结，并通过实际动手去理解和掌握基础理论，从而促进实际操作技能的提高。

为便于教学，本书配套有电子课件，选择本书作为教材的教师可来电（010-88379375）索取，或登录 www.cmpedu.com 网站，注册、免费下载。

本书可作为中等职业学校机械类专业教材，也可作为相关行业的岗位培训用书。

图书在版编目（CIP）数据

普通机械加工技能实训/王增强主编. —北京：机械工业出版社，2015.10（2024.8 重印）

"十二五"职业教育国家规划教材

ISBN 978-7-111-52163-1

Ⅰ.①普… Ⅱ.①王… Ⅲ.①金属切削-中等专业学校-教材 Ⅳ.①TG506

中国版本图书馆 CIP 数据核字（2015）第 270762 号

机械工业出版社（北京市百万庄大街 22 号　邮政编码 100037）
策划编辑：张云鹏　责任编辑：王莉娜　责任校对：刘怡丹
封面设计：张　静　责任印制：邓　博
北京盛通数码印刷有限公司印刷
2024 年 8 月第 1 版第 7 次印刷
184mm×260mm · 15.75 印张 · 385 千字
标准书号：ISBN 978-7-111-52163-1
定价：45.00 元

电话服务

客服电话：010-88361066
　　　　　010-88379833
　　　　　010-68326294

网络服务

机　工　官　网：www.cmpbook.com
机　工　官　博：weibo.com/cmp1952
金　书　　　网：www.golden-book.com
机工教育服务网：www.cmpedu.com

封底无防伪标均为盗版

前　言

　　本书是根据教育部《关于中等职业教育专业技能课教材选题立项的函》（教职成司[2012] 95号），由全国机械职业教育教学指导委员会和机械工业出版社联合组织编写的"十二五"职业教育国家规划教材，是根据教育部于2014年公布的中等职业学校相关专业教学标准，同时参考车工、铣工和磨工职业资格标准编写的。

　　职业学校的办学宗旨是"以就业为导向"，用人企业不仅要求学生有毕业证，还要求学生取得相应的专业技能证书，即"双证制"。因此本书重点编写了车削、铣削和磨削加工的操作方法和步骤，并从国家技能鉴定题库中筛选出部分考件作为强化训练的课题，为学生考工打下基础。编者本着淡化理论、够用为度、重在应用的原则，力求在文字上准确无误、简明扼要，并配备了大量的图表，使得学习直观、易懂。

　　为了突出技能训练、着重培养学生的动手能力，本书遵循由浅入深、实训引领的原则，将专业理论知识融入训练课题，使学生在技能训练的过程中能够反复学习、归纳总结，并通过实际动手去理解和掌握基础理论，从而促进实际操作技能的提高。

　　为了适应实训教学要求，本书对每个实训课题都提出了实训教学目的与要求，便于教师备课、讲课，同时可使学生明确学习目标；本书对每个实训工件都配有评分标准，并列出了实训工件出现质量问题时的原因分析方法及采取的相应措施；本书配备了一定数量的思考题，可供学生在课堂和课后继续学习。

　　本书由王增强担任主编并负责全书统稿，参与编写的还有陈开君和刘惠。全书由西京学院董康成副教授和张毅高级工程师担任主审。在此，向所有参与者和关心、支持此项工作的同志表示衷心的感谢！

　　由于编者水平有限，书中难免存在一些不妥之处和错误，恳请读者批评指正。

编　者

目　录

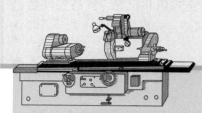

单元一
安全文明生产

一、实训教学目的与要求

1）了解安全实训、安全生产的目的与意义。

2）掌握安全实训、安全生产规程。

二、安全实训、生产的方针

"安全第一，预防为主"是组织实训和生产的方针。如果违背这个方针，就会导致工伤事故发生，甚至造成人员和财产的损失。因此，所有人员对安全实训和安全生产的方针都必须认真理解，并贯彻到实际行动中去。

"安全第一"是指在对待和处理安全与实训、安全与生产以及其他工作的关系时，要把安全工作放在首位。当实训、生产或其他工作与安全问题发生矛盾时，所有工作必须服从安全。"安全第一"就是告诫各级管理者和全体师生员工，要高度重视安全实训和安全生产，将安全当作头等大事来抓，要把保证安全作为完成各项任务的前提条件。特别是各级领导和实习指导教师在规划、布置和实施各项实训工作时，要首先想到安全，采取必要和有效的防范措施，防止发生工伤事故。

安全与实训、生产的关系是对立统一的关系，只要有实训和生产活动就会有安全问题，安全问题存在于实训和生产活动之中。特别是学生实际操作训练时，由于对操作规程不熟悉，对设备的性能比较陌生，容易发生事故。因此，只有保证了安全，实训和生产才能顺利进行。"安全为了实训，实训必须安全"，这二者之间既有矛盾，又有统一。

"预防为主"是指在实现"安全第一"的工作中，做好预防工作是最主要的。它要求大家防微杜渐，防患于未然，把事故消灭在萌芽状态。伤亡事故不同于其他事故，一旦发生则很难挽回损失。

三、安全实训、安全生产的任务

1）增强安全意识，消除安全隐患，减少或消灭工伤事故，保障操作者安全地实训和生产。

2）搞好劳逸结合，保障实训学生和生产者有合理的休息时间，提高实训效果和劳动效率。

3）根据各工种的职业特点和女性的生理特点，加强职业防护和对女学生进行合理保护。

4）加强宣传教育工作，使所有上岗人员都具备必要的安全知识和技能，提高安全意识和安全素质，形成一个人人关心安全、事事注意安全的良好氛围，并成为全体师生员工的自觉行动。

5）加强安全实训和生产的法制工作，严格执行各级安全管理规章制度，建立安全责任制。

四、安全技术基础知识

工伤事故统计资料表明，缺乏安全技术知识是发生工伤事故的重要原因。因此，对实训学生必须进行安全技术知识教育。

1. 安全实训、生产守则

1）"安全实训、人人有责"。所有职工、学生必须严格执行安全技术操作规程和各项安全实训、生产制度。

2）实训学生、培训人员，未经安全教育或指导教师批准，不准随意操作或参加生产。

3）工作前必须按规定穿戴好防护用品，女生应把发辫盘入帽内，不准穿拖鞋、凉鞋、赤膊、敞衣、戴围巾工作。严禁闲杂人员进入工作场地。

4）工作时应集中精力，坚守岗位，不准擅自离岗；不准做与本职工作无关的事。

5）搞好文明生产，保持基地清洁，通道畅通。

6）严格执行交接班制度，下班前必须切断电源，清理好现场。

7）工作时间应注意周围的安全。做到：不伤害自己、不伤害他人、不被他人伤害。发生重大事故时，要及时抢救受伤人员，保护现场，并立即报告主管领导。

8）对渎职或违章作业而造成安全事故的责任者，将根据情节和损失，给予批评教育和纪律处分，直至追究刑事责任。

2. 金属切削机床安全操作规程

1）工作前必须按规定穿戴好防护用品，扎好袖口；女生发辫应挽在帽子内。严禁戴手套上机床操作。

2）工作现场应整洁，切屑、油、水要及时清除。工件和材料不能乱放，以免妨碍操作和堵塞通道。

3）工具、量具和夹具必须完好和适用，并放在规定的地方。机床导轨、工作台和刀架上禁止放置工具、工件和其他物品。

4）开动机床前应详细检查：①各固定、限位装置是否紧固。②润滑情况是否良好。③切削液是否充足。④电气开关是否灵活正常，保护接"零"是否良好。⑤各种安全防护装置、保险装置、信号装置是否良好。⑥机械传动是否完好。⑦各种操纵手柄的位置是否正确。

5）机床开动时，应先低速空车试运转 2~3min，等运转稳定后方可正式操作。

6）刀具和工件必须装夹正确和牢固。装卸表面有油工件或较大工件时，床身上要垫好木板，以防止工件落下撞伤导轨面。严禁用手去垫托，以免坠落伤人。

7）在机床切削过程中，人要站在安全位置，要避开机床运转部位和飞溅的切屑。不准在刀具的行程范围内检查切削情况。

8）机床在运转中不准调节变速机构或行程；严禁用手摸刀具、工件或转动部位；不准擦拭机床的运转部位；不准测量和调整工件；不准换装工具、装卸刀具；不准隔着机床的转动部位（工件、刀具、传动机构）传递物品或工件；不准用人力或工具强迫机床停止转动。

9）严禁用手直接清除铁屑或用嘴吹铁屑，应使用专门工具进行清除。

10）两人或多人在同一机床上工作时，必须有一人负责统一指挥，防止发生事故。

11）在机床运转时，操作人员不准离开工作岗位，因故离开时，必须停车、关闭电源。

12）中途停电应立即关闭电源，退出刀具。

13）工作中发现异常情况时，应立即停车，请维修人员进行检修。

14）禁止在扳手开口处加衬垫物或在手柄上加套管，以防滑脱撞击伤人。

15）工作完毕，要退出刀架，卸下工具。各种操作手柄要放到空挡位置，并将机床擦净，加注润滑油。

3. 实训基地或车间安全用电基本知识

1）不要随便乱动基地或车间内的电气设备。自己使用的设备、工具，如果电气部分出现故障，不得私自修理，也不能带故障运行，应立即请电工检修。

2）经常使用的配电箱、配电板、刀开关、按钮、插座、插销以及导线等，必须保持完好、安全，不得有破损或使带电部分裸露出来。

3）在操作刀开关、磁力开关时，必须将刀开关盖子盖好，以防在短路时产生电弧伤人。

4）使用的电气设备，接零和接地设施要保证连接牢固，否则接零或接地就不起保护作用。

5）需要移动某些非固定安装的电气设备，如电风扇、照明灯、电焊机等时，必须先切断电源后再移动，并注意导线不得在地面上拖拉，以免磨损。若导线被其他物体压住时，不要硬拽，以免将导线拉断。

6）使用手用电动工具时，必须注意：①安设漏电断路器；②工具的金属外壳应有防护性接地或接零；③使用的导线、插销、插座必须符合国标要求，有防护性接零；④严禁将导线直接插入插座内；⑤不得将工件或其他物品压在导线上，防止轧断导线而发生触电。

7）工作台上、机床上使用的工作照明灯，其电压不得超过36V。

8）使用的工作灯要有良好的绝缘手柄和金属护罩。灯泡的金属灯口不得外露。引线要采用有护套的双芯软线，并装有"T"形插头，防止插入高压电的插座上。行灯的电压不得超过36V，在特别危险场所，如金属容器内、潮湿的地沟处等，其电压不得超过12V。

9）在一般情况下，禁止使用临时线。如必须使用时，需经过相关部门批准。在使用时应按有关安全标准安装好，不得随便乱拉，并按规定时间拆除。

10）发生电气火灾时，应立即切断电源，用沙土、二氧化碳等专用器材灭火。切不可用水或泡沫灭火器材灭火，因为它们有导电的危险。救火时应注意自己身体的任何部位及灭火器具不得与电线电器设备接触，以防危险。

11）在打扫卫生、擦拭设备时严禁用水去冲洗电气设施，或用湿抹布擦拭电气设施，以防发生短路和触电事故。

五、文明实训和文明生产

在实训和生产时，都要对生产各要素的状态不断进行整理、整顿、清扫、清洁，加强安全和开展提高素质的活动。

1. 整理

整理是改善生产现场管理的第一步。其主要内容是对实训和生产现场的各种物品进行整理，分清哪些是工作现场所需要的和不需要的。对于现场不需要的要坚决清理出现场。

2. 整顿

在整理的基础上，对工作现场需要留下的物品进行科学合理地摆放。

1）物品摆放要有固定的地点和区域，以便于寻找和消除混放。

2）物品摆放要科学合理，可以减少人与物的结合成本。

3）物品摆放尽可能目视化，以便做到对某些物品过目知数，易于管理。

3. 清扫

清扫就是对工作场地的设备、工具、物品以及地面进行维护打扫，保持整齐和干净。现场在工作过程中会产生废气、废液、废渣、油污等，使工作现场（包括机器设备）变脏，从而使设备精度降低，影响产品质量，影响职工的工作情绪，甚至引发事故。因此，清扫活动不仅清除了脏物，创建了明快、舒畅的工作环境，而且保证了安全、优质、高效的工作。

4. 清洁

清洁是前三项活动的继续和深入，进一步清除生产现场的事故隐患，保证学生和职工有良好的精神状态和稳定的工作情绪。主要内容是：工作现场不仅要整齐，而且要清洁，要消除混浊空气、粉尘和噪声等污染源；并要求师生员工着装整洁，仪表自然大方，语言文明。

5. 安全

安全就是要求操作人员按规定穿戴好防护用品，严格遵守安全操作规程，严禁违章操作，提高安全防范意识，发现事故隐患，及时处理。

6. 素质

安全、文明实训的核心就是要培养和提高人员的素质，职业素质的培养和体现就是有一个清洁、文明、安全的工作环境。

最后要求在实训基地或到生产现场的师生员工们一定要贯彻"安全第一，文明生产"的原则，一定要自觉遵守安全、文明实训和生产规程和各项规章制度。

思 考 题

1. 简述"安全第一、预防为主"的含义和"安全实训和安全生产"的任务。

2. 试述实训安全守则和金属切削机床安全操作规程。

3. 简述实训基地安全用电基本知识。

4. 简述文明实训和文明生产的目的。

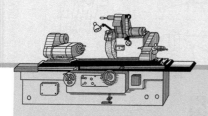

单元二

车工技能实训

任务一 卧式车床及操作

一、实训教学目的与要求

1）了解车削加工的工艺范围和作用；了解车床的结构。
2）掌握车床的操作要领和熟悉车工文明生产和安全操作规程。

二、基础知识

1. 车削加工

车削加工是指在车床上利用工件的旋转运动和刀具的直线运动来完成零件切削加工的方法。

2. 车削加工的特点

车削加工过程连续平稳，车削加工的尺寸公差等级可达到IT7 ~ IT9，表面粗糙度值可达到 $Ra0.8 ~ Ra12.5\mu m$。

3. 车削加工的工艺范围

车削加工的基本内容有车外圆、车端面、切断和车槽、钻中心孔、钻圆柱孔、车（镗）孔、车圆锥面和车螺纹等，如图 2-1 所示。

三、车床

1. 车床型号

车床有许多类型。为了便于使用和管理，按国家标准金属切削机床型号编制方法，对车床型号进行了编号，根据车床的型号就知道车床的类别、结构特征和主要技术参数等。

车床型号用车床的"车"字的汉语拼音（大写）第一个字母"C"表示；机床的类别代号见表 2-1；特性代号见表 2-2；组、系代号见表 2-3、表 2-4。

车床的主要技术参数用两位数字表示；也可以用其 1/10 或 1/100 表示。

机床结构的改进：现结构比原设计有大的改进，按改进次序用 A、B、C 字母表示。

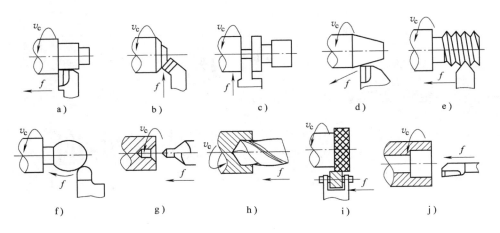

图 2-1　车削加工的范围

a）车外圆和台阶　b）车端面和倒角　c）切槽和切断　d）车圆锥体　e）车螺纹

f）车特形面　g）钻中心孔　h）钻孔　i）滚花　j）车孔和车内台阶孔

表 2-1　机床的类别代号

类别	车床	钻床	镗床	磨床			齿轮加工机床	螺纹加工机床	铣床	刨插床	拉床	锯床	其他机床
代号	C	Z	T	M	2M	3M	Y	S	X	B	L	G	Q
读音	车	钻	镗	磨	2磨	3磨	牙	丝	铣	刨	拉	割	其

表 2-2　机床通用特性代号

通用特性	高精密	精密	自动	半自动	数控	加工中心	仿形	轻型	加重型	简式或经济型	柔性加工单元	数显	高速
代号	G	M	Z	B	K	H	F	Q	C	J	R	X	S

表 2-3　车床的组别

组　别	车床组	组　别	车床组
0	仪表车床	5	立式车床
1	单轴自动车床	6	落地及卧式车床
2	多轴半自动自动车床	7	仿形及多刀车床
3	回轮转塔车床	8	轮、轴、辊、锭及铲齿车床
4	曲轴及凸轮轴车床	9	其他车床

表 2-4　落地及卧式车床系别

代　号	0	1	2	3	4	5
系列	落地车床	卧式车床	马鞍车床	无丝杠车床	卡盘车床	球面车床

车床型号的标注形式：车床类别代号 + 特性代号 + 组、系代号 + 主参数 + 结构的改进次序代号组成。

例如，CM6132-A。其中，C 表示车床类，M 表示车床为精密型，6 表示落地及卧式车床，1 表示卧式车床，32 表示加工工件最大回转直径为 320mm，A 表示为第一次重大改进。

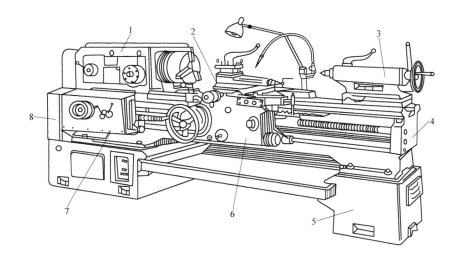

图 2-2　卧式车床的结构组成

1—主轴箱　2—刀架　3—尾座　4—床身　5—床腿　6—溜板箱　7—进给箱　8—交换齿轮箱

2. 车床的主要部件及作用

为了完成车削加工，车床必须具有带动工件作旋转运动和使刀具作直线运动的机构，并要求两者都能变速和转换运动方向。卧式车床的结构如图 2-2 所示。

（1）刀架　刀架固定在小滑板上（图 2-3），用以夹持车刀（方刀架上可同时安装四把车刀）。刀架上有锁紧手柄，松开锁紧手柄即可转动方刀架以选择车刀及其刀杆工作角度。车削加工时，必须旋紧手柄以固定刀架。

（2）尾座　用以安装顶尖、钻头、铰刀等。尾座的结构如图 2-4 所示。

（3）床身　用来支承和连接其他部件。床身上有四条导轨，床鞍和尾座可沿导轨移动。

（4）床腿　固定在地基上，用于支承床身，内部装有电气控制板和电动机等附件。

（5）主轴箱　用于支承主轴、容纳变速齿轮而使主轴作多种速度的旋转运动。

（6）交换齿轮箱　用于将主轴的转动传给进给箱。调换交换齿轮箱内的齿轮，并与进给箱配合，可车削不同螺距的螺纹。

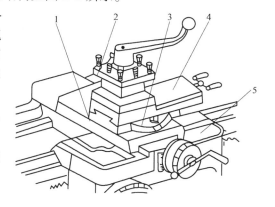

图 2-3　刀架

1—中滑板　2—方刀架　3—转盘

4—小滑板　5—床鞍

（7）进给箱　进给箱内安装进给运动的变速齿轮，用以传递进给运动和调整进给量及螺距。进给箱的运动通过光杠或长丝杠传给溜板箱，光杠使车刀车出圆柱或圆锥面、端面和台阶面，长丝杠用来加工螺纹。

（8）溜板箱　溜板箱与刀架相连，可使光杠传来的旋转运动变为车刀的纵向或横向直线移动，也可将丝杠传来的旋转运动通过对开螺母直接变为车刀的纵向移动以车削螺纹。

光杠和丝杠将进给箱的运动传给溜板箱。车外圆、车端面等自动进给时，使用光杠传动；车螺纹时使用丝杠传动。

3. 车床各部分传动关系

电动机输出的动力，经过带传动传递给主轴箱，带动主轴卡盘夹持工件作旋转运动。此外，主轴的旋转通过交换齿轮箱、进给箱、光杠或丝杠到溜板箱，带动床鞍、刀架沿导轨做直线运动。车床传动系统如图2-5所示。

4. 车床上各部件的调整及各手柄的使用方法

C6132卧式车床上的手柄和手轮位置如图2-6所示。

（1）主轴起、停和换向　C6132车床采用操纵式开关，在光杠下面有一操纵杠，其上装有操纵手柄12用于主轴的起、停和正、反转。当车床电源开关接

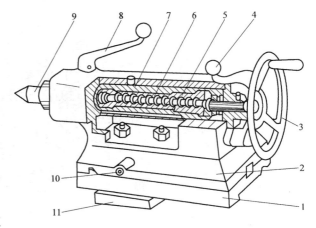

图2-4　车床尾座的结构

1—底座　2—座体　3—手轮　4—尾座锁紧手柄

5—丝杠螺母　6—丝杠　7—套筒　8—套筒锁紧

手柄　9—顶尖　10—螺钉　11—压板

通后，向上推手柄12就起动主轴正转，向下压手柄12就使主轴反转，手柄12处于中间位置时主轴停转。

（2）调整主轴转速　通过主轴箱上主轴变速手柄6与主轴变速长、短手柄1和2的配合使用，可获得主轴的不同转速。主轴变速手柄6有低速Ⅰ和高速Ⅱ两个位置，通过它们的组合，主轴转速有12个档位，最低转速45r/min，最高1980r/min。主轴变速可按变速箱上的主轴转速表调整。

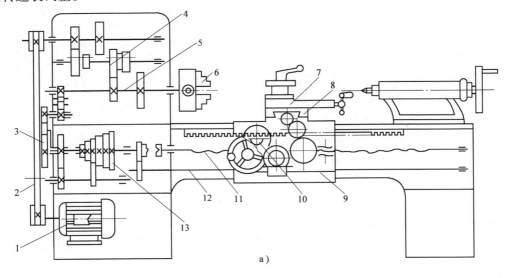

a）

图2-5　车床传动系统

a）传动系统示意图

1—电动机　2—传动带　3—交换齿轮　4—滑移齿轮　5—主轴　6—卡盘　7—小滑板　8—中滑板

9—溜板箱　10—齿条　11—丝杠　12—光杠　13—变换齿轮组

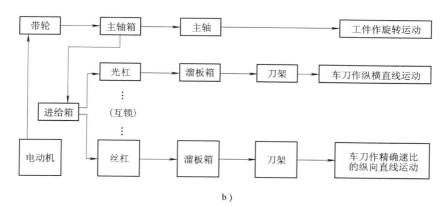

b）

图 2-5　车床传动系统（续）

b）传动框图

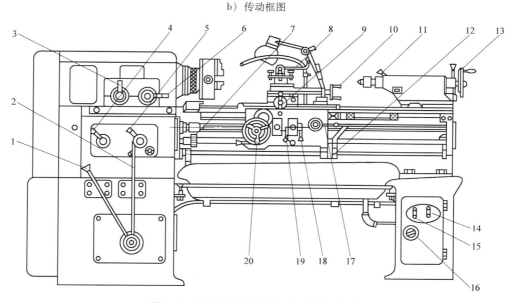

图 2-6　C6132 卧式车床上的手柄和手轮

1—主轴变速短手柄　2—主轴变速长手柄　3—换向手柄　4、5—进给量调整手柄
6—主轴变速手柄　7—离合手柄　8—方刀架锁紧手柄　9—中滑板手柄　10—小
滑板手柄　11—尾座套筒锁紧手柄　12—主轴起停和变向手柄　13—尾座手柄
14—冷却泵开关　15—润滑泵电动机开关　16—总电源开关　17—开合螺母
手柄　18—横向自动手柄　19—纵向自动进给手柄　20—床鞍手轮

　　进行变速操作必须先停车，然后调整主轴变速长、短手柄 2 和 1，再调整主轴变速手柄 6。如果手柄推拉不到正常位置，则要用手扳动卡盘使主轴稍作转动，再推拉手柄到位。

　　（3）调整进给量　进给箱上的手柄 4 有五个位置，手柄 5 有四个位置，通过两个手柄组合，可获得 20 种纵、横进给量（可从主轴箱上的进给量表查到）。

　　（4）离合手柄的使用　离合手柄 7 用于控制光杠或丝杠转动。一般车削走刀时使用光杠，离合手柄 7 向外拉；车螺纹时使用丝杠，把离合手柄 7 向里推。

　　（5）手动进给手柄的使用　顺时针摇动床鞍手轮 20，床鞍和其上的中、小滑板和刀架一起沿床身导轨向右滑动；逆时针转动，床鞍向左滑动。

顺时针摇动中滑板手柄9，中滑板和其上的小滑板和刀架向前移动，反之则向后移动。小滑板手柄10用于短距离纵向移动刀架。小滑板在图示方向时，顺时针摇动小滑板手柄10使刀架向主轴箱方向移动，反之则向右移动。松开转盘螺钉，可使小滑板在水平面内偏转，小滑板就可斜向进给。

顺时针摇动尾座手轮13，尾座套筒带动顶尖或辅具向外伸出；反之，套筒缩回。而尾座套筒锁紧手柄11用于限制套筒的伸缩和紧固，顺时针扳转，锁紧套筒；反之，套筒可伸缩。

方刀架锁紧手柄8用于锁紧和松开方刀架。顺时针转动该手柄为锁紧；反之，为松开。切削、装刀和卸刀时必须锁紧方刀架。要变换车刀或改变车刀的主偏角时则要松开方刀架。

（6）自动进给手柄的使用　在光杠转动时，当换向手柄3处于正向位置（←），抬起纵向自动进给手柄19，床鞍及其以上刀架等构件就自动向左进给；抬起横向自动进给手柄18，中滑板及其上的刀架等就自动向前进给。当换向手柄3处于反向位置（→）时，抬起纵向自动进给手柄19，床鞍及其以上的刀架等构件就自动向右进给；抬起横向自动进给手柄18，中滑板及其以上的刀架等就自动向后进给。

>> **注意** 不能同时使用纵、横向自动进给手柄。

在使用丝杠时，当换向手柄3处于正向位置（←），向下按开合螺母手柄17，床鞍及其以上的刀架等部件就自动向左车削右螺纹；当换向手柄3处于反向位置（→），向下按开合螺母手柄17，床鞍及其以上的刀架等构件就自动向右车削左螺纹。为防止纵向自动进给手柄19和开合螺母手柄17同时使用，溜板箱内设有互锁装置。

当换向手柄处于空档位置"0"时，纵、横向自动进给机构都处于失效位置。

四、车床的操作方法与步骤

1. 床鞍、中滑板和小滑板手动操作练习

1）床鞍、中滑板慢速均匀移动，要求双手交替动作自如。

2）分清中滑板的进、退刀方向，要求反应灵活，动作准确。

2. 车床的起动、停止、变向和变速调整操作练习

1）车床的起动、停止操作。

2）主轴箱和进给箱的变速操作。

3）变换溜板箱的手柄位置，进行纵横机动进给变向操作。

五、注意事项

1）操作时要注意力集中；变换车床转速时，应先停机。

2）车床运转操作时，注意防止左右前后碰撞，以免发生事故。

3）练习时，必须严格执行安全操作规程。

六、车床的维护和保养

1）每班次下班前应擦净车床导轨面（包括中滑板和小滑板），要求无油污、无切屑，并加油润滑，使车床清洁和整齐。

2）床鞍、中滑板、小滑板部分，尾座、光杠、丝杠、轴承等，靠油孔注油润滑，每班次加油一次。

3）要求每班次保持车床的三个导轨面及转动部位清洁、润滑油路畅通，油标、油窗清晰，并保持车床和场地整洁等。

任务二　切削运动和切削用量

一、实训教学目的与要求

1）了解车削运动和加工面的形成。

2）掌握切削用量的选择方法。

二、车削运动及形成的表面

1. 车削运动

在切削过程中，为了切除多余的金属，必须使工件和刀具作相对运动。在车床上用车刀切除工件上金属的运动，称为车削运动。车削运动可分为主运动和进给运动，如图2-7所示。

（1）主运动　切除工件的表面，使之转变为切屑，从而形成工件新表面的运动，称为主运动。车削时，工件的旋转运动是主运动，速度高，消耗的切削功率较大。

（2）进给运动　使新的切削层不断投入切削的运动，称为进给运动。

2. 加工表面

在切削过程中，在工件上形成已加工表面、加工表面和待加工表面。已加工表面指已经车去多余金属而形成的新表面；待加工表面指即将被切去金属层的表面；加工表面指车刀切削刃正在车削的表面，如图2-7所示。

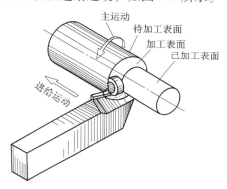

图2-7　车削运动和加工表面

三、切削用量及切削用量的选择

1. 切削用量（以下简称切削量）

切削量是衡量切削运动大小的参数，它包括背吃刀量、进给量和切削速度。合理选择切削量是保证加工零件的质量、提高生产率、降低成本的有效方法之一。

（1）背吃刀量（a_p）　工件的已加工表面和待加工表面之间的垂直距离（图2-8），称为背吃刀量，常用代号a_p表示，就是每次走刀时车刀切入工件的深度。它可用下式计算

$$a_p = \frac{d_w - d_m}{2} \tag{2-1}$$

式中　d_w——工件待加工表面的直径（mm）；

d_m——工件已加工表面的直径（mm）。

（2）进给量（f）　工件每转一圈，车刀沿进给方向移动的距离为进给量，如图2-8所

示。它是衡量进给运动大小的参数。进给量分纵向进给量和横向进给量。纵向进给量是指沿车床床身导轨方向的进给量。横向进给量是指垂直于车床床身导轨方向的进给量。

（3）切削速度（v_c）　主运动的线速度称切削速度，它是指车刀在1min内车削工件表面的理论展开直线长度（假定切屑无变形或收缩），如图2-9所示。它是衡量主运动大小的参数，其计算公式为

$$v_c = \frac{\pi d_w n}{1000} \tag{2-2}$$

式中　d_w——工件待加工表面直径（mm）；

　　　n——车床主轴每分钟转数（r/min）。

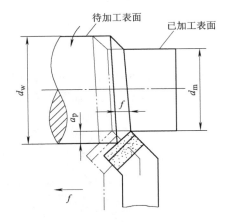

图 2-8　背吃刀量和进给量

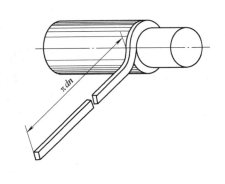

图 2-9　切削速度示意图

车削时，工件作旋转运动，不同直径处各点切削速度不同。计算时应以待加工表面直径处的切削速度为准。

在实际生产中，常常是已知工件直径，并根据工件材料、刀具材料和加工性质等因素选定切削速度，再将切削速度换算成车床转速，以便调整机床。如果计算所得的车床转速和车床铭牌上所列的转速有出入，应选取铭牌上和计算值接近的转速。

2. 切削用量的选择原则

粗车时，应考虑提高生产率并保证合理的刀具寿命。首先要选用较大的背吃刀量，然后再选择较大的进给量，最后根据刀具寿命选用合理的切削速度。

半精车和精车时，必须保证加工精度和表面质量，同时还必须兼顾必要的刀具寿命和生产效率。

（1）背吃刀量的选择原则　粗车时应根据工件的加工余量和工艺系统的刚性来选择。在保留半精车余量（1~3mm）和精车余量（0.1~0.5mm）后，其他加工余量应尽量一次车去。

半精车和精车时的背吃刀量是根据加工精度和表面粗糙度要求由粗车后留下的余量来确定。用硬质合金车刀车削时，由于车刀刃口在砂轮上不易磨得很锋利，最后一刀的背吃刀量不宜太小，以 $a_p = 0.1$mm 为宜；否则很难达到工件的表面粗糙度要求。

常用经验公式：　　　　　　　　$a_p = (1/3~3/4)A$

式中　A——工件单边加工余量。

（2）进给量的选择原则　粗车时，选择进给量主要应考虑机床进给机构的强度、刀杆尺寸、刀片厚度、工件直径和长度等因素，在工艺系统刚性和强度允许的情况下，可选用较大的进给量，在 0.3 ~ 1.2mm/r 之间选取（详细表格可在《车工手册》中查找）。

半精车和精车时，为了减少工艺系统的弹性变形，减小已加工表面粗糙度值，一般应选用较小的进给量，在 0.1 ~ 0.6mm/r 之间选取。

（3）切削速度的选择原则　在保证合理的刀具寿命前提下，可根据生产经验和《车工手册》确定切削速度。在一般粗加工的范围内，用硬质合金车刀车削时，切削速度可按下列数据选择。

1）切削热轧中碳钢，平均切削速度为 100m/min。

2）切削合金钢，平均切削速度为 70 ~ 80m/min。

3）切削灰铸铁，平均切削速度为 70m/min。

4）切削调质钢，比切削正火钢、退火钢降低 20% ~ 30%。

5）切削非铁金属材料，平均切削速度为 200 ~ 300m/min。

>> **注意**

1）断续切削、车削细长轴、加工大型偏心工件的切削速度不宜太高。

2）用硬质合金车刀精车时，一般多采用较高的切削速度（80 ~ 100m/min 以上）；用高速钢车刀时宜采用较低的切削速度。

3）实训时，由于操作者处在初学阶段，切削速度应选取较低值（比较安全、便于操作）。

四、切削用量的选择实例

例如，工件直径 $\phi75$mm，毛坯直径 $\phi80$mm，材料 45 钢；车刀用硬质合金 YT15。确定主轴转速和进给量的具体方法与步骤。

1. 选择背吃刀量 a_p

留精车余量 0.5mm， $a_p = \dfrac{d_w - d_m}{2} = \dfrac{(80 - 76)\,mm}{2} = 2mm$。

2. 选择进给量 f

根据选择原则 $f = 0.3 ~ 1.2$mm/r，取 $f = 0.8 ~ 1.0$mm/r。

3. 选择切削速度 v_c

根据切削速度的选择原则，粗加工时取 v_c 为 100m/min。

4. 确定转速主轴 n

根据式（2-2）有主轴转速

$$n = \frac{1000v_c}{\pi d_w} \tag{2-3}$$

$n = \dfrac{1000 \times 100}{3.14 \times 80}$r/min $= 398$r/min。根据主轴转速表选择 $n = 400$r/min。

上述方法是粗车时切削用量的选择，精车时的切削用量的选择方法与粗车基本相同。

五、车削时的冷却与润滑（简介）

车削时，由于金属变形和摩擦会产生大量的热量使车刀发热，加快其磨损，缩短使用寿命；热量使工件变形，降低工件质量。因此，为了减少热量，在车削过程中应加注切削液。

1. 切削液的作用

（1）冷却作用　切削液能吸收并带走大量的切削热，改善散热条件，降低刀具和工件的温度，从而延长了刀具的寿命，可防止工件因热变形而产生的尺寸误差。

（2）润滑作用　切削液能渗透到工件与刀具之间，在切屑与刀具之间的微小间隙中形成一层薄薄的吸附膜，减小了摩擦因数。因此，可减小刀具、切屑与工件之间的摩擦力，使切削力和切削热降低，减少刀具的磨损并能提高工件的质量。对于精加工，润滑就显得更重要了。

（3）清洗作用　切削过程中产生的微小的切屑易粘附在工件和刀具上，尤其是钻深孔和铰孔时，切屑容易堵塞在容屑槽中，影响工件的表面粗糙度和刀具寿命。切削液能将切屑迅速冲走，使切削过程顺利进行。

2. 切削液的种类

车削时常用的切削液有两大类。

（1）乳化液　主要起冷却作用。乳化液是把乳化油用15~20倍的水稀释而成的。这类切削液的比热容大，黏度小，流动性好，可以吸收大量的热量。使用这类切削液主要是为了冷却刀具和工件，提高刀具寿命，减少热变形。乳化液中水分较多，润滑和防锈性能较差。因此，乳化液中常加入一些极压添加剂（如硫、氯等）和防锈添加剂，以提高其润滑和防锈性能。

（2）切削油　切削油的主要成分是矿物油，少数采用动物油和植物油。这类切削液的比热容较小，黏度较大，流动性差，主要起润滑作用，常用的是黏度较低的矿物油，如L-AN10和L-AN32全损耗系统用油（机油）及轻柴油、煤油等。纯矿物油的润滑效果较差，实际使用时常常加入极压添加剂和防锈添加剂，以提高它的润滑和防锈性能。动、植物油能形成较牢固的润滑膜，润滑效果比纯矿物油好，但这些油容易变质，应尽量少用或不用。

3. 切削液的选用

切削液应根据加工性质、工件材料、刀具材料和工艺要求等具体情况合理选用。选择切削液的一般原则如下。

（1）根据加工性质选用

1）粗加工时，加工余量和切削用量较大，会产生大量的切削热，使刀具磨损加快。这时加注切削液的主要目的是降低切削温度，应选用以冷却为主的乳化液。

2）精加工时，加注切削液主要为了减少刀具与工件之间的摩擦，以保证工件的精度和表面质量。因此，应选用润滑作用好的极压切削油或高浓度的极压乳化液。

3）钻孔、铰孔和深孔加工时，刀具在半封闭状态下工作，排屑困难，切削液不能及时到达切削区，容易使切削刃烧伤并损伤工件的表面质量。这时应选用黏度较小的极压乳化液和极压切削油，应加大压力和流量。一方面进行冷却、润滑，另一方面将切屑冲刷出来。

（2）根据刀具材料选用

1）高速钢刀具：粗加工时用极压乳化液；对钢料精加工时，用极压乳化液或极压切削油。

2）硬质合金刀具：一般不加切削液。但在加工某些硬度高、强度好、导热性差的特种材料和细长工件时，可选用以冷却作用为主的切削液，如3%~5%（质量分数）的乳化液。

（3）根据工件材料选用

1）钢件粗加工一般用乳化液，精加工用极压切削油。

2）切削铸铁、铜及铝等材料时，由于碎屑会堵塞冷却系统，容易使机床磨损，一般不加切削液。精加工时，为了提高表面质量，可采用黏度较小的煤油或7%~10%（质量分数）的乳化液。

3）切削非铁金属和铜合金时，不宜采用含硫的切削液，以免腐蚀工件。

（4）注意事项

1）油状乳化液必须用水稀释（一般加 15～20 倍的水）后才能使用。

2）切削液必须浇注在切削区域。

3）用硬质合金刀具切削时，如用切削液，必须一开始就连续充分地浇注；否则，硬质合金刀片会因骤冷而产生裂纹。

1. 什么是车削加工？车削加工必须具备哪些运动？车床能加工哪些类型的零件？

2. 车床由哪些主要部分组成？各部分有何功用？

3. 车床的主运动和进给运动是如何实现的？

4. 车床的日常维护、保养有那些要求？

5. 用文字说明 CA6140、C6132 型机床型号的含义。

6. C6140、C6132 车床的润滑有那些具体要求？

7. 什么是切削用量？简述切削用量的选择原则。

8. 根据工件直径 φ36mm，毛坯直径 φ40mm，材料 45 钢；车刀材料用硬质合金 YT15。确定主轴转速和进给量。

9. 简述车床的操作方法和注意事项。

10. 切削液有何作用？如何正确选择切削液？如何正确有效地使用切削液？

课题二 车刀

一、实训教学的目的与要求

1）了解车刀的材料及种类。

2）初步掌握车刀的刃磨方法与步骤。

二、基础知识

1. 车刀材料

车刀的切削刃部分要承受很大的切削力、很高的温度和强烈的摩擦和冲击。因此，刀具的材料必须满足以下要求。

（1）硬度高，耐磨性好　车刀材料的硬度应在 60HRC 以上。硬度越高，通常其耐磨性越好，耐磨性好的刀具可承受较大的切削力和较高的切削温度。

（2）足够的强度和韧性　车刀材料必须具有足够的强度和韧性才能承受较大的切削力和冲击力，避免脆裂和崩刃。

（3）热硬性好　热硬性好的刀具材料能在高温时保持比较高的强度，可以承受较高的切削温度，即意味着可以适应较大的切削用量。

目前常用的刀具材料有碳素工具钢、合金工具钢、高速钢、硬质合金、陶瓷、金刚石等，而高速钢和硬质合金是用得最多的车刀材料。各类车刀材料的主要性能和应用范围见表2-5。

表2-5 车刀的材料、性能和应用范围

种　类	硬　　度	维持切削性能的最高温度/℃	工艺性能	应用范围
高速钢	62～65HRC	540～600	可通过冷、热加工和磨削成形，需热处理。工艺性能好	用于各种刀具，如钻头、车刀、铣刀、丝锥等
硬质合金钢	89～94HRA	800～1000	压制烧结后镶片，可磨削，不能冷、热加工成形，不需热处理	主要用于车刀、铣刀、钻头等
陶瓷材料	91～94HRA	>1200	同　　上	主要用于车刀，硬而脆。适用于高速、高温连续切削

2. 车刀种类与结构

车刀按其用途可分为外圆车刀、端面车刀、切断刀、内孔车刀、圆头车刀和螺纹车刀等。车刀的种类如图2-10所示。车刀的用途如图2-11所示。

1）外圆车刀（90°车刀，又称偏刀）如图2-10a所示，用于车削工件外圆、台阶和端面。

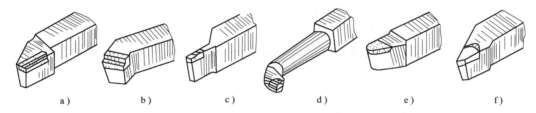

图2-10 常用车刀种类

a）外圆车刀 b）端面车刀 c）切断刀 d）内孔车刀 e）圆头车刀 f）螺纹车刀

2）端面车刀（45°车刀，又称弯头车刀）如图2-10b所示，用于切削外圆、端面和倒角。

3）切断刀如图2-10c所示，用于切断工件或在工件上车槽。

4）内孔车刀如图2-10d所示，用于车削工件的内孔。

5）圆头车刀如图2-10e所示，用于车削工件的圆弧面或成形面。

6）螺纹车刀如图2-10f所示，用于车削螺纹。

3. 车刀的结构

常用车刀的三种结构形式如图2-12所示。

1）整体车刀如图2-12a所示。其刀头和刀体为整体同质材料（通常为高速钢），刀头的切削部分是经刃磨而获得的，切削刃用钝后可重新刃磨。

2）焊接车刀如图2-12b所示。将刀片焊到刀头上，有多种形状和规格的硬质合金刀片选用。

3）机夹可转位车刀如图2-12c所示，是将多刃硬质合金刀片用机械夹固的方法紧固在刀头上，一个切削刃磨损后，转动刀片重新紧固，就可用新切削刃切削。全部切削刃磨损后更换刀片。

4. 车刀的组成

车刀由刀体与刀头两部分组成。刀体用来装夹，刀头是切削部分，用来切削工件。切削部分通常由三面、两刃、一尖组成，如图2-12a所示。

（1）主切削刃　前刀面与主后刀面的交线。它担负着主要切削任务。

（2）副切削刃　前刀面与副后刀面的交线。它担负着少量的切削任务。

（3）前刀面　车刀头的上表面，切屑沿着前刀面流出。

（4）主后刀面　车刀与工件被

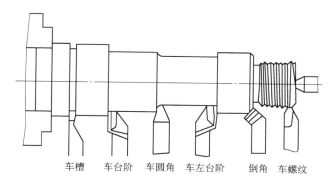

图2-11　常用车刀的用途

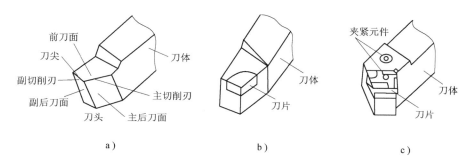

图2-12　车刀的结构形式
a）整体车刀　b）焊接车刀　c）机夹可转位车刀

切削加工面相互作用和相对的刀面。

（5）副后刀面　车刀与工件已加工面相对的刀面。

（6）刀尖　主切削刃与副切削刃的交点。实际上，刀尖是一段圆弧过渡刃。

5. 车刀的几何角度

（1）车刀的辅助平面　为了确定车刀的几何角度，选定三个辅助平面作为标注、刃磨和测量车刀角度的基准。它由基面、切削平面和正交平面三个相互垂直的平面构成，如图2-13a所示。

1）基面：通过切削刃上选定点，并与该点切削速度方向垂直的平面。

2）切削平面：通过切削刃上选定点与切削刃相切并垂直于基面的平面。

3）正交平面：通过切削刃上选定点同时垂直于基面和切削平面的平面。

（2）车刀的几何角度和作用　车刀切削部分主要有6个独立的基本角度（即前角 γ_o、主后角 α_o、副后角 α_o'、主偏角 κ_r、副偏角 κ_r'、刃倾角 λ_s）和两个派生角度（即楔角 β_o、刀尖角 ε_r），如图2-13b所示。

1）前角 γ_o。前角是前刀面和基面间的夹角。前角影响切削刃的锋利程度和强度，影响切削变形和切削力。前角增大，能使切削刃锋利，切削省力，排屑顺利；前角减小，增加刀头强度和改善刀头的散热条件。一般选 $\gamma_o = 5° \sim 20°$，精加工时，γ_o 取较大值。

2）后角 α_o。后角是主后刀面和切削平面间的夹角。其作用是减小主后刀面与加工表面的

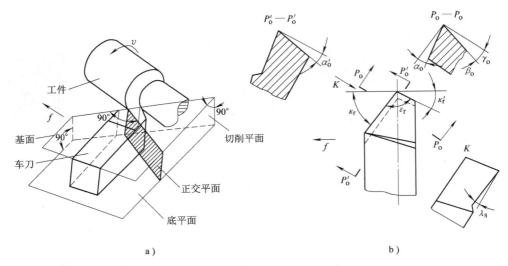

图 2-13 车刀的辅助平面与主要角度

a）车刀的辅助平面 b）车刀的主要角度

摩擦。一般 $\alpha_o = 8° \sim 12°$，粗车或切削硬材料时取较小值；精车或切削软材料时取较大值。

3）副后角 α_o'。副后角是副后刀面与切削平面间的夹角。副后角的主要作用是减小车刀副后刀面与已加工表面的摩擦。一般副后角磨成与后角相等。

4）主偏角 κ_r。主偏角为主切削刃在基面上的投影与进给方向的夹角。主偏角的作用是改变主切削刃和刀头的受力及散热情况。通常 κ_r 选 45°、60°、75°、90° 几种。

5）副偏角 κ_r'。副偏角是副切削刃在基面上的投影与进给方向相反方向的夹角。副偏角的作用是减小副切削刃和工件已加工表面的摩擦。一般选取 $\kappa_r' = 5° \sim 15°$，κ_r' 越大，已加工表面的残留面积越大。

6）刃倾角 λ_s。刃倾角是主切削刃与基面的夹角。其主要作用是控制排屑方向，并影响刀头强度。λ_s 有正、负值和 0° 三种情况，如图 2-14 所示。当刀尖位于主切削刃上的最高点时，$\lambda_s > 0$，刀尖强度削弱，切屑排向待加工表面，适宜精加工。当刀尖位于主切削刃上的最低点时，$\lambda_s < 0$，刀尖强度增加，切屑排向已加工表面，适宜粗加工。一般 $\lambda_s = -5° \sim 5°$。

7）楔角 β_o。楔角是正交平面内前刀面与后刀面间的夹角。楔角影响刀头的强度。

8）刀尖角 ε_r。刀尖角是主切削刃和副切削刃在基面上的投影夹角。刀尖角影响刀尖强度和散热条件。

三、常用车刀的刃磨方法

1. 砂轮的选用

1）氧化铝砂轮（白色）适用于刃磨高速钢车刀。

2）碳化硅砂轮（绿色）适用于刃磨硬质合金车刀。

2. 砂轮机的正确使用

1）在磨刀前，要对砂轮机进行安全检查。例如，防护罩壳是否齐全；有托架的砂轮，其托架与砂轮之间的间隙为 3mm 左右。

2）磨刀时，尽可能避免在砂轮侧面上刃磨。

3）砂轮磨削表面须经常修整，使砂轮没有明显的跳动。若有跳动一般可用金刚石砂轮刀进行修整，如图 2-15 所示。

4）砂轮要经常检查，如发现砂轮有裂纹或太小，要及时更换。

5）重新装夹砂轮后，要进行检查，经试转后才可使用。

6）刃磨结束后，应及时关闭砂轮机电源。

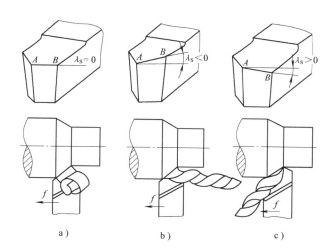

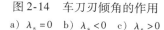

图 2-14　车刀刃倾角的作用

a）$\lambda_s = 0$　b）$\lambda_s < 0$　c）$\lambda_s > 0$

3. 刃磨姿势

1）刃磨时，人站在砂轮的侧面，与砂轮正面成 45°。避免砂轮碎裂飞出伤人。

2）两手握刀时，手肘应夹紧腰部，这样可以减少磨刀时的抖动。

3）磨刀时，车刀应放在砂轮的水平中心，车刀接触砂轮后应沿水平方向左右移动。当车刀离开砂轮时，刀尖需向上抬起，以防磨好的切削刃被砂轮碰伤。

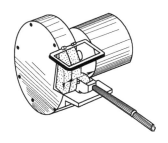

4. 刃磨步骤与方法

1）磨出主后刀面，如图 2-16a 所示，然后磨出副后刀面，如图 2-16b 所示。

图 2-15　用金刚刀修整砂轮

2）磨前刀面和断屑槽，如图 2-16c 所示；磨过渡刃，如图 2-16d 所示；磨负倒棱，如图 2-16e 所示。

3）精磨主后刀面，磨好主后角和主偏角；精磨副后刀面，磨好副后角和副偏角。

4）磨刀尖圆弧，在主刀面和副刀面之间磨出刀尖圆弧。

5）在砂轮上将各面磨好后，再用油石精磨各面，如图 2-16f 所示。

5. 车刀角度的检验方法

（1）目测法　观察车刀角度是否符合要求，切削刃是否锋利，表面是否有裂痕和其他不符合切削要求的缺陷。

（2）量角器、样板测量法　对于角度要求高的车刀，用量角器或样板进行检查。

四、技能训练

1. 图样分析

选择刃磨 90° 偏刀，如图 2-17b 所示。

1）根据图样可知车刀为 90° 偏刀。

2）技术要求：前角 $\gamma_o = 12°$；主后角 $\alpha_o = 8° \sim 12°$；副后角 $\alpha_o' = 8° \sim 12°$；主偏角 $\kappa_r = 90°$；

副偏角 $\kappa_r' = 6°$；刃倾角 $\lambda_s = 3°$。

2. 刃磨各刀面

1）粗磨主后面和副后面，同时磨出后角、主偏角、副后角和副偏角。

2）粗、精磨前刀面，并磨出前角。

3）精磨主、副后面。

4）精磨刀尖角。

五、注意事项

1）车刀有六个基本角度，即前角、后角、副后角、主偏角、副偏角及刃倾角。在刃磨时主要是刃磨主后刀面、副后刀面和前刀面这三个平面，关键是明确三面与各角的关系。

2）车刀刃磨时，车刀接触砂轮的力量不能过大，以防打滑伤手。

3）车刀高度应与砂轮轴线等高，

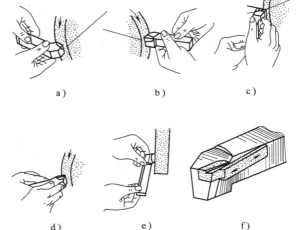

图 2-16　刃磨车刀的方法与步骤

a）磨主后刀面　b）磨副后刀面　c）磨前刀面和断屑槽
d）磨过渡刃　e）磨负倒棱　f）研磨刀面

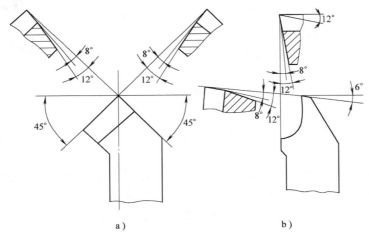

图 2-17　刃磨 45°外圆车刀、90°偏刀

a）45°外圆车刀　b）90°偏刀

刀头略向上翘，否则会出现后角过大或负后角等弊端。

4）刃磨硬质合金车刀时，如果刀头过热则不能立即放入水中冷却，以防刀片因骤冷而碎裂。刃磨高速钢车刀时，应随时用水冷却，以防车刀过热退火，降低硬度。

5）磨刀时应戴防护镜；刃磨结束必须关闭砂轮机电源。

六、实作成绩评定

刃磨车刀实作成绩评定表见表 2-6。

表 2-6　刃磨车刀实作成绩评定表

序　号	检测项目	配　分	评分标准	检测结果	得　分
1	检测前角 $\gamma_o = 12°$	15	每超差 30′扣 5 分		
2	检测主后角 $\alpha_o = 8° \sim 12°$	10	每超差 30′扣 5 分		
3	检测副后角 $\alpha_o' = 8° \sim 12°$	10	每超差 30′扣 5 分		
4	检测主偏角 $\kappa_r = 90°$	10	每超差 30′扣 5 分		
5	检测副偏角 $\kappa_r' = 6°$	10	每超差 30′扣 5 分		
6	检测刃倾角 $\lambda_s = 3°$	10	每超差 30′扣 5 分		
7	检测刃口平直锋利	5	不符合要求不得分		
8	检测前刀面	10	稍差扣 5 分，太差不得分		
9	检测主后刀面	10	稍差扣 5 分，太差不得分		
10	检测主副后刀面	10	稍差扣 5 分，太差不得分		
11	安全文明生产		酌情扣分		

七、车刀的装夹

1. 准备工作

1）将刀架位置转正后，用手柄锁紧。

2）将刀架装刀面和车刀柄安装面擦净。

2. 车刀的装夹步骤和装夹要求

（1）确定车刀的伸出长度　把车刀放在刀架装刀面上，车刀伸出刀架部分的长度约等于刀柄高度的 1.5 倍。

（2）车刀刀尖对准工件中心　一般用目测法或用金属直尺测量法。

3. 刀尖装夹高低对工作角度的影响

刀尖高于工件中心，实际作用前角变大，实际作用后角变小。

刀尖低于工件中心，实际作用前角减小，实际作用后角增大。

在实际加工时，如车削外圆或内孔，允许刀尖高于工件中心 $d/100$（d 工件直径），对车削有利。对刚性差的轴类工件可减小振动。车削内孔时，由于刀柄尺寸受内孔限制，刚性较差，可防止"扎刀"以及减小后刀面与孔壁的摩擦。

在车削端面、切断、车螺纹、车锥面和车成形面时，要求刀尖必须对准工件中心。

1. 常用刀具材料有哪几种？它们的性能如何？刀具材料必须满足哪些要求？

2. 90°外圆车刀有哪几个主要角度？它们的作用是什么？

3. 常用的磨刀砂轮材料有哪几种？它们的用途有何不同？

4. 刃磨车刀时主要是刃磨哪几个面？如何磨出前角、主后角、副后角、主偏角、副偏角和刃倾角？

5. 断屑槽有何作用？如何刃磨断屑槽？

6. 简述车刀的装夹步骤和要求。

课题三　　工件的装夹及钻中心孔

任务一　工件的装夹

一、实训教学目的与要求

1）了解车床上工件装夹的要求和作用。

2）掌握车床上工件的装夹方法和找正方法。

二、基础知识

1. 车床上工件装夹的要求和作用

装夹工件是将工件在机床上或夹具中定位和夹紧。车削加工中工件必须随同车床主轴旋转，因此，要求工件在车床上装夹时，被加工工件的轴线与车床主轴的轴线必须同轴，并且要将工件夹紧。避免在切削力的作用下工件松动或脱落，造成事故。

2. 装夹方法

根据工件的形状、大小和加工数量不同，在车床上装夹工件可以采用不同的装夹方法。在车床上安装工件所用的附件有自定心卡盘、单动卡盘、顶尖、心轴、中心架、跟刀架、花盘和角铁等。

（1）自定心卡盘装夹工件　自定心卡盘通过法兰盘安装在主轴上，用以装夹零件，如图2-18所示。用方头板手插入自定心卡盘方孔转动，小锥齿轮转动，带动啮合的大锥齿轮转动，大锥齿轮带动与其背面的圆盘螺纹啮合的三个卡爪沿径向同步移动。

自定心卡盘的特点：三个卡爪能自动定心，装夹和找正工件简捷，但夹紧力小，不能装夹大型零件和不规则零件。

自定心卡盘装夹工件的方法有正爪和反爪装夹工件。反爪装夹时，将三个卡爪卸下，掉头安装就可反爪装夹较大直径工件。

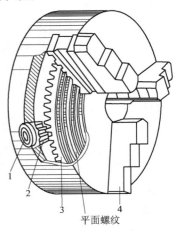

图 2-18　自定心卡盘
1—方孔　2—小锥齿轮
3—大锥齿轮　4—卡爪

（2）单动卡盘装夹工件　单动卡盘的四个卡爪都可独立移动，因为各爪的背面有半瓣内螺纹与螺杆相啮合，螺杆端部有一方孔，当用卡盘扳手转动某一方孔时，就带动相应的螺杆转动，即可使卡爪夹紧或松开。因此，用单动卡盘可安装截面为方形、长方形、椭圆以及其他不规则形状的工件，也可车削偏心轴和孔。因此，单动卡盘的夹紧力比自定心卡盘大，也常用于安装较大直径的正常圆形工件。

单动卡盘可全部用正爪（图2-19a）或反爪装夹工件，也可用一个或两个反爪，其余仍用正爪装夹工件（图2-19b）。

用四爪装夹工件，因为四个卡爪不同步不能自动定心，需要仔细地找正，以使加工面的轴线对准主轴旋转轴线。用划针盘按工件内外圆表面或预先划出的加工线找正，如图2-20a

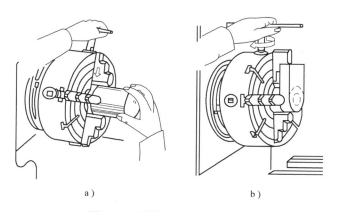

图 2-19　用单动卡盘安装工件

a）正爪安装工件　b）正反爪混用安装工件

所示，定位精度在 0.2 ~ 0.5mm；用百分表按工件的精加工表面找正，如图 2-20b 所示，可达到 0.01 ~ 0.02mm 的定位精度。

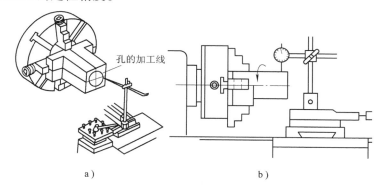

孔的加工线

图 2-20　单动卡盘安装工件时的找正

a）划针盘找正　b）百分表找正

按划线找正工件的方法如下：

1）使划针靠近工件上划出的加工界线。

2）找正端面。慢慢转动卡盘，在离针尖最近的工件端面上用小锤轻轻敲击，使端面上各点距针尖的距离相等。

3）找正中心。转动卡盘，将离开针尖最远处的一个卡爪松开，拧紧其对面的一个卡爪。反复调整几次，直至找正为止。

>> **注意**

1）为了防止夹伤工件和找正方便，可以在卡爪与工件之间垫铜片。

2）找正时应在导轨上垫上木板，以防止工件落下碰伤床面。

3）当工件各部位加工余量不均匀，应着重找正余量少的部位，否则容易使工件报废。

4）找正时主轴放在空档位置，使卡盘转动轻便。

5）找正时不能同时松开两个卡爪，防止工件掉落。

6）装夹较大的工件时，切削用量不宜过大。

（3）用两顶尖装夹工件　对于较长或必须经过多次装夹的轴类工件（如车削后还要铣削、磨削和检测），常用前、后两顶尖装夹。前顶尖装在主轴上，通过卡箍和拨盘带动工件与主轴一起旋转，后顶尖装在尾座上随之旋转，如图2-21a所示。还可以用圆钢料车一个前顶尖，装在卡盘上以代替拨盘，通过鸡心夹头带动工件旋转，如图2-21b所示。两顶尖装夹工件安装精度高，并有很好的重复安装精度（可保证同轴度）。

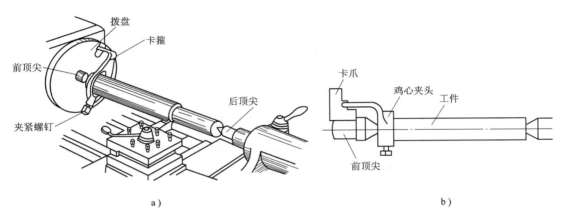

a）

b）

图 2-21　用两顶尖装夹轴类工件
a）借助卡箍和拨盘　b）借助鸡心夹头和卡盘

（4）一夹一顶装夹工件　用两顶尖安装工件虽然有较高精度，但是刚性较差，因此一般轴类零件，特别是较重的工件，不宜用两顶尖法装夹，而可采用一端用自定心卡盘或单动卡盘夹住，另一端用后顶尖顶住的装夹方法。为了防止由于切削力的作用而产生轴向位移，须在卡盘内装一限位支承，如图2-22a所示；或利用工件的台阶作限位，如图2-22b所示。这种一夹一顶的方法安全可靠，能承受较大的轴向切削力，因此，得到了广泛应用。

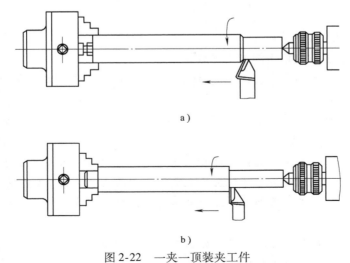

a）

b）

图 2-22　一夹一顶装夹工件
a）卡盘内装限位支承　b）利用工件的台阶作限位支承

当低速加工精度要求较高的工件时，可采用固定顶尖（顶尖不能转动），而在一般情况下可采用回转顶尖。固定顶尖刚性好，定心准确，但是与中心孔的滑动摩擦容易造成发热烧坏工件。

回转顶尖与工件一起转动，由于回转顶尖内部有轴承，能承受滚动摩擦，可在很高的转速下正常工作。但回转顶尖安装工件的精度比固定顶尖低。

（5）用心轴装夹工件　盘套类零件的外圆相对孔的轴线，常有径向圆跳动的要求；两个端面相对孔的轴线有轴向圆跳动的要求。如果有关表面与孔无法在自定心卡盘的一次装夹中完成，则需在孔精加工后，再装到心轴上进行端面的精车或外圆的精车。作为定位基准面的孔，其尺寸公差不应低于IT8，表面粗糙度值≤$Ra1.6\mu m$，心轴在前后顶尖的装夹方法与轴类零件相同。

心轴的种类很多，常用的有锥度心轴、圆柱心轴和可胀心轴等，如图2-23所示。

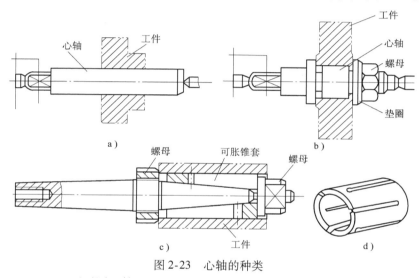

图 2-23　心轴的种类

a）锥度心轴　b）圆柱心轴　c）可胀心轴　d）可胀轴套

（6）用卡盘、顶尖配合中心架、跟刀架装夹

1）中心架的使用。中心架有以下几种使用方法。

① 中心架直接安装在工件中间（图2-24a）。这种装夹方法可提高车削细长轴工件的刚性。安装中心架前，须先在工件毛坯中间车出一段沟槽，使中心架的支承爪与其接触良好。槽的直径略大于工件图样尺寸，宽度应大于支承爪。车削时，支承爪与工件处应经常加注润滑油，并注意调节支承爪与工件之间的压力，以防拉毛工件及摩擦发热。

② 一端夹住一端搭中心架。车削大而长的工件端面、钻中心孔或车削长套筒类工件的内螺纹时，可采用图2-24b所示的一端夹住一端搭中心架的方法。

>> **注意**｜ 搭中心架一端的工件轴线应找正到与车床主轴轴线同轴。

2）跟刀架的使用。跟刀架固定在车床床鞍上，与车刀一起移动，如图2-25所示。

在使用跟刀架车削不允许接刀的细长轴时，要在工件端部先车出一段外圆，再安装跟刀架。支承爪与工件接触的压力要适当，否则车削时跟刀架可能不起作用，或者将工件卡得过紧等。

（7）用花盘安装工件　花盘是安装在车床主轴上并随之旋转的一个大圆盘，其端面有许多长槽，可穿入螺栓以压紧工件。花盘的端面需平整，且与主轴轴线垂直。

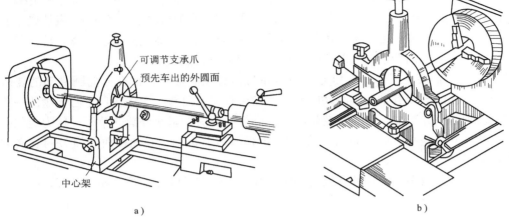

图 2-24 中心架的应用

a）用中心架车细长轴 b）用中心架车细长工件端面

当加工大而扁且形状不规则的零件或刚性较差的工件时，为了保证加工表面与安装平面平行，加工回转面轴线与安装平面垂直，可以用螺栓压板把工件直接压在花盘上加工，如图 2-26 所示。用花盘安装工件时，需要仔细找正。

有些复杂的零件要求加工孔的轴线与安装平面平行，或者要求加工孔的轴线垂直相交时，可用花盘、弯板安装工件，如图 2-27 所示。弯板安装在花盘上要仔细地找正，工件安装在弯板上也需要找正。

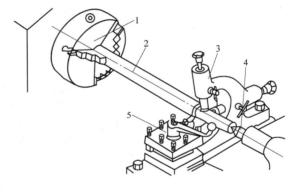

图 2-25 跟刀架的应用

1—自定心卡盘 2—工件
3—跟刀架 4—尾顶尖 5—刀架

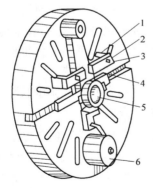

图 2-26 在花盘上安装工件

1—垫铁 2—压板 3—螺钉
4—螺钉槽 5—工件 6—平衡铁

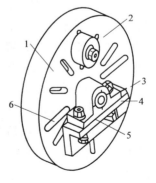

图 2-27 在花盘弯板上安装工件

1—花盘 2—平衡铁 3—工件
4—安装基面 5—弯板 6—螺钉槽

> **注意**　用花盘或花盘弯板装夹工件时，需加平衡铁进行平衡，以减小旋转时的摆动。同时机床转速不能太高。

三、技能训练

用两顶尖装夹工件的方法与步骤如下。

1）车平端面钻出中心孔（钻中心孔的方法见下节任务二）。

2）在工件的左端安装卡箍，先用手稍微拧紧卡箍螺钉。

3）安装、找正顶尖。安装顶尖时，先将顶尖尾部锥面、主轴内锥孔和尾座套筒锥孔擦净，然后用力推入锥孔内。

4）前后顶尖安装后必须找正。找正时，可调整尾座横向位置，使前后顶尖对准，如图2-28所示。

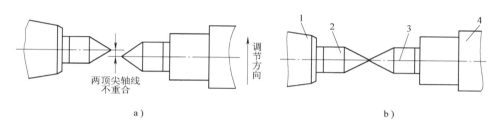

图2-28　校正顶尖
1—主轴　2—前顶尖　3—后顶尖　4—尾座

5）装夹工件。根据工件长短调整尾座位置，使刀架能够移至车削行程的最右端，同时又尽量使尾座套筒伸出最短，然后将尾座在床身上固定，如图2-29所示。

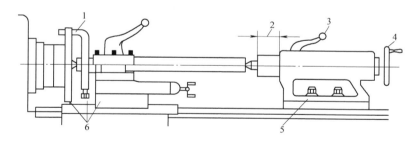

图2-29　安装工件方法与步骤
1—拧紧卡箍　2—调整套筒伸出长度　3—锁紧套筒　4—调节工件顶尖松紧
5—将尾座固定　6—转动手轮使刀架移至车削行程左端，检查是否会碰撞

6）调节工件夹紧力。转动尾座手轮，调节工件在顶尖间的松紧，使之能够自由旋转但不能轴向移动，然后锁紧尾座套筒。

7）将刀架移至车削行程的最左端，用手转动拨盘及卡箍，检查是否会与刀架相碰撞。

8）拧紧卡箍螺钉。

>> **注意**

1）因中心孔是工件的定位基准，故应保证其形状正确、表面光滑、孔内清洁。

2）前后顶尖应同轴，并与车床主轴轴线也同轴；否则车出的工件会有锥度。

3）如果后顶尖用的是固定顶尖，可在中心孔内加凡士林（俗称黄油），以减小中心孔与顶尖间的滑动摩擦。

4）两顶尖与中心孔的配合松紧要适当。顶得过松，工件定心不准，容易引起振动，甚至有工件飞出的危险；顶得过紧会使细长工件弯曲变形，锥面间的严重摩擦会使顶尖和中心孔磨损甚至烧坏。

5）当切削用量大时，工件会因发热而伸长，则需要在加工过程中及时调整顶尖间距。

任务二　钻中心孔

一、实训教学目的与要求

1）了解中心孔的种类及其作用。

2）掌握中心钻的装夹及其中心孔的钻削方法。

二、基础知识

在车削过程中，需要多次装夹才能完成车削工作的轴类工件，如台阶轴、丝杠等，一般先在工件两端钻出中心孔，然后采用两顶尖装夹或一夹一顶装夹，确保工件定心准确和便于装卸。

1. 中心孔的种类（图2-30）

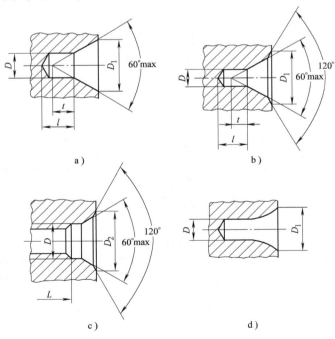

图 2-30　中心孔的种类

a）A 型　b）B 型　c）C 型　d）R 型

CB/T 145—2001 规定中心孔有 A 型（不带护锥）、B 型（带护锥）、C 型（带螺孔）和 R 型（带圆弧形）等四种，常用 A、B 型。中心孔的形状、尺寸已标准化，可查相关国家标准。

2. 各类中心孔的作用

（1）A 型中心孔　一般适用于不需多次装夹或不保留中心孔的零件。

（2）B 型中心孔　一般适用于多次装夹的零件。

（3）C 型中心孔　一般用于当需要把其他零件轴向固定在轴上时采用。

（4）R 型中心孔　一般在轻型和高精度轴上采用。

3. 中心钻

常用的中心钻有 A、B 型两种，直径在 $\phi6.3mm$ 以下的中心孔常用高速钢制成的中心钻钻出，如图 2-31 所示。

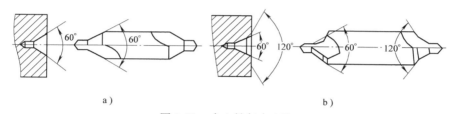

a）　　　　　　　　　　　　　　　　b）

图 2-31　中心钻与中心孔

a）A 型中心孔与中心钻　b）B 型中心孔与中心钻

三、实作步骤

1）自定心卡盘装夹工件，并车平两端面；根据图样要求选用中心钻头。

2）将中心钻头装入钻夹头内紧固，然后将锥柄擦净，用力推入尾座套筒内。

3）调整尾座轴线与工件轴线重合，并移动尾座与工件的距离，然后锁紧。

4）起动车床，选择主轴转速，要求 $n = 530r/min$。转动尾座手轮，并向前移动尾座套筒，当中心钻钻入工件端面时，速度要减慢，并保持均匀，随时加注切削液。

5）当中心钻钻入至圆锥部 3/4 左右深度时，先停止进给，再停车，利用主轴惯性将中心孔表面修圆整，如图 2-32 所示。

四、中心孔质量分析及注意事项

1）钻中心孔时，由于中心钻切削部分的直径较小，不能承受过大的切削力，易折断，因此，必须小心操作。

2）中心钻未对准工件旋转中心而折断。所以钻中心孔前必须严格找正中心钻的位置。

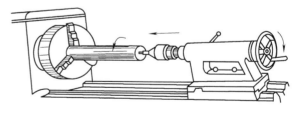

图 2-32　钻中心孔

3）工件平面留有小凸头，使中心钻偏斜而折断。因此，钻中心孔处的端面必须车平。

4）切削用量选用不当，转速太低，进给量太大而使中心钻折断。

5）中心钻磨钝后，钻头强行钻入工件也容易折断。因此，中心钻磨损后及时调换或修磨。

6）由于切屑堵塞在中心孔内而折断中心钻。因此，钻中心孔时应浇注充分的切削液，并及时清除切屑。中心钻如果折断了，必须将折断部分从中心孔内取出，并将中心孔修整后才能继续加工。

7）中心孔钻得太深，使顶尖不能与60°锥孔接触，将会影响工件的加工质量。因此，钻中心孔应钻到中心钻圆锥部分3/4左右深度为宜。

1. 车削轴类零件时，一般有哪几种装夹方法？分别适用在什么情况？
2. 中心孔的种类有几种？常用的中心钻有几种？如何防止中心钻折断？

课题四　车削轴类零件

任务一　车削台阶

一、实训教学的目的与要求

1）掌握工件及车刀的装夹。
2）掌握车削外圆、端面及台阶的加工方法。

二、基础知识

1. 轴类零件的种类及结构

通常把断面形状为圆形、长度大于直径三倍以上的杆件称为轴类零件。轴类零件上常带有倒角、退刀槽、越程槽、键槽、螺纹、轴肩圆弧等结构。

按轴的形状和轴线的位置可分为光轴、偏心轴、台阶轴和空心轴等，如图2-33所示。

2. 车削轴类零件的常用车刀

车削轴类零件常用的有90°偏刀（分左偏刀和右偏刀）、75°弯头车刀和45°弯头车刀（有左、右弯头两种形式）以及直头外圆车刀和圆弧车刀，如图2-34所示。

（1）90°偏刀　90°偏刀车外圆时产生的径向力小，不易将工件顶弯，常用于车削工件的外圆、台阶和端面，适合车削细长轴。

（2）75°弯头车刀　75°弯头车刀刀尖角大于90°，强度高，使用寿命长，适用于粗车余量较大的铸、锻件。

（3）45°弯头车刀　45°弯头车刀用于车倒角和端面，也可用于车削长度较短的外圆。

（4）直头外圆车刀　直头外圆车刀用于负荷较小时的外圆加工。

（5）圆弧车刀　圆弧车刀用于车削圆弧台阶。

三、车外圆和台阶

1. 车端面的方法与步骤

1）车刀的选用与安装。车端面常用90°偏刀或45°弯头车刀，精车时应选用90°偏刀。

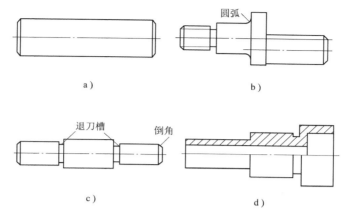

图 2-33　轴类零件的种类

a）光轴　b）偏心轴　c）台阶轴　d）空心轴

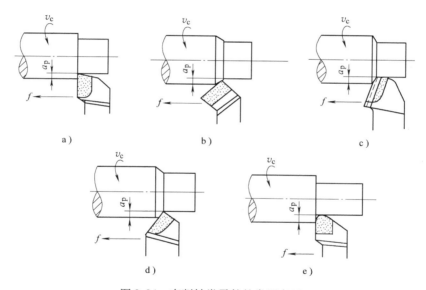

图 2-34　车削轴类零件的常用车刀

a）90°偏刀　b）45°弯头车刀　c）75°弯头车刀　d）直头外圆车刀　e）圆弧车刀

安装时，刀尖要对准工件中心。

图 2-35a 所示为弯头刀车端面，可选用大的背吃刀量，表面光洁，应用较多；图 2-35b 所示为 90°偏刀从外向中心进给车端面，用于车削较小的端面或台阶面；图 2-35c 所示为 90°偏刀从中心向外进给车端面，用于车削带孔的端面或台阶面；图 2-35d 所示为左偏刀车端面，刀头强度好，用于车削较大端面，尤其是铸、锻件的大端面。

2）起动车床前，用手转动卡盘一周，检查有无碰撞、工件是否夹紧等。

3）车削时，先开动车床使工件旋转，移动床鞍和中滑板使车刀靠近工件端面后，应将床鞍位置锁定，避免床鞍有间隙或误操作发生纵向位移而影响平面度。

4）双手摇动中滑板手柄车端面，要求手动进给速度要均匀，用小滑板控制背吃刀量，

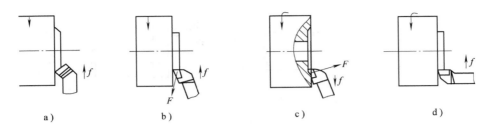

图 2-35　车端面

a）弯头刀车端面　b）90°偏刀车端面　c）90°偏刀车端面　d）90°偏刀车端面

让车刀垂直于工件轴线横向进给运动。

5）先车的一面尽量少车，余量应在另一面车去（以确保有足够的余量）。车端面前，应先倒角，防止因表面硬化层而损坏刀尖。

6）端面的精度检查。用金属直尺或刀口形直尺检查端面的平面度。表面粗糙度值可用表面粗糙度样板对比法检查或用经验法目测。

2. 车外圆的方法与步骤

1）车刀的选用及安装（图 2-36）。粗车外圆时可用 75°强力车刀；45°弯头车刀用于车外圆、端面和倒角；90°偏刀用于车外圆或有垂直台阶的外圆。车刀安装时要装夹牢固，刀尖与工件轴线要等高。

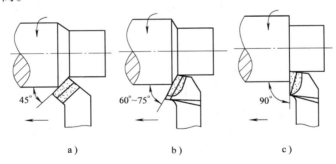

图 2-36　外圆车刀

a）45°弯头车刀　b）60°~75°外圆车刀　c）90°偏刀

2）检查毛坯尺寸。划线确定车削长度。

3）起动车床，移动床鞍至工件右端，用中滑板控制背吃刀量，床鞍作纵向进给车削外圆。进行试切削，测量。其具体方法是：根据背吃刀量要求，车刀作横向进刀，当车刀沿纵向移动 2mm 左右时，纵向快速退出车刀（横向不动），然后停车测量，如图 2-37 所示。若尺寸符合要求，即可切削；否则可以按上述方法继续进行试切削和试测量，直到符合要求为止。

4）根据测量尺寸调整背吃刀量。

5）倒角并自检尺寸。

6）掉头车外圆。在没有装夹余量的情况下，外圆只能采用接刀的方法完成。接刀时，必须找正，其找正方法如图 2-38 所示。

7）外圆检验。工件外径尺寸可用千分尺检测，表面粗糙度用表面粗糙度比较样块对比检查或用经验法目测。

3. 车台阶的方法与步骤

车台阶通常先用75°强力车刀粗车外圆，切除台阶的大部分余量，留0.5～1mm余量。然后用90°偏刀精车外圆、台阶。粗车时，只需为第一个台阶留出精车余量，其余各段可按图样上的尺寸车削，这样在精车时，将第一个台阶长度车至尺寸后，第二个台阶的精车余量自动产生，依次类推，精车各台阶至尺寸要求。车削时，控制台阶长度的方法有刻线法、刻度盘控制法和用挡铁定位控制法。

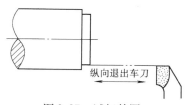

图2-37 试切外圆

（1）刻线法 先用金属直尺或样板量出台阶长度尺寸，并用车刀刀尖在此位置上刻出线痕，如图2-39所示，然后车削到线痕位置为止。

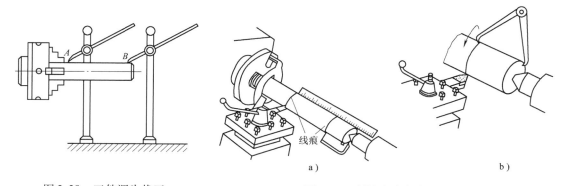

图2-38 工件调头找正

图2-39 刻线法确定车削长度
a）用金属直尺和样板刻线痕 b）用内卡钳在工件上刻线痕

（2）刻度盘控制法 将床鞍由尾座向主轴箱方向移动，把车刀摇至工件的右端，使车刀接触端面，调整床鞍刻度盘到"0"。然后根据车削台阶长度，计算出刻度盘应转动格数，控制车削长度。

（3）用挡铁定位控制法 批量加工台阶轴时，可用挡铁定位控制车削长度。在车床导轨适当位置装定位挡块，使其对应各个台阶长度，车削时，车到挡块位置，就得到所需长度尺寸。

4. 车倒角的方法与步骤

车倒角用的车刀有45°弯头车刀或90°偏刀。当平面、外圆、台阶车削完毕后，转动刀架用45°弯头车刀进行倒角。若使用90°偏刀倒角，应使切削刃与外圆形成45°夹角。

移动床鞍至工件外圆与平面相交处进行倒角。C1是指倒角在外圆上的轴向长度为1mm，角度是45°。

5. 刻度盘的计算和应用

在车削工件时，为了正确和迅速地掌握背吃刀量，通常利用中滑板或小滑板上的刻度盘进行操纵。刻度盘转动的格数乘以刻度盘的分度值（一般有0.02mm或0.05mm两种），就是车刀沿进给方向移动的距离。

例如，将ϕ40mm的工件一刀车至直径ϕ34mm，中滑板刻度的背吃刀量应是（40 – 34）mm/2 = 3mm。若刻度盘的分度值为0.02mm，则中滑板应摇进的格数是3mm÷0.02mm = 150格。

使用刻度盘时，螺杆和螺母之间存在配合间隙，因此会产生空行程（即刻度盘转动而滑板并未移动），所以使用时要把刻线转到所需要的格数。当背吃刀量摇过时，必须向相反方向退回全部空行程，再转到需要的格数，如图2-40所示。但必须注意中滑板刻度的背吃刀量应是工件余量尺寸的1/2。

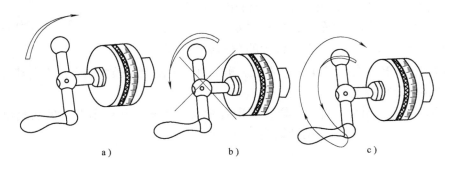

图2-40 消除刻度盘空行程的方法
a）摇过头 b）错误：直接摇回 c）正确：反转半圈，再摇至所需位置

四、技能实训（台阶轴的车削方法与步骤）

1. 图样分析

台阶轴如图2-41所示。毛坯直径 $\phi45$ mm，需要车出 $\phi32_{-0.039}^{0}$ mm $\times(20\pm0.2)$ mm，表面粗糙度值 $Ra3.2\mu$ m；$\phi40_{-0.039}^{0}$ mm $\times35$ mm，表面粗糙度值 $Ra3.2\mu$ m，右端面表面粗糙度值 $Ra3.2\mu$ m，其余加工面表面粗糙度值 $Ra6.3\mu$ m。

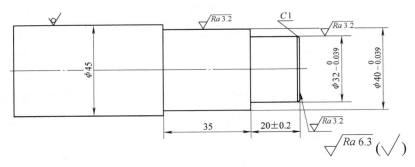

图2-41 台阶轴

2. 准备工作

（1）装刀对中 将硬质合金车刀装在刀架上，并对准工件旋转中心。

（2）装夹工件 用自定心卡盘装夹工件外圆并进行找正，毛坯伸出长度为60mm。

（3）选择主轴转速 若切削速度 $v_c=70$ m/min，则主轴转速为

$$n=\frac{1000\times v_c}{\pi d}=\frac{1000\times70}{3.14\times45}r/min\approx495r/min$$

主轴计算转速与机床转速表530r/min接近，转换手柄调整主轴转速到530r/min。

（4）选择进给量 f 取 $0.10\sim0.18$ mm/r（实际工作时，可查车工手册确定 f）。

3. 车端面

1）开动车床，将车刀刀尖靠近工件端面并沿轴向切入，如图 2-42 所示。均匀转动中滑板手柄横向进刀车削端面。

2）当车刀车到中心时，停止进刀，不能留凸台。表面粗糙度值达到 $Ra3.2\mu m$。

4. 粗车 $\phi40mm \times（20mm + 35mm）$ 外圆

1）选择主轴转速。切削速度 v_c 取 50m/min，则主轴转速为

$$n = \frac{1000v_c}{\pi d} = \frac{1000 \times 50}{3.14 \times 45}r/min = 353r/min，转换手柄调整主轴转速$$

为 360r/min。

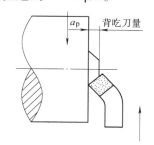

图 2-42 由外向里车平面

2）选择进给量。f 取 0.10 ~ 0.18mm/r。

3）用粗车刀车 $\phi45mm$ 外圆，第一刀车至 $\phi42mm$，长度到刻线处；第二刀车至 $\phi40.5mm$，留精车余量 0.5mm。

5. 精车 $\phi40mm \times 55mm$ 外圆

1）选择主轴转速。切削速度 v_c 取 70m/min，则主轴转速为

$$n = \frac{1000v_c}{\pi d} = \frac{1000 \times 70m/min}{3.14 \times 40}mm = 557r/min，通过转换手柄调整主轴转速到 530r/min。$$

2）选择进给量。f 取 0.06 ~ 0.10mm/r。

3）用精车刀车 $\phi40mm \times 55mm$ 外圆至尺寸，用千分尺和游标卡尺测量尺寸，精车时加注切削液。目测或用表面粗糙度比较样块检测表面粗糙度值 $Ra3.2\mu m$。

6. 粗车 $\phi32mm \times 20mm$ 外圆

1）选择主轴转速。$n = \frac{1000v_c}{\pi d} = \frac{1000 \times 50}{3.14 \times 32}r/min = 497r/min$，转换手柄调整主轴转速为 530r/min。

2）选择进给量。f 取 0.1 ~ 0.18mm/r。

3）在 $\phi40mm$ 外圆上从右至左长度 20mm 处用车刀刻线。

4）粗车 $\phi32mm$ 外圆，第一刀车至 $\phi35mm$，长度至刻线处；第二刀车至 $\phi32.5mm$ 留精车余量 0.5mm。

7. 精车 $\phi32mm \times 20mm$ 外圆

1）主轴转速取 $n = 530r/min$，转换手柄调整主轴转速为 530r/min。

2）选择进给量 f 取 0.06 ~ 0.10mm/r。

3）用精车刀精车 $\phi32mm \times 20mm$ 外圆至尺寸；精车时加注切削液。用千分尺和游标卡尺测量尺寸，表面粗糙度值达 $Ra3.2\mu m$。

8. 倒角 $C1$

1）用外圆车刀倒角，使切削刃与外圆轴线成 45°。

2）移动床鞍至工件外圆与平面相交处进行倒角 $C1$。

9. 检测工件

检测工件质量合格后卸下工件。

五、注意事项

1）台阶平面和外圆相交处要清角，防止产生凹坑和出现小台阶。

2）台阶平面出现凹凸，其原因可能是车刀没有从里到外横向切削或车刀装夹主偏角小于90°，或是刀架、车刀、滑板等发生了移位。

3）多台阶工件的长度测量，应从一个基准面量起，防止累积误差。

4）为了保证工件质量，掉头装夹时要求垫铜皮，并找正。

六、实作成绩

车削台阶轴实作成绩评定见表2-7。

表2-7 车削台阶轴实作成绩评定

序号	检测项目	配分	评分标准	检测结果	得分
1	检测尺寸 $\phi40^{\ 0}_{-0.039}$ mm	30	每超差0.01mm扣5分		
2	检测表面粗糙度值 $Ra3.2\mu$m	10	超差一档扣5分		
3	检测尺寸 $\phi32^{\ 0}_{-0.039}$ mm	30	每超差0.01mm扣5分		
4	检测表面粗糙度值 $Ra3.2\mu$m	10	超差一档扣5分		
5	检测长度尺寸35mm	2	超差1mm不得分		
6	检测长度尺寸20mm±0.2mm	8	超差0.05mm不得分		
7	检测倒角C1	2	不符合要求不得分		
8	检测端面表面粗糙度值 $Ra3.2\mu$m	4	超差一档扣2分		
9	检测台阶平面与轴线是否垂直及是否清角	4	一处台阶不清扣2分		
10	安全文明生产		酌情扣分		
	总分				

任务二　用两顶尖装夹车削轴类工件

一、实训教学目的与要求

1）了解顶尖的种类、作用及其优缺点。

2）掌握转动小滑板车前顶尖的方法。

3）掌握鸡心夹头、对分夹头的使用方法。

4）掌握用两顶尖装夹车削轴类工件的方法。

二、基础知识

1. 顶尖

顶尖分前顶尖和后顶尖两类。

顶尖的作用是定中心，同时承受工件的重量及切削力。

（1）前顶尖　前顶尖随同工件一起旋转，与中心孔无相对运动，因而不产生摩擦。前顶尖有两种类型，一种是装入主轴锥孔内的前顶

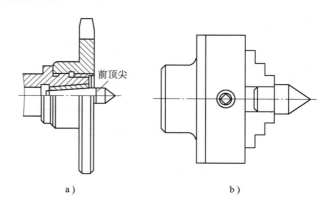

图2-43　前顶尖

a）装入主轴锥孔内的前顶尖　b）夹在卡盘上的前顶尖

尖，如图2-43a所示，这种顶尖装夹牢靠，适宜于批量生产；另一种是夹在卡盘上的前顶尖，如图2-43b所示。它用一般钢材车出一个台阶面与卡爪平面贴平夹紧，一端车出60°锥面即可作顶尖。这种顶尖的优点是制造装夹方便，定心准确；缺点是顶尖硬度不够，容易磨损，易发生移位，只适宜小批量生产。

（2）后顶尖　插入尾座套筒锥孔中的顶尖，称为后顶尖。后顶尖有固定顶尖和回转顶尖两种。

1）固定顶尖。优点：定心正确、刚性好，切削时不易产生振动。缺点：中心孔与顶尖之间是滑动摩擦，易发生高热，烧坏中心孔或顶尖（图2-44a），一般适宜于低速精切削。硬质合金钢固定顶尖如图2-44b所示。这种顶尖在高速旋转下不易损坏，但摩擦产生的高热情况仍然存在，会使工件发生热变形。

2）回转顶尖。为了避免顶尖与工件之间的摩擦，一般都采用回转顶尖支顶，如图2-44c所示。其优点是转速高，摩擦小；缺点是定心精度和刚性稍差。

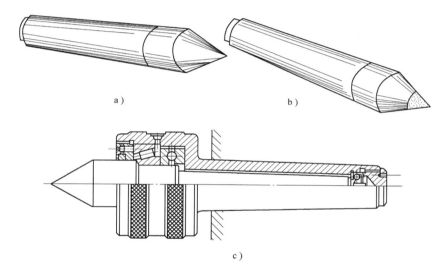

图 2-44　后顶尖

2. 鸡心夹头、对分夹头的使用

两顶尖对工件只起定心和支承作用，必须通过对分夹头（图2-45a）或鸡心夹头（图2-45b）上的拨杆来带动工件旋转。用鸡心夹头或对分夹头夹紧工件一端，拨杆伸向端外（图2-45c）。

三、技能实训

车削轴类工件方法与步骤如下。

1. 准备工作

1）分析工件形状和技术要求（图2-46）。

2）选择硬质合金车刀，并按要求刃磨好。

3）将精、粗车刀安装在刀架上，并对准工件中心。

4）用自定心卡盘装夹工件外圆并找正，伸出长度为50mm。

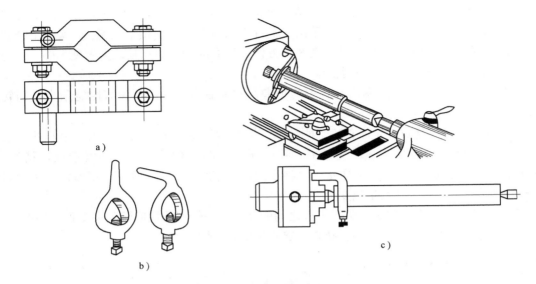

图 2-45　用鸡心夹头装夹工件

5）将 A 型 2.5mm 中心钻头装入钻夹头内紧固，然后将锥柄擦净，用力推入尾座套筒内。

2. 车端面

车平端面，不许留凸头。表面粗糙度值达 $Ra3.2\mu m$。

3. 钻中心孔

1）调整尾座轴线与工件轴线同轴，并移动尾座与工件的距离，然后锁紧。

2）选择主轴转速 $n = 530 r/min$。转动尾座手轮，向前移动尾座套筒，当中心钻钻入工件端面时，速度要减慢，并保持均匀，及时加切削液。

3）钻出 A 型 $\phi2.5mm$ 中心孔，表面粗糙度值 $Ra3.2\mu m$。

4. 掉头车端面及钻中心孔

方法同上。

5. 装夹车削前顶尖

1）在自定心卡盘上装夹前顶尖。

2）按逆时针方向转动小滑板 30°，手动小滑板进给车削出前顶尖。主轴转速取 $n = 360 r/min$。表面粗糙度值 $Ra1.6\mu m$。

6. 装夹后顶尖并调整

1）先擦净顶尖锥柄和尾座锥孔，然后用力把顶尖推入尾座套筒内装紧。

2）向前顶尖方向移动尾座，调整尾座使两顶尖同轴，固定尾座。

7. 装夹工件

1）用对分夹头或鸡心夹头夹紧工

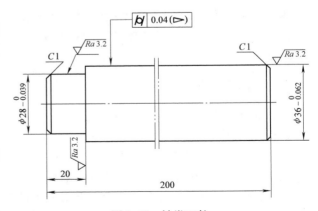

图 2-46　轴类工件

件一端，拨杆伸出工件端面外，如图 2-45c 所示。

2）根据工件长度，调整尾座距离，并紧固，顶尖套从尾座伸出部分长度，尽量要短。

3）将有对分夹头的一端中心孔放置在前顶尖上，另一端用后顶尖支顶（注意防止对分夹头的拨杆与卡盘平面碰撞而破坏顶尖的定心作用）。两顶尖支顶工件的松紧程度以没有轴向窜动为宜。如果太松，车削时易发生振动；太紧，工件会变形，还可能烧坏顶尖或中心孔。

4）后顶尖若用固定顶尖支顶，应加润滑油，然后将尾座套筒紧固。

8. 粗车 ϕ36mm 外圆并检测圆柱度

1）确定主轴转速取 $n = 360\text{r/min}$。将主轴转速手柄扳至 360r/min。

2）进给量取 $f = 0.10 \sim 0.18\text{mm/r}$。

3）粗车外圆，测量两端工件直径来调整尾座的横向偏移量。若工件右端直径大，左端直径小，尾座向操作者方向移动。调整时，把百分表固定在刀架上，松开尾座，使百分表头与尾座套筒接触，测量垂直套筒表面，调整百分表零位，然后偏移尾座，当百分表指针转动读数至工件两端直径差的 1/2 时，将尾座固定即可。若工件右端直径小，左端直径大，尾座移动方向相反。

9. 精车 ϕ36mm 外圆

1）确定主轴转速，取 $n = 530\text{r/min}$。

2）进给量，取 $f = 0.06 \sim 0.10\text{mm/r}$。

3）精车 $\phi36^{\ 0}_{-0.062}\text{mm} \times 182\text{mm}$ 至尺寸，表面粗糙度值 $Ra3.2\mu\text{m}$，并加注切削液。

4）用千分尺和游标卡尺测量。

10. 端面倒角 $C1$

11. 掉头装夹工件

1）松开顶尖，卸下工件、对分夹头并装于另一端。

2）重新把工件装于两顶尖之间，后顶尖加入润滑油，并调整好顶尖与中心孔的松紧。

12. 粗车 ϕ28mm 外圆

1）确定主轴转速，取 $n = 360\text{r/min}$。

2）进给量，取 $f = 0.10 \sim 0.18\text{mm/r}$。

3）粗车 ϕ28mm 外圆至尺寸 ϕ28.5mm $\times$ 20mm，$Ra3.2\mu\text{m}$，并加注切削液。

13. 精车 ϕ28mm 外圆

1）由主轴转速公式：$n = \dfrac{1000v_c}{\pi d}$，取 $n = 530\text{r/min}$。

2）进给量　取 $f = 0.06 \sim 0.10\text{mm/r}$。

3）精车 $\phi28^{\ 0}_{-0.052}\text{mm} \times 20\text{mm}$ 至尺寸，表面糙粗度值 $Ra3.2\mu\text{m}$，并加注切削液。

4）用千分尺和游标卡尺测量。

14. 倒角 $C1$。

15. 检测工件质量合格后卸下工件。

四、工件质量问题分析与注意事项

1）切削前，床鞍应左右移动全行程，观察床鞍有无碰撞现象。

2）注意防止对分夹头的拨杆与卡盘碰撞而破坏顶尖的定心精度。

3）防止固定顶尖支顶太紧，否则工件易发热、变形，还会烧坏顶尖和中心孔。

4）顶尖支顶太松，工件产生轴向窜动和径向跳动，切削时易振动，会造成工件圆度、同轴度误差等缺陷。

5）注意观察前顶尖是否发生移位，防止工件不同轴而造成废品。

6）工件在顶尖上装夹时，应保持中心孔的清洁和防止碰伤。

7）切削时，必须找正尾座同轴度；否则车削出的工件会产生锥度。

8）在切削过程中，要随时注意工件在两顶尖间的松紧程度，并及时加以调整。

9）为了增加切削时的刚性，尾座套筒尽量伸出的短点。

10）鸡心夹头或对分夹头必须牢靠地夹住工件，防止切削时移动、打滑、损坏车刀。

五、实作成绩评定

车削轴类工件实作成绩评定见表 2-8。

表 2-8　车削轴类工件实作成绩评定

序号	检测项目	配分	评分标准	检测结果	得分
1	检测尺寸 $\phi 36_{-0.062}^{0}$ mm	24	每超差 0.01mm 扣 4 分		
2	检测表面粗糙度值 $Ra3.2\mu m$	10	超差一档扣 5 分		
3	检测圆柱度误差（≤0.04mm）	20	每超差 0.01mm 扣 10 分		
4	检测尺寸 $\phi 28_{-0.039}^{0}$ mm	16	每超差 0.01mm 扣 8 分		
5	检测表面粗糙度值 $Ra3.2\mu m$	10	超差一档扣 5 分		
6	检测尺寸 20mm ± 0.3mm	6	每超差 0.1mm 扣 2 分		
7	检测倒角 C1	2	不符合要求不得分		
8	检测尺寸 200mm ± 0.5mm	4	超差 0.1mm 扣 1 分		
9	检测台阶平面与轴心线是否垂直及是否清角	4	一处台阶不清扣 2 分		
10	检测中心孔	4	一个孔不合格扣 2 分		
11	安全文明生产		酌情扣分		

任务三　一夹一顶装夹轴类工件

一、实训教学目的与要求

1）了解一夹一顶装夹车削轴类工件的特点。

2）掌握一夹一顶装夹车削轴类工件的方法。

二、基础知识

1）一夹一顶指的是一端用卡盘夹紧工件，另一端用后顶尖顶住的装夹方法，如图 2-22 所示。

2）定位。一端用外圆表面，另一端用中心孔。为了防止工件轴向窜动，通常在卡盘内装一个轴向限位支承，如图 2-22a 所示，或在工件的被夹部位车出 15～20mm 的台阶，作为轴向限位支承，如图 2-22b 所示。

3）适用范围及特点。

①　可加工较重工件，为了保证装夹的稳定性，通常选用一端夹住，一端支顶。

②　能承受较大的轴向切削力，安全、可靠。

③ 对位置精度有要求的工件，掉头车削时，必须重新找正。

三、技能实训（车削台阶轴的方法与步骤）

工件材料：坯料 ϕ35mm，45 钢，调质。

1. 准备工作

1）分析图 2-47 所示工件的形状和技术要求。

2）将硬质合金车刀装夹在刀架上，并对准工件中心。

3）选择主轴转速，取 $n = 360$r/min；进给量 f 取 0.2～0.4mm/r。

2. 工件装夹

1）尾座向左移动，调整顶尖与卡盘的距离。

2）用自定心卡盘夹持工件 ϕ25mm 一端，长度约 10mm。同时转动尾座手柄，使后顶尖顶上工件的中心孔，然后夹紧工件。床鞍左右移动，观察有无碰撞现象，然后紧固尾座。

3）若后顶尖为固定顶尖，应先在中心孔处加凡士林（黄油）滑润。调整后顶尖以刚好接触中心孔为宜，然后将尾座套筒的紧固螺钉压紧。

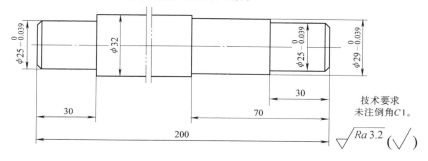

图 2-47 台阶轴

3. 粗车 ϕ32mm 外圆并找正外圆锥度

1）粗车 ϕ32mm 外圆，用千分尺检查左右两端直径大小是否一致，若有锥度，应调整尾座横向移动量。调整方法与两顶尖装夹车削轴类工件时相同。

2）粗车 ϕ32mm 外圆至 ϕ32.5mm×175mm。

4. 粗车 ϕ29mm 外圆

1）在 ϕ32mm 上刻线，长度为 70mm。

2）粗车 ϕ29mm 外圆至 ϕ29.5mm×70mm。

5. 粗车 ϕ25mm 外圆

1）在 ϕ29mm 上刻线，长度为 30mm。

2）粗车 ϕ25mm 外圆至 ϕ25.5mm×30mm。

6. 精车 ϕ32mm 外圆

1）确定主轴转速，取 $n = 530$r/min；进给量 f 取 0.10～0.18mm/r。

2）精车 ϕ32mm×105mm 外圆至尺寸，并加注切削液。用千分尺和游标卡尺测量尺寸，表面粗糙度达 Ra3.2μm。

7. 精车 ϕ29mm 外圆

1）精车 ϕ29$_{-0.052}^{0}$mm×40mm 外圆至尺寸，车削时加注切削液。

2）用千分尺和游标卡尺测量，表面粗糙度值达 $Ra3.2\mu m$。

8. 精车 $\phi25mm$ 外圆

1）精车 $\phi25_{-0.052}^{0}mm \times 30mm$ 外圆至尺寸，车削时加注切削液。

2）用千分尺和游标卡尺测量，表面粗糙度值达 $Ra3.2\mu m$。

9. 端面倒角 C1

10. 掉头装夹工件

1）松开卡盘，退出后顶尖，卸下工件。掉头装夹另一端，长度为 10mm 左右。

2）重新顶上后顶尖，并加润滑油。

11. 粗车 $\phi25mm$ 外圆

1）确定主轴转速，取 $n = 530r/min$；进给量 f 取 $0.20 \sim 0.40mm/r$。

2）在 $\phi32mm$ 上刻线，长度为 30mm；粗车 $\phi25mm$ 外圆至 $\phi25.5mm \times 30mm$。

12. 精车 $\phi25mm$ 外圆

1）确定主轴转速，取 $n = 750r/min$；进给量 f 取 $0.10 \sim 0.18mm/r$。

2）精车 $\phi25_{-0.052}^{0}mm \times 30mm$ 外圆至尺寸，并加注切削液。

3）用千分尺和游标卡尺测量尺寸，表面粗糙度值达 $Ra3.2\mu m$。

13. 端面倒角 C1；检测工件质量，合格后卸下工件。

四、工件质量分析与注意事项

1）一夹一顶装夹车削工件，要求使用轴向定位支承。若没有轴向定位支承，在轴向切削力的作用下，后顶尖的支顶易产生松动，应及时调整，以防发生事故。

2）顶尖支顶不能过松或过紧。过松，工件产生振动、外圆变形；过紧，易产生摩擦，烧坏固定顶尖和工件中心孔。

3）粗车台阶工件时，台阶长度余量一般只需留在右端第一个台阶。

4）台阶处应保持垂直、清角，并防止产生凹坑、小台阶。

五、实作成绩评定

车削台阶轴实作成绩评定见表2-9。

表 2-9　车削台阶轴实作成绩评定

序号	检测项目	配分	评分标准	检测结果	得分
1	检测尺寸 $\phi29_{-0.039}^{0}mm$	15	每超差 0.01mm 扣 5 分		
2	检测表面粗糙度值 $Ra3.2\mu m$	10	超差一档扣 4 分		
3	检测尺寸 $\phi25_{-0.039}^{0}mm$（两处）	30	每超差 0.01mm 扣 8 分		
4	检测表面粗糙度值 $Ra3.2\mu m$（两处）	20	超差一档扣 5 分		
5	检测尺寸 $\phi32_{-0.62}^{0}mm$	5	超差不得分		
6	检测表面粗糙度值 $Ra3.2\mu m$	5	超差不得分		
7	检测尺寸 70mm ± 0.37mm	5	超差不得分		
8	检测尺寸 30mm ± 0.30mm（两处）	6	一处超差扣 3 分		
9	检测倒角 C1（两处）	2	一处不合格扣 1 分		
10	检测台阶平面与轴线垂直及清角	3	一处不合格扣 1 分		
11	安全文明生产		酌情扣分		

任务四　车槽和切断

一、实训教学目的与要求

1）了解切断刀和车槽刀的组成部分及角度要求。

2）掌握切断刀、车槽刀的刃磨方法；掌握车沟槽、切断的方法。

二、车槽刀和切断刀

车槽刀和切断刀的几何形状基本相似，刃磨方法也基本相同，只是刀头部分的宽度和长度有区别，有时也通用。

1. 高速钢切断刀和车槽刀的几何角度（图2-48）

前角 $\gamma_o = 5° \sim 20°$；主后角 $\alpha_o = 6° \sim 8°$；主偏角 $\kappa_r = 90°$；两个副后角 $\alpha'_o = 1° \sim 2°$；两个副偏角 $\kappa'_r = 1° \sim 1.5°$。

2. 高速钢切断刀和车槽刀刀头宽度和长度的选择

1）切断刀刀头宽度的计算公式为

$$a \approx (0.5 \sim 0.6)\sqrt{d}$$

式中　a——主切削刃宽度（mm）；

　　　d——被切断工件直径（mm）。

2）车槽刀的主切削刃宽度根据需要确定，如切断狭窄的外槽时，刀头宽度应等于槽宽。

3）刀头部分的长度 L 的计算公式为

$$L = h + (2 \sim 3)$$

式中　h——切入深度，如图2-49所示，切断实心工件时，切入深度等于工件半径。

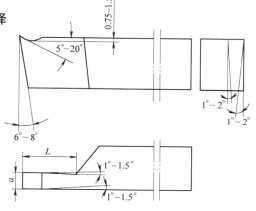

图2-48　高速钢切断刀

3. 切断刀和车槽刀的刃磨方法

（1）刃磨左侧副后刀面　两手握刀，前刀面向上（图2-50a），磨出左侧副后角和副偏角及刀头长度。以磨出左侧副切削刃为宜，刀头的宽度在刃磨右侧时磨出。

（2）刃磨右侧副后刀面　两手握刀，前刀面向上（图2-50b），同时磨出右侧副后角和副偏角及刀头长度。控制刀头宽度。

（3）刃磨主后刀面　两手握刀，前刀面向上（图2-50c），同时磨出主后角。

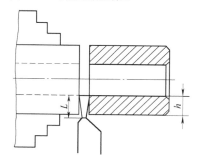

图2-49　切断刀的刀头长度

（4）刃磨前刀面　车刀前面对着砂轮磨削表面（图2-50d），同时磨出前角。

三、技能实训（刃磨切断刀的步骤和方法）

1. 准备工作

1）了解刃磨切断刀的形状、尺寸和技术要求，如图2-48所示。

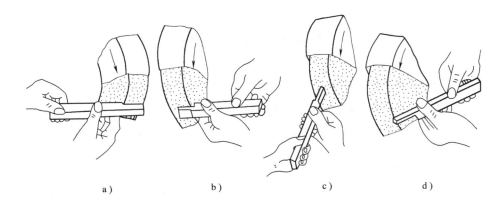

图 2-50 切断刀的刃磨方法和步骤

a）磨左侧副后刀面 b）磨右侧副后刀面 c）磨主后刀面 d）磨前刀面

2）检查砂轮无问题后，戴防护眼镜准备操作；接通开关，待砂轮转速正常开始刃磨。

2. 粗磨两侧副后刀面

1）粗磨左侧副后刀面，同时刃磨出副后角 $\alpha'_o = 1° \sim 2°$ 和副偏角 $\kappa'_r = 1° \sim 1°30'$，刀头长度 $15 \sim 20mm$。以刚好磨出副偏角时结束。

2）粗磨右侧副后刀面，同时刃磨出副后角 $\alpha'_o = 1° \sim 2°$ 和副偏角 $\kappa'_r = 1° \sim 1°30'$，刀头宽度 $3 \sim 4mm$。留精磨余量。刀头长度 $15 \sim 20mm$。

3. 粗磨主后刀面

刃磨主后刀面时，同时磨出后角 $\alpha_o = 6° \sim 8°$ 和主偏角 $\kappa_r = 90°$。为了减弱切断时产生的振动，后角还可取得小些。

4. 粗磨前刀面

车刀横放，轻轻地接触到砂轮面，刃磨前刀面。同时磨出断屑槽和前角 γ_o（$5° \sim 20°$）。断屑槽不宜太深，一般取 $0.75 \sim 1.5mm$。刃磨时要经常蘸水冷却，防止过热使切削刃退火。

5. 精磨两副后刀面

精磨两副后刀面时，要保证两副后角和两副偏角对称相等，刀头宽度 $3 \sim 4mm$。

6. 精磨主后刀面

精磨主后刀面时，要保证后角角度正确，并使切削刃平直、锋利。

7. 精磨前刀面

在细砂轮上精磨，要求刀面光洁平整，保证前角大小。

8. 修磨刀尖

两刀尖应磨出 $0.1 \sim 0.2mm$ 直线过渡或圆弧过渡。

四、注意事项

1）切断刀的断屑槽不宜磨得过深（图 2-51a），以免刀头强度降低；也不能磨成台阶形（图 2-51b），否则切削不顺利，排屑困难，切削负荷太大，刀头易折断。

2）刃磨切断刀和车槽刀的两侧副后刀面时，应以车刀的底面为基准，用金属直尺或直角尺检查（图 2-52a）。图 2-52b 所示为副后角一侧有负值，切断时要与工件侧面摩擦。图

2-52c所示为两侧副后角的角度太大，刀头强度降低，切削时容易折断。

3）刃磨切断刀和车槽刀的副偏角时，有几种错误角度。图2-53a所示为副偏角太大，刀头强度降低，容易折断。图2-53b、c所示为副偏角成负值，车削时副切削刃参加切削，增

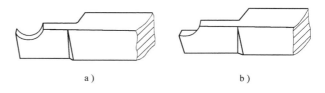

图2-51　磨出错误的断屑槽

a）断屑槽太深　b）断屑槽成台阶

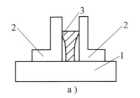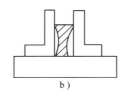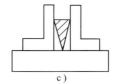

图2-52　用直角尺检查切断刀的副后角

a）正确　b）、c）错误

1—平板　2—直角尺　3—切断刀

大切削负荷，工件侧面或槽侧面不平整。车刀左侧面磨去太多（图2-53d），切削时易碰到工件右台阶。通常左侧副后面磨出即可，刀头宽度的余量应在磨车刀右侧时磨去。

4）高速钢车刀刃磨时，应随时冷却，以防退火。硬质合金车刀刃磨时，当刀具过热时不能在水中冷却，以防刀片碎裂。

5）硬质合金车刀刃磨时，不能用力过猛，以防刀片烧结处产生高热脱焊，使刀片脱落。

6）主切削刃和两侧副切削刃之间对称平直。

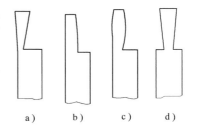

图2-53　切断刀副偏角的错误磨法

五、实作成绩

刃磨切断刀实作成绩评定见表2-10。

表2-10　实作成绩评定表

序号	检测项目	配分	评分标准	检测结果	得分
1	检测两个 α'_o 是否相等对称	10	1个超差扣5分		
2	检测两个 κ'_r 是否相等对称	10	1个超差扣5分		
3	检测主切削刃平直	5	超差扣5分		
4	检测 α_o（6°~8°）	10	超差1°扣5分		
5	检测两个 α'_o（1°~2°）	20	1个超差扣10分		
6	检测两个 κ'_r（1°~1.5°）	20	1个超差扣10分		
7	检测 γ_o（5°~20°）	10	超差1°扣5分		
8	检测刀头宽度 a	5	超差不得分		
9	检测刀头长度 L	5	超差不得分		
10	检测刀面表面粗糙度 $Ra0.8\mu m$	5	超差不得分		
11	安全文明生产		酌情扣分		

六、车槽和切断

1. 车沟槽的方法

（1）车轴肩槽　可以用刀头宽度等于槽宽的车槽刀沿着轴肩采用直进法一次进给车出，如图 2-54a 所示。

（2）车非轴肩槽　车非轴肩槽时，需要确定沟槽的位置。确定的方法有两种：一种是用金属直尺测量槽刀的位置。车刀纵向移动，根据尺寸要求使左侧或右侧的刀头与金属直尺的所需长度对齐；另一种方法是利用床鞍或小滑板的刻度盘控制车槽的正确位置。车削方法与车轴肩槽基本相同。车内槽如图 2-54b 所示，车端面槽如图 2-54c 所示。

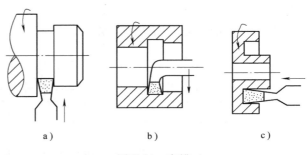

图 2-54　车槽
a）车轴肩槽　b）车内槽　c）车端面槽

（3）车削较宽的矩形沟槽　首先确定沟槽的正确位置。常用的方法有刻线法和金属直尺测量法。沟槽位置确定后，可以采用多次直进法切削（图 2-55）。分粗、精车将沟槽车至尺寸。粗车时，在槽的两侧面和槽底各留出 0.5mm 的精车余量。精车时，应先车沟槽的位置尺寸，然后车槽宽尺寸，直至符合要求。车最后一刀的同时应在槽底纵向进给一次，将槽底车平整。

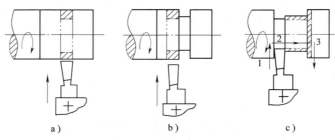

图 2-55　车宽槽的方法
a）第一次横向进给　b）第二次横向进给　c）最后一次进给

2. 矩形槽的检查和测量

精度要求低的沟槽，一般采用金属直尺和卡钳测量。精度要求较高的沟槽，可用千分尺、样板、塞规和游标卡尺等检查测量，如图 2-56 所示。

3. 切断方法

（1）用直进法切断工件　所谓直进法，是指垂直于工件轴线方向进给切断（图 2-57a）。这种方法切断效率高，但对车床、切断刀的刃磨、装夹都有较高的要求；否则容易造成刀头折断。

（2）左右借刀法切断工件　在刀具、工件、车床刚性等不足的情况下，可采用左右借刀法切断工件，如图 2-57b 所示。这种方法是指切断刀在轴线方向作反复往返移动，随之两侧径向进给，直至工件切断。

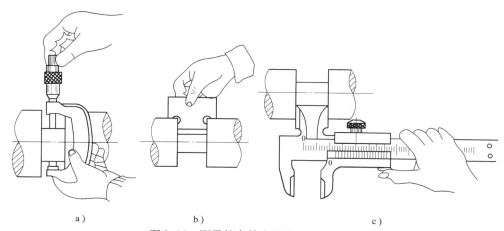

图 2-56 测量较高精度沟槽的几种方法

a）用千分尺测量沟槽直径 b）用样板测量沟槽宽度 c）用游标卡尺测量沟槽宽度

（3）反切法切断工件 反切法是指工件反转，车刀反向装夹，如图 2-57 c 所示。这种切断方法宜用于较大直径的工件切断。其优点是作用在工件上的切削力与主轴重力方向一致（向下），因此，主轴不容易产生上下跳动，切断工件时比较平稳，而且切屑向下排出，不会堵塞在切削槽中，排屑顺利。

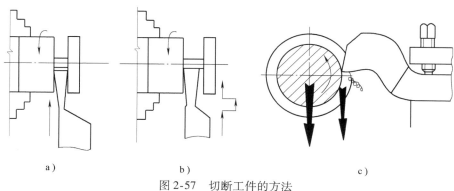

图 2-57 切断工件的方法

a）直进法 b）左右借刀法 c）反切法

>> **注意** 在采用反切法时，卡盘与主轴的连接部分必须有保险装置，否则卡盘会因倒车而脱离主轴，引发事故。

4. 车削矩形槽的实作步骤

（1）准备工作

1）了解图 2-58 所示工件的形状及技术要求。

2）将磨好的外圆粗、精车刀和车槽刀安装在刀架上，并调整对准中心。

3）确定主轴转速 根据 $n = \dfrac{1000v_c}{\pi d}$，取 $v_c = 50\text{m/min}$，则 $n = \dfrac{1000 \times 50}{3.14 \times 43}\text{r/min} \approx 370\text{r/min}$，实取 360r/min。

4）进给量 f 取 $0.2 \sim 0.4\text{mm/r}$。

（2）车端面 车平端面，不许留凸头。表面粗糙度值达 $Ra3.2\mu\text{m}$。

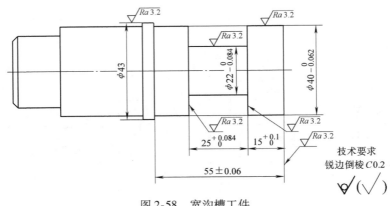

图 2-58　宽沟槽工件

（3）钻中心孔

1）取较高的主轴转速钻中心孔。取 $n = 530\text{r/min}$。

2）钻 A 型中心孔，表面粗糙度值达 $Ra1.6\mu\text{m}$。

（4）装夹工件　一夹一顶装夹工件，用自定心卡盘装夹 $\phi40\text{mm}$ 外圆，长度 10mm 左右，另一端用后顶尖支承。

（5）粗车 $\phi43\text{mm}$ 外圆

1）确定主轴转速，实取 $n = 360\text{r/min}$；进给量 f 取 $0.2\sim0.4\text{mm/r}$。

2）粗车 $\phi43\text{mm}$ 外圆至尺寸 $\phi43.5\text{mm}$，并调整尾座轴线与工件轴线的同轴度。

（6）粗车 $\phi40\text{mm}$ 外圆

1）在 $\phi43\text{mm}$ 外圆上作刻线，长度 53.5mm。

2）粗车 $\phi40\text{mm}$ 外圆至尺寸 $\phi40.5\text{mm}$，长度至刻线处。

（7）精车 $\phi43\text{mm}$ 外圆

1）确定主轴转速，v_c 取 80m/min，则 $n = \dfrac{1000\times80}{3.14\times43}\text{r/min} \approx 600\text{r/min}$。实取 530r/min；进给量 f 取 $0.08\sim0.2\text{mm/r}$。

2）精车 $\phi43\text{mm}$ 外圆至尺寸，用千分尺测量。表面粗糙度值达 $Ra3.2\mu\text{m}$。

（8）精车 $\phi40\text{mm}$ 外圆

1）精车 $\phi40_{-0.062}^{\ \ 0}\text{mm}$ 外圆至尺寸，用千分尺测量。

2）长度车至台阶时改为手动进给控制尺寸。在 $55\text{mm}\pm0.06\text{mm}$，用游标卡尺测量。表面粗糙度达值 $Ra3.2\mu\text{m}$。

（9）粗车外圆沟槽

1）确定主轴转速，v_c 取 40m/min，则 $n = \dfrac{1000\times40}{3.14\times40}\text{r/min} \approx 318\text{r/min}$。实取 360r/min。

2）在 $\phi40\text{mm}$ 外圆上刻线。左侧长度为 39.5mm，右侧长度为 15.5mm。槽壁两侧均留有精车余量。

3）采用多次直进法粗车外圆沟槽，车刀刚接触工件表面时，手动进给要快，可减少振动。沟槽底径车至 $\phi22.5\text{mm}$。两侧车至刻线。

（10）精车外圆沟槽两侧

1）确定主轴转速，切削速度取 50m/min，则 $n = \dfrac{1000 \times 50}{3.14 \times 40}$r/min $= 398$r/min；实取 360r/min。

2）精车沟槽右侧，控制端面与沟槽右侧面的距离为 $15^{+0.10}_{\ 0}$mm，可用小滑板刻度盘刻度进行控制，用游标卡尺测量。

3）精车沟槽左侧，控制沟槽宽度 $25^{+0.084}_{\ 0}$mm 至尺寸，表面粗糙度值 $Ra3.2\mu m$。用游标卡尺或样板测量尺寸，如图 2-56 所示。

（11）精车外圆沟槽底面

1）确定主轴转速，取 $n = 530$r/min。

2）进给量 f 取 $0.1 \sim 0.2$mm/r。

3）车槽刀主切削刃与外圆表面平行，即旋转刀架时应以外圆表面对刀，保证车出的槽底圆柱面不产生锥度。

4）精车槽底 $\phi22^{\ 0}_{-0.084}$mm 至尺寸，用千分尺测量。表面粗糙度值 $Ra3.2\mu m$。

（12）锐边倒棱 $C0.2$ 过程略。

（13）检测工件质量合格后卸下工件 过程略。

5. 工件质量分析与注意事项

1）车槽刀主切削刃与工件轴线必须平行；否则车出的沟槽槽底一侧直径大，另一侧直径小，呈竹节形。

2）车刀后角刃磨不能过大，切削刃保持锋利，合理选择切削用量，调整好主轴间隙，提高工艺系统的支承刚性。以免在切削时产生振动，槽底表面产生振纹。

3）车刀切削刃磨钝产生让刀、车刀几何角度刃磨不正确或车刀装夹歪斜，都会出现内槽窄外口宽的喇叭形，且表面粗糙。

4）切断实心工件时，切断刀的主切削刃必须严格对准工件旋转中心，刀头中心线与主轴轴线垂直，以防切断刀折断。

5）为了增加切断刀的刚性，刀杆不宜伸出过长，以防振动。

6）切断刀要刃磨正确，保持切削刃锋利，以免产生让刀，造成工件表面产生凹凸不平。

7）切断前要调整好主轴间隙和床鞍、中、小滑板的松紧，以免切断时产生振动或"扎刀"。

8）工件装夹要牢固，且切削处尽可能靠近卡盘，以免刚性不足引起振动。

9）用高速钢刀切断工件时，应浇注切削液，延长切断刀的使用寿命。使用硬质合金刀切断工件时，中途不准停车；否则切削刃容易损坏。

10）一夹一顶或两顶尖装夹工件时，不能直接把工件切断，以防止切断时工件飞出伤人。

11）用左右借刀法切断工件时，借刀要均匀，以免在工件的左侧处车出台阶或留下凸头。

6. 实作成绩评定

车削宽沟槽工件实作成绩评定见表 2-11。

表 2-11 实作成绩评定表

序号	检测项目	配分	评分标准	检测结果	得分
1	检测尺寸 $\phi43^{\ 0}_{-0.60}$mm	3	超差不得分		
2	检测表面粗糙度值 $Ra3.2\mu m$	2	超差不得分		
3	检测尺寸 $\phi40^{\ 0}_{-0.062}$mm	10	每超差 0.01mm 扣 5 分		
4	检测表面粗糙度值 $Ra3.2\mu m$	8	超差一档扣 4 分		
5	检测尺寸 $\phi22^{\ 0}_{-0.084}$mm	20	每超差 0.01mm 扣 5 分		

（续）

序号	检测项目	配分	评分标准	检测结果	得分
6	检测表面粗糙度值 $Ra3.2\mu m$	8	超差一档扣 4 分		
7	检测尺寸 $25^{+0.084}_{0}$ mm	20	每超差 0.01mm 扣 5 分		
8	检测表面粗糙度值 $Ra3.2\mu m$	12	1 处超差扣 6 分		
9	检测尺寸 $55mm \pm 0.06mm$	5	超差不得分		
10	检测尺寸 $15^{+0.10}_{0}$ mm	5	超差不得分		
11	检测倒角 $C0.2$（4 处）	4	一处不合格扣 1 分		
12	检测端面表面粗糙度值 $Ra3.2\mu m$	3	超差不得分		
13	安全文明生产		酌情扣分		

任务五　转动小滑板车削圆锥体

一、实训教学目的与要求

1）掌握小滑板转动角度的方法。

2）掌握转动小滑板车削圆锥体的方法和检验的方法。

二、基础知识

车削短圆锥体时，只要把小滑板按图样要求转动一个圆锥半角 $\alpha/2$，使车刀的运动轨迹与所要车削的圆锥素线平行即可。因此，车削前要确定小滑板转动角度的大小和方向。

1. 小滑板转动角度的计算

如图 2-59 所示，在图样上一般标注的是锥度，没有直接标注出圆锥半角 $\alpha/2$，必须经过换算。换算原则上是把图样上所标注的其他参数或角度，换算成圆锥素线与车床主轴轴线的夹角 $\alpha/2$（称圆锥半角），$\alpha/2$ 就是车床小滑板应该转过的角度，如图 2-60 所示。

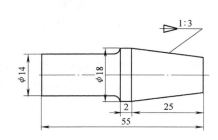

图 2-59　图样上锥度的标注方法

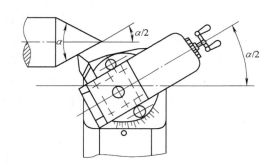

图 2-60　转动小滑板车削圆锥体

根据被加工零件给定的已知条件，可应用下面公式计算，即

$$\tan(\alpha/2) = \frac{D-d}{2L} = C/2 \tag{2-4}$$

$$C = \frac{D-d}{L} \tag{2-5}$$

式中 $\alpha/2$——圆锥半角；

D——圆锥大端直径；

d——圆锥小端直径；

L——圆锥长度；

C——锥度。

应用式（2-4）计算圆锥半角 $\alpha/2$ 必须查三角函数表，比较麻烦。因此在实际应用中当圆锥半角 $\alpha/2$ 较小，在 $1°\sim13°$ 之间，可用乘上一个常数的近似方法来计算，即

$$\alpha/2 = 常数 \times \frac{D-d}{L} \tag{2-6}$$

小滑板转动角度 $1°\sim13°$，近似公式常数可以从表 2-12 中查得。

如果 $\alpha/2 < 6°$ 时可用下面近似公式计算，即

$$\alpha/2 \approx 28.7° \times \frac{D-d}{L} \tag{2-7}$$

车削常用工具圆锥和专用标准锥度时小滑板转动角度见表 2-13。

表 2-12 小滑板转动角度近似公式常数

$\dfrac{D-d}{L}$ 或 C	常　数	备　注
0.10 ~ 0.20	28.6°	
0.20 ~ 0.29	28.5°	
0.29 ~ 0.36	28.4°	本表适用 $\alpha/2$ 在 $8°\sim13°$ 之间
0.36 ~ 0.40	28.3°	$6°$ 以下的常数值为 28.7°
0.40 ~ 0.45	28.2°	

表 2-13 车削常用工具圆锥和专用标准锥度时小滑板转动角度

名称		锥度 C	小滑板转动角度（$\alpha/2$）	名称	锥度 C	小滑板转动角度（$\alpha/2$）
莫氏圆锥	0	1:19.212	1°29′27″	常用专用标准锥度	1:4	7°07′30″
	1	1:20.047	1°25′43″		1:5	5°42′38″
	2	1:20.020	1°25′50″		1:7	4°05′08″
	3	1:19.992	1°26′16″		1:10	2°51′45″
	4	1:19.254	1°29′15″		1:12	2°23′09″
	5	1:19.002	1°30′26″		1:15	1°54′33″
	6	1:19.180	1°29′36″		1:16	1°47′24″
米制圆锥	4	1:20	1°25′56″		1:20	1°25′56″
	6				1:30	0°57′17″
	80				1:50	0°34′28″
	100				1:100	0°17′11″
	120				1:200	0°08′36″
	160				7:24	8°17′50″
	200				7:64	3°07′40″

2. 小滑板转动方向的确定

车削顺锥圆锥体（左端大右端小）时，小滑板应按逆时针方向转动；反之，车削倒锥（又称背锥，左端小右端大）圆锥体时，小滑板按顺时针方向转动。

3. 转动小滑板车削圆锥体的方法

（1）转动小滑板　将小滑板转盘上的螺母松开，把转盘转至所需要的圆锥半角（$\alpha/2$）的刻度上，然后固定转盘上的螺母（图 2-60）。如果角度不是整数，例如，$\alpha/2 = 2°51'$，转到 $3° \sim 2°30'$ 之间，然后用试切法逐步找正。

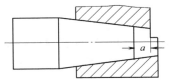

（2）调整小滑板镶条的松紧　如调得过紧，手动进给时费力，移动不均匀；调得过松，造成小滑板间隙太大。两者均会使车出工件的锥面表面粗糙度值较大，素线不平直。

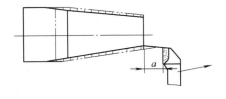

（3）确定小滑板行程　工作行程应大于圆锥加工的长度。将小滑板后退至工作行程的起始点，然后试移动一次，以检查工作行程是否足够。

（4）粗车圆锥体　粗车时应找正圆锥的角度，留精车余量 0.5mm。

（5）精车圆锥体　提高工件转速，双手缓慢均匀地转动小滑板手柄精车圆锥体至尺寸。

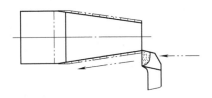

图 2-61　圆锥环规控制小端直径尺寸

4. 圆锥尺寸的控制方法

（1）控制大端直径尺寸　车削圆锥体时，大端直径可用游标卡尺或千分尺测量来控制。

（2）控制小端直径尺寸　当锥度已找正，而小端尺寸还未能达到要求时，需再车削。这时可通过圆锥环规来控制小端尺寸（图 2-61）。具体方法是：用圆锥环规与工件锥体配合，量出圆锥环规台阶中心到工件小端面的距离 a，再用车刀刀尖在工件小端直径处对刀，接着移动小滑板（床鞍不动），使车刀离开工件端面一个 a 的距离，最后移动床鞍使车刀同工件端面接触，这时虽然没有移动中滑板，但车刀已经切入一个需要的深度。接着用移动小滑板法完成最后一刀的切削，或用背吃刀量来控制圆锥小端直径。具体计算方法是

$$a_p = a\tan(\alpha/2) \quad \text{或} \quad a_p = \frac{aC}{2} \tag{2-8}$$

式中　a——圆锥环规台阶中心到工件小端面的距离（mm）；

$\alpha/2$——工件圆锥半角（°）；

C——锥度；

a_p——背吃刀量（mm）。

（3）控制圆锥长度尺寸　当工件标注圆锥长度尺寸时，可用游标卡尺或深度尺来测量出圆锥长度 L。然后，采用控制小端直径尺寸相同方法（即移动床鞍法）控制。也可用式（2-8）计算出背吃刀量来控制圆锥长度。

$$a_p = \frac{aC}{2}, \quad \text{其中 } a = L - l$$

式中　L——工件圆锥长度（mm）；

　　　l——实际测出的圆锥长度（mm）。

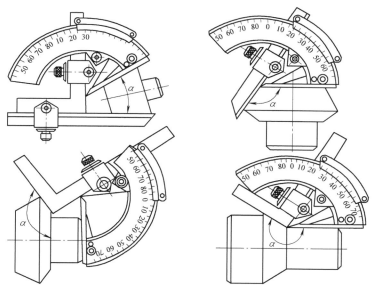

图 2-62　用游标万能角度尺检测锥度

例如，车削锥度 $C = 1:10$ 的圆锥工件，当车削圆锥长度还差 4mm 没有车到位时，车刀

应车进背吃刀量为 $a_p = \dfrac{aC}{2} = \dfrac{4 \times \dfrac{1}{10}}{2} \text{mm} = 0.2\text{mm}$。

5. 圆锥体的检验方法

（1）用游标万能角度尺检测角度　对于角度零件或精度不高的圆锥表面，可用游标万能
角度尺检测。它可以测量 0°～320°范围内的任何角度。用游标万能角度尺测量工件的方法，如
图 2-62 所示。测量时，游标万能角度尺的直尺与工件平面（通过工件中心）靠平，基尺与工
件圆锥面接触，通过透光的多少来调整小滑板的角度，反复多次直至测得尺寸为止。

（2）用圆锥环规检测锥度　对于配合精度要求较高的锥度零件，在工厂中一般采用涂
色检验法（用圆锥量规测量），以检查接触面积大小来评定锥度精度，如图 2-63 所示。

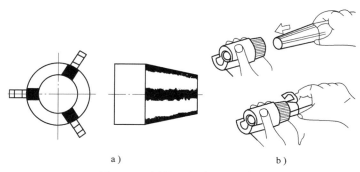

a)　　　　　　　　　　　　　　　b)

图 2-63　圆锥环规检测圆锥体

a）给圆锥环规涂色彩　b）用圆锥环规检查圆锥

具体检验方法是：在工件表面上顺着素线，相隔约 120°薄而均匀地涂上三条显示剂。

然后把圆锥环规轻轻套在工件上转动少半圈（转动多了会造成误判），取下圆锥环规观察工件锥面上显示剂擦去情况。如果显示剂擦去均匀，说明圆锥接触良好，锥度正确。如果小端擦着，大端没擦着，说明圆锥角小了；反之，就说明圆锥角大了。

三、圆锥体实作工件的方法与步骤

1. 准备工作

1）分析图 2-64 所示工件的形状及技术要求。

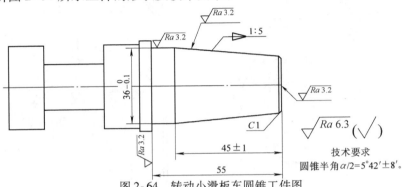

图 2-64 转动小滑板车圆锥工件图

2）将硬质合金外圆粗、精车刀装于刀架上，并严格对准工件旋转中心。避免车出的圆锥表面产生双曲线（圆锥素线不直）误差。

3）用自定心卡盘装夹 $\phi 40$mm 外圆，并找正工件。

4）确定主轴转速 取 $n = 530$r/min；进给量 f 取 $0.1 \sim 0.15$mm/r。

2. 车端面

车平端面，作为测量圆锥角度的基准面，表面粗糙度值要求 $Ra3.2\mu$m。

3. 粗车 ϕ36mm 外圆

1）确定主轴转速 取 $n = 530$r/min；进给量 f 取 $0.8 \sim 0.2$rmn/r。

2）车外圆至 $\phi 36.5$mm $\times 55$mm。

4. 粗车圆锥面并调整锥度

1）将小滑板下面转盘上的螺母松开，逆时针把转盘转至 $5°30' \sim 6°$ 之间，然后用试切法找正，固定转盘上螺母。

2）调整小滑板镶条（松、紧合适），并调整好小滑板的行程，满足车削时的需要。

3）两手握小滑板手柄，均匀移动小滑板车圆锥面，粗车时，背吃刀量不宜过大，防止工件车小而报废。

4）用游标万能角度尺检查锥度，测量边应通过工件中心，测量工件端面与圆锥面的夹角。如果夹角为 $90° + 5°42'$，则小滑板调整合适；若夹角大于 $90° + 5°42'$，则将小滑板顺时针调整；反之，将小滑板逆时针调整，逐步找正。当小滑板角度调整基本到位时，只须把紧固螺母稍松一些，用左手拇指紧贴在小滑板转盘与中滑板底盘上，用铜棒轻轻敲小滑板所需找正的方向，凭手指的感觉决定微调量，这样可较快地找正锥度。

5）调整好锥度（$\alpha/2 = 5°42' \pm 8'$），用游标万能角度尺测量。

6）粗车圆锥面，留 0.5mm 精车余量。

5. 精车 ϕ36mm 外圆

1）确定主轴转速，取 $n = 530\text{r}/\text{min}$；进给量 f 取 $0.08 \sim 0.2\text{mm}/\text{r}$。

2）精车 $\phi36_{-0.1}^{\ 0}\text{mm} \times 55\text{mm}$ 至尺寸，表面粗糙度值 $Ra3.2\mu\text{m}$。

6. 精车圆锥面

1）车刀切削刃始终保持锋利，手动进给要小而均匀，工件表面应一刀车出，不要接刀。

2）当切削接近工件长度时，用移动床鞍法控制圆锥长度 $45\text{mm} \pm 1\text{mm}$（图 2-60）。表面粗糙度值 $Ra3.2\mu\text{m}$。然后倒角 $C1$。

7. 检查质量合格后卸下工件。

四、工件质量分析与注意事项

1）车削圆锥面，车刀刀尖必须与工件旋转轴心线等高且平行，避免产生锥度误差。

2）车削前，应调整好小滑板镶条的松紧，避免手动进给时费力，移动不均匀，防止工件表面车削痕迹不一。

3）转动小滑板时，应稍大于圆锥半角（$\alpha/2$），然后逐步找正。

4）车削时，应调整好小滑板的行程，使工件表面一刀车出，避免接刀。

5）粗车时，背吃刀量不宜过大，应先找正锥度，以防将工件车小而报废。

6）车刀切削刃应始终保持锋利，两手握小滑板手柄，均匀移动小滑板。

7）用游标万能角度尺测量圆锥时，测量边应通过工件中心。工件端面不允许留有凸头。

8）用圆锥环规检查锥度时，工件表面要光洁，涂色要薄而均匀，转动量在半周之内，多则易造成误判。

五、实作成绩评定

车削外圆锥工件实作成绩评定见表 2-14。

表 2-14 实作成绩评定

序号	检测项目	配分	评分标准	检测结果	得分
1	检测尺寸 $\phi36_{-0.10}^{\ 0}$	8	每超差 0.01mm 扣 4 分		
2	检测表面粗糙度值 $Ra3.2\mu\text{m}$	5	超差不得分		
3	检测 1:5（$\alpha/2 = 5°42' \pm 8'$）	40	每超差 2′ 扣 5 分		
4	检测表面粗糙度值 $Ra3.2\mu\text{m}$	10	超差一档扣 5 分		
5	检测圆锥素线直线度	10	超差 0.01mm 扣 2 分		
6	检测圆锥长度 45mm ± 1mm	15	超差 0.1 扣 5 分		
7	检测尺寸 55mm ± 0.37mm	5	超差不得分		
8	检测端面的表面粗糙度值 $Ra3.2\mu\text{m}$	5	超差不得分		
9	检测倒角 $C1$	2	超差不得分		
10	安全文明生产		酌情扣分		

任务六 综 合 训 练

一、实训教学目的与要求

1）巩固车削轴类零件的步骤和方法。

2）掌握保证轴类零件同轴度的加工方法。

3）根据零件精度要求，正确选择、使用不同的量具。

4）了解车削轴类零件产生废品的原因和防止方法。

二、轴类工件的方法与步骤

1）分析图2-65所示工件的形状和技术要求。

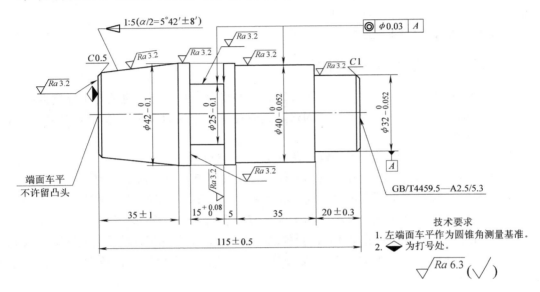

图2-65　车削轴类零件综合练习

2）自定心卡盘装夹毛坯外圆，伸出45mm左右，找正夹紧；车平端面；钻A型中心孔。

3）一夹一顶装夹工件

① 粗车各台阶外圆及长度，留精车余量并把产生的锥度找正。

② 精车各台阶外圆及长度至尺寸，表面粗糙度值 Ra3.2μm。

③ 粗车外圆槽 15mm×φ25mm 两侧及槽底，留精车余量。

④ 精车槽宽 $15^{+0.08}_{0}$mm，底径 $φ25^{0}_{-0.10}$mm，保证尺寸5mm和表面粗糙度值 Ra3.2μm。

⑤ 检测工件各尺寸。

4）零件掉头，自定心卡盘装夹 φ40mm 外圆（包铜皮），用百分表找正 φ42mm 外圆，径向圆跳动量控制在0.01mm以内，并夹紧。

① 车平端面，不留凸头。

② 逆时针转动小滑板 5°42′30″ 车圆锥面，控制圆锥长度 35mm±1mm 和表面粗糙度值 Ra3.2μm。

③ 检测工件锥度。

三、工件质量分析与注意事项

1）为保证外圆 φ32mm 与 φ25mm 的同轴度，要求一次装夹完成车削。

2）车槽时，槽侧、槽底要平整、清角。

3）车圆锥时，车刀尖必须对准工件轴线。

四、实作工件成绩评定

轴类工件实作成绩评定见表2-15。

表2-15 实作工件成绩评定表

序号	检测项目	配分	评分标准	检测结果	得分
1	检测尺寸 $\phi 42_{-0.10}^{0}$ mm	5	超差不得分		
2	检测表面粗糙度值 $Ra3.2\mu m$	4	超差不得分		
3	检测尺寸 $\phi 40_{-0.052}^{0}$ mm	10	每超差0.01mm扣5分		
4	检测表面粗糙度值 $Ra3.2\mu m$	4	超差不得分		
5	检测尺寸 $\phi 32_{-0.052}^{0}$ mm	10	每超差0.01mm扣5分		
6	检测表面粗糙度值 $Ra3.2\mu m$	4	超差不得分		
7	检测尺寸 $\phi 25_{-0.10}^{0}$ mm	8	每超差0.01mm扣2分		
8	检测表面粗糙度值 $Ra3.2\mu m$	4	超差不得分		
9	检测尺寸 $15_{0}^{+0.08}$ mm	10	每超差0.02mm扣5分		
10	检测表面粗糙度值 $Ra3.2\mu m$	8	1处超差扣4分		
11	检测1:5（$\alpha/2 = 5°42' \pm 8''$）	10	每超差2'扣4分		
12	检测表面粗糙度值 $Ra3.2\mu m$	4	超差不得分		
13	检测圆柱素线直线度	4	超差0.01mm扣2分		
14	检测长度35mm±1mm	2	超差不得分		
15	检测尺寸20mm±0.3mm	2	超差不得分		
16	检测尺寸35mm	2	超差不得分		
17	检测尺寸115mm±0.5mm	2	超差不得分		
18	检测同轴度误差（不得大于$\phi 0.03$mm）	3	超差不得分		
19	检测倒角C1（2处）	2	1处超差扣1分		
20	检测小端面	2	不符合要求不得分		
21	安全文明生产		酌情扣分		

思 考 题

1. 外圆车刀的角度选择依据是什么？

2. 粗车的目的是什么？对粗车刀的角度选择原则是什么？

3. 精车的目的是什么？对精车刀的角度选择原则是什么？

4. 为什么车削钢类塑性金属时要进行断屑措施？

5. 断屑槽的深度和宽度与断屑有什么关系？进给量和切削速度与断屑有什么关系？

6. 刃磨外圆车刀时要注意哪些？

7. 在车削重要的轴类零件时，为什么轴上的主要项目在精车时安排在最后工序进行？

8. 轴类零件用两顶尖装夹的特点是什么？

9. 为什么在批量生产时粗车安排在自定心卡盘上车削，而精车在两顶尖装夹下车削？

10. 造成切断刀折断的原因有哪些？切断刀装夹时，刀尖与工件中心不等高被切断的工件端面会出现什么情况？

课题五　车削套类工件

任务一　钻、车圆柱孔

一、实训教学目的与要求

1）掌握选用麻花钻、使用麻花钻钻孔的方法。

2）掌握车削直孔和车削台阶孔的方法与步骤。

二、基础知识

1. 麻花钻的选用

对于精度要求不高的内孔，可以选用与孔径尺寸相同的钻头直接钻出。精度要求较高的内孔，还需要通过车削等加工才能完成。在选用钻头时，应根据下一道工序的要求，留出加工余量。钻头直径应小于工件孔径，钻头的螺旋槽部分应略长于孔深。钻头过长，刚性差；钻头过短，排屑困难。

选用麻花钻的几何形状要求是：两主切削刃对称相等，否则钻孔时易造成孔径扩大或歪斜。要磨出55°的横刃斜角（即具有正确后角），否则切削刃不锋利或难以切削。

2. 钻孔

（1）钻头的装夹　直柄麻花钻头应装夹在钻夹头上，然后将钻夹头的锥柄插入尾座锥孔。锥柄麻花钻可直接安装或用莫氏过渡锥套插入尾座锥孔。

（2）钻孔方法

1）钻孔前先把工件端面车平，不许有凸头，以利于钻头正确定心。

2）找正尾座，使钻头中心对准工件旋转中心，否则可能会扩大钻孔直径、折断钻头。

3）开动车床，缓慢均匀地转动尾座手轮，使钻头缓慢切入工件。起钻时的进给量要小，待钻头切削刃部分进入工件后才可正常钻削。

4）双手交替转动手轮，使钻头均匀地向前切削，并间断地减轻手轮压力以便断屑。

5）用细长麻花钻钻孔时，为了防止钻头产生晃动，可以在刀架上夹一挡铁，如图2-66所示。支承钻头头部，帮助钻头定心。其办法是：先少量钻入工件，然后移动中滑板移动挡铁支顶，当钻头不晃动时，继续钻削即可。但挡铁不能把钻头推过中心，否则容易折断钻头。当钻头已正确定心时，挡铁即可退出。注意：关键是挡铁与钻头的接触力量要适当。

6）用小麻花钻钻孔时，一般先用中心钻定心，再用钻头钻孔，钻出的孔同轴度较好。

7）钻孔后要铰孔的工件，由于余量较少，因此当钻入1～2mm后，应把钻头退出，停车测量孔径，以防孔径扩大，没有余量而报废。

8）钻不通孔时，应在钻头上或尾座套筒上打上记号，以防钻得过深而使工件报废。

9）起钻时的进给量要小，待钻头头部进入工件后才可正常钻削。

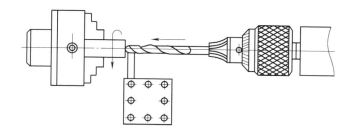

图 2-66　挡铁辅助支承钻头

10）钻削钢件时，应加切削液，并经常退出钻头，以便排屑和冷却，防止钻头因发热而退火。而钻削铸铁工件时，一般不加切削液，避免切屑粉末磨损车床导轨。

3. 车削通孔

（1）内孔车刀及其装夹　车削通孔的车刀几何形状基本上与外圆车刀相似。主偏角 κ_r 一般取 $60° \sim 75°$，副偏角 κ_r' 取 $15° \sim 30°$，如图 2-67 所示。

装刀时，刀尖应对准工件中心。刀柄与孔轴心线基本平行，否则车到一定深度后刀柄可能会与孔壁相碰；通常在车孔前先把内孔车刀在孔内试走一遍。为了增加内孔车刀的刚性，刀柄的伸出长度尽可能短些，一般比被加工孔深度长 $5 \sim 10mm$。

（2）内孔测量　常用金属直尺、游标卡尺来测量。尺寸精度较高时可用以下方法测量。

1）用塞规测量。方法是通端能进入孔内，止端不能进入孔内。

2）用内径百分表测量。精度要求较高的孔径常用内径百分表测量。内径百分表是用对比法测量孔径，因此，使用时应先根据被测工件的内孔直径尺寸，用千分尺将内径百分表对准"零"位后，方可测量。其测量方法如图 2-68 所示。取最小值为孔径的实际尺寸。

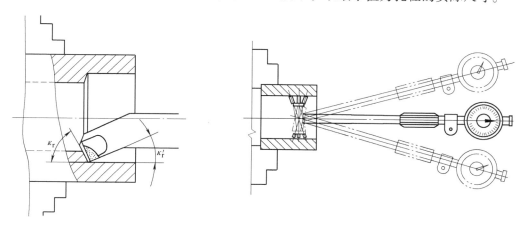

图 2-67　通孔车刀　　　　　　　　图 2-68　用内径百分表测量的方法

4. 车削台阶孔

（1）台阶孔车刀　台阶孔车刀又称为不通孔车刀。切削部分的几何形状基本与偏刀相似。它的主偏角 κ_r 一般取 $90° \sim 93°$，副偏角 κ_r' 取 $8° \sim 10°$，如图 2-69 所示。

刀尖在刀柄的最前端，并且在车削内孔时，要求横向有足够的退刀余地（刀柄不能碰到孔壁）。

（2）车台阶孔的方法

1）车削直径较小的台阶孔时，由于直接观察困难，尺寸精度不易掌握，所以通常采用先粗、精车小孔，再粗、精车大孔的方法进行。

2）车削孔径大的台阶孔时，在视线不受影响的情况下，通常采用先粗车大孔和小孔，再精车大孔和小孔的方法进行。

3）控制车孔长度的方法，粗车时通常采用刀柄上刻线作记号的方法，如图 2-70a 所示；也可安放限位铜片，如图 2-70b 所示；以及用大滑板刻度盘的刻线来控制等。精车时，必须用金属直尺、游标卡尺或深度尺等量具测量。

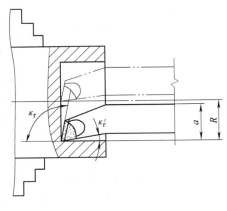

图 2-69　不通孔车刀

三、技能训练（车内孔的方法与步骤）

1. 准备工作

1）分析工件的形状和技术要求，图 2-71 所示工件的表面粗糙度值 Ra 3.2μm；未注倒角 $C1$。

2）将外圆车刀、内孔车刀装于刀架上，并对准工件旋转中心。

3）将 $\phi24mm$ 麻花钻装入钻套、尾座套筒内，并调整好尾座轴线与工件轴线同轴度。

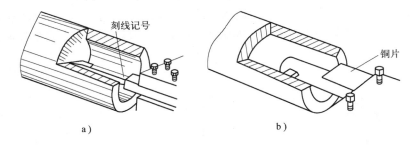

刻线记号　铜片

a)　　　　　　　　b)

图 2-70　控制车孔长度的方法
a）刀柄上刻线法　b）铜片限位法

4）用自定心卡盘装夹 $\phi60mm$ 外圆，并找正工件。

5）确定主轴转速。取 $n = 360r/min$；进给量 f 取 $0.1 \sim 0.2mm/r$。

2. 车端面

不能留凸头，车平即可，剩下的长度余量留在另一端车去。

3. 车削 $\phi58mm$ 外圆

粗、精车外圆 $\phi58mm \times 51mm$ 至尺寸，表面粗糙度值 $Ra3.2μm$。

4. 钻孔

1）确定主轴转速，取 $n = 360r/min$。

2）起钻时进给量要小，以免钻头摆动。当钻头切削刃进入工件后可正常进给。

3）随着钻头进给深入，排屑及散热困难，操作时，要经常将钻头从孔中退出，充分冷却，再继续钻孔。

4）当孔将要钻穿时，由于钻头横刃首先穿出，因此，轴向阻力突然减小，这时的进给速度必须减慢，否则钻头容易被工件卡死，造成锥柄在尾座套筒内打滑而损坏锥柄或锥孔。

5. 粗车内孔

1）开车前，将车刀摇进孔内，使刀头略超出孔的另一端，然后观察刀柄或刀架是否会碰到工件。若碰到，需要调整车刀的装夹。

2）将车刀摇回，当刀尖刚接触到孔的表面，将中滑板刻度盘对"0"。

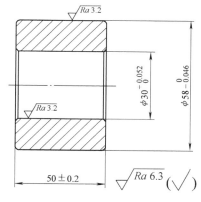

图 2-71　钻、车圆柱孔

3）试切、检测，将车刀纵向退出，按 0.5mm 横向进刀（用刻度盘控制）。试切至 2mm 深度时退刀，用游标卡尺测量，将内孔车至 ϕ29.5mm。

6. 精车内孔

1）确定主轴转速，取 $n=530\text{r}/\text{min}$；进给量 f 取 $0.08\sim0.15\text{mm}/\text{r}$。

2）精车内孔 $\phi30^{+0.052}_{0}\text{mm}$，表面粗糙度值 $Ra3.2\mu\text{m}$。

7. 倒角

给外圆、孔口端面倒角 $C1$。

8. 切断

端面留余量；掉头装夹、车端面。

1）将工件掉头装夹。为了避免夹伤工件表面，加铜皮保护，然后用划线盘找正。

2）车削端面，取总长 50mm ± 0.2mm，表面粗糙度值 $Ra3.2\mu\text{m}$。

9. 倒角

给外圆、孔口端面倒角 $C1$。

10. 检测工件

检查工件质量合格后，卸下工件。

四、工件质量分析及注意事项

1）钻小孔或钻较深孔时，由于切屑不易排出必须经常退出钻头排屑，否则切屑容易堵塞而使钻头"咬死"或折断。

2）钻小孔时，转速应选得快一些，否则钻削阻力大，易产生孔位偏斜和钻头折断。

3）车孔时，注意中滑板进、退刀方向与外圆相反。

4）试切测量孔径时，应防止孔径出现喇叭口或试切刀痕。

5）用塞规测量孔径时，应保持孔壁清洁、塞规不能倾斜，否则会影响测量结果；当孔径较小时，不能用强力测量，更不能敲击，以免损坏塞规。

6）精车内孔时，应保持切削刃锋利，否则易产生让刀现象，把孔车成锥形。

7）车刀纵向切削至接近台阶面时，应停止机动进给，用手动进给代替，以防碰撞台阶面出现凹坑和小台阶。

8）用内径百分表测量前，应首先检查测量表是否正常，测头有无松动，百分表是否灵活，指针转动后是否能回至原位；用千分尺校对指针，观察对准的"零位"是否变化等。

五、实作成绩评定

钻、车内孔实作成绩评定见表2-16。

表2-16 实作成绩评定

序号	检测项目	配分	评分标准	检测结果	得分
1	检测尺寸 $\phi 58_{-0.046}^{0}$ mm	20	每超差0.01mm扣10分		
2	检测表面粗糙度值 $Ra3.2\mu m$	10	超差一档扣5分		
3	检测尺寸 $\phi 30_{0}^{+0.052}$ mm	30	每超差0.01mm扣10分		
4	检测表面粗糙度值 $Ra3.2\mu m$	16	超差一档扣8分		
5	检测50mm±0.2mm	10	超差不得分		
6	检测两端面表面粗糙度值 $Ra3.2\mu m$	10	1处超差扣5分		
7	检测倒角 $C1$	4	1处超差扣1分		
8	安全文明生产		酌情扣分		

任务二　转动小滑板车削圆锥孔

一、实训教学目的与要求

1）掌握转动小滑板车削圆锥孔的方法。
2）了解检验圆锥孔的方法。

二、基本知识

车削圆锥孔时，为了便于观察加工和测量，装夹工件时应使锥孔大端在右侧。

1. 切削用量的选择

1）切削速度比车削外圆锥体时降低10%～20%。
2）手动进给量要始终保持均匀。最后一刀的背吃刀量一般取0.1～0.2mm。

2. 车削圆锥孔的方法与步骤

1）钻头钻孔或车孔，选用的钻头直径小于锥孔小端直径1～2mm。
2）调整小滑板镶条松紧及行程距离。
3）根据车床主轴中心高度，用测量法装夹车刀，使车刀对准工件旋转中心。
4）转动小滑板角度同车外圆锥体，但是方向相反；应按顺时针方向转动（$\alpha/2$）角度，进行车削，当圆锥塞规能塞进孔内约1/2长度时要开始进行检查，根据测量情况，调整好小滑板角度。
5）精车时，用圆锥塞规控制圆锥大端尺寸。具体方法是：用圆锥塞规检查，当界限接近工件大端（距离为a）时，可用车刀刀尖在孔口大端处对刀，然后移动小滑板使车刀退出离工件端面距离为a（床鞍不动），接着移动床鞍使车刀接触到工件端面，移动小滑板切削，这样既可控制大端尺寸，也可通过背吃刀量控制大端尺寸，即根据塞规在孔外的长度 a 计算孔径车削余量，用式（2-8）计算背吃刀量，并用中滑板刻度控制背吃刀量。

3. 圆锥孔检验的方法

1）用锥度界限量规或游标卡尺检验锥孔直径。

2）用锥度界限塞规涂色检查圆锥角度，并控制尺寸。

三、技能实训（车削圆锥孔）

1. 准备工作

1）分析图 2-72 所示工件的形状和技术要求。

2）将外圆车刀、内孔车刀装于刀架上，并对准工件旋转中心。

3）用自定心卡盘装夹 $\phi58$mm 外圆，并找正工件。

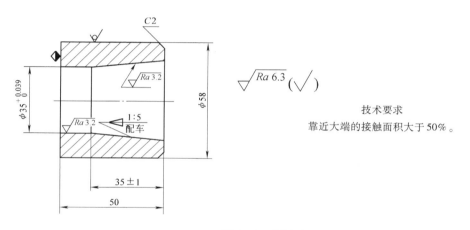

图 2-72　圆锥套

2. 粗车内孔

1）确定主轴转速取 $n = 360$r/min；进给量 f 取 $0.2 \sim 0.3$mm/r。

2）车 $\phi35$mm 内孔尺寸至 $\phi34.5$mm。

3. 精车内孔

1）确定主轴转速取 $n = 530$r/min；进给量 f 取 $0.2 \sim 0.3$mm/r。

2）车 $\phi35 ^{+0.039}_{0}$mm 内孔。用塞规检验。表面粗糙度值 $Ra3.2\mu$m。

4. 粗车圆锥孔并找正锥度

1）顺时针转动小滑板（$\alpha/2 = 5°42'$），粗车圆锥孔，当用工件外锥（自配）能塞进孔内约 1/2 长度时要开始进行检查，并逐步找正锥度。

2）粗车锥孔大端直径尺寸至 $\phi41$mm。

5. 精车圆锥孔

1）切削刃始终保持锋利，手动进给要小而均匀，工件表面应一刀车出，不要中途接刀。

2）当切削接近工件长度时，用移动床鞍法控制圆锥长度 35mm ± 1mm，表面粗糙度值 $Ra3.2\mu$m。

6. 端面倒角 C2。

7. 检测工件

可用车出的工件配检或用圆锥塞规检测，涂色检验接触面，大端达到 50%。质量合格后卸下工件。

四、工件质量分析及注意事项

1）车刀必须对准工件旋转中心。

2）工件粗车时不宜进刀过深，应先初步找正锥度（检查塞规与工件接触间隙）。

3）用塞规涂色检查时，必须保持孔内清洁，并保证塞规转动量半圈。

4）取出圆锥塞规时要注意，不能施力过大或过猛，防止工件移动。

5）要用圆锥量规上的界限控制锥孔长度。

五、实作成绩评定

车削圆锥孔实作成绩评定见表 2-17。

表 2-17　实作成绩评定

序号	检测项目	配分	评分标准	检测结果	得分
1	检测尺寸 $\phi 35^{+0.039}_{0}$ mm	20	每超差 0.01mm 扣 10 分		
2	检测表面粗糙度值 $Ra3.2\mu$m	10	超差不得分		
3	检测 1:5 锥度部分着色接触面 >50%	50	色接触面 40% ~ 50% 扣 10 分；<40% 扣 50 分		
4	检测表面粗糙度值 $Ra3.2\mu$m	12	超差不得分		
5	检测 35mm ± 1mm	6	超差不得分		
6	检测倒角 C1	2	超差不得分		
7	安全文明生产		酌情扣分		

任务三　铰　　孔

一、实训教学目的与要求

1）了解铰刀的种类和规格。

2）掌握铰刀的选择、安装和铰削方法。

二、基本知识

在车床上铰孔一般都要预先车出孔（小孔可以钻后铰）。铰孔前的尺寸公差为 IT10，表面粗糙度值 $Ra6.3\mu$m。铰孔后尺寸公差可达 IT7 ~ IT9，表面粗糙度值可达 $Ra3.2$ ~ $Ra0.8\mu$m。

1. 铰刀及选择

1）铰刀可分为手用铰刀、机用铰刀、圆锥铰刀、可调式铰刀、螺旋铰刀等，如图 2-73 所示。机用铰刀工作部分短，切削刃数多，锥柄。

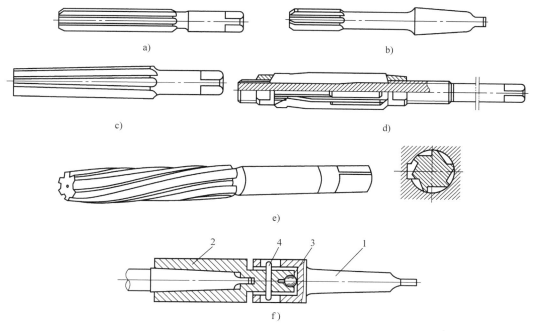

图 2-73　铰刀

a）手用铰刀　b）机用铰刀　c）圆锥铰刀　d）可调式铰刀　e）螺旋铰刀　f）浮动装置

1—套筒　2—锥套　3—钢珠　4—销钉

2）铰刀的选择。铰孔的尺寸精度和表面粗糙度主要依靠铰刀的质量，所以应合理选择铰刀。常用千分尺测量铰刀的直径，其尺寸公差要符合图样要求；切削刃要锋利、无碰伤等缺陷。

2. 铰刀的安装

在车床尾座套筒锥孔中安装铰刀时，必须与主轴轴线对准。为了避免偏差，最好先试铰。由于铰刀对准主轴轴线比较困难，可采用浮动套筒装置，如图 2-73f 所示。它是利用锥套 2 和套筒 1 之间的间隙而产生浮动，铰削时，铰刀通过微量偏移，自动调整刀轴线与孔中心线重合，消除车床尾座套筒与主轴的同轴度误差，使铰刀自动定心进行铰削。

3. 铰孔用量

铰孔余量一般留 0.08 ~ 0.15mm。此时切削速度为 4 ~ 6m/min；进给量为 0.2 ~ 1mm/r。

4. 铰孔方法与步骤

1）铰孔前，通常先钻孔和镗孔，留铰削余量。

2）选择铰刀，安装铰刀，并找正铰刀轴线位置。

3）铰孔，铰孔时必须加注切削液，以保证孔径的表面质量。常用的切削液：铰削钢件用硫化乳液；铰削铸件用煤油或柴油；铰削青铜或铝合金用 2 号锭子油或煤油。

三、技能训练

钻、扩、铰孔工件如图 2-74 所示。加工方法与步骤如下。

1）夹住外圆车端面；钻中心孔。

2）用 $\phi9.5mm$ 麻花钻钻通孔，用 $\phi9.8mm$ 麻花钻扩孔。

3）用 $\phi10mm$ 铰刀铰孔至尺寸要求。

四、注意事项

1）铰孔时，要连续加注切削液。

2）注意铰刀保养，防止碰伤或拉毛。

3）实际生产中，要认真找正铰刀轴线的位置，不能偏移，可先试铰，以免造成批量废品。

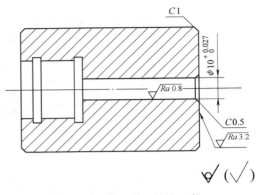

图 2-74　钻、扩、铰孔工件

任务四　综 合 训 练

一、实训教学目的与要求

1）进一步掌握车削套类零件的步骤和方法。

2）掌握保证同轴度和垂直度的技巧和加工方法。

3）能根据零件精度的不同要求，正确选择、使用不同的量具。

4）能较合理地选择切削用量。

二、车削变径轴套

1）分析图 2-75 所示工件的形状及技术要求。

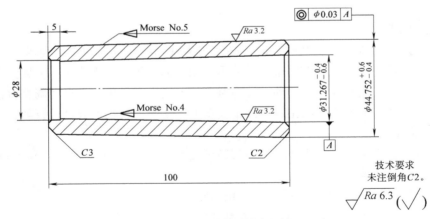

图 2-75　车削变径轴套工件

① 形状分析。工件外锥是莫氏锥度 5 号；内锥是莫氏锥度 4 号。

② 主要技术要求。外锥对内锥同轴度公差为 $\phi0.03mm$，内、外锥大端尺寸有公差要求；内、外锥的表面粗糙度值为 $Ra3.2\mu m$；其余表面的表面粗糙度值 $Ra6.3\mu m$。

2）用自定心卡盘夹住毛坯外圆长 30mm，车端面及外圆 $\phi45mm\times60mm$。

3）钻通孔 $\phi25mm$。

4）车内孔 $\phi28\text{mm} \times 5\text{mm}$。

5）掉头夹住外圆 $\phi45\text{mm}$，小滑板转动 $1°29'15''$（表 2-13），粗、精车端面总长及 4 号莫氏圆锥孔至尺寸。接触面积达到 50% 左右，表面粗糙度值 $Ra3.2\mu\text{m}$，并倒内孔圆角 $C2$。

6）工件装夹在预制好的两顶尖心轴上，偏移尾座或转动小滑板，粗、精车莫氏 5 号外圆锥至图样尺寸及要求。

7）倒角 $C2$ 及 $C3$。

8）检测工件尺寸、圆锥度、同轴度及表面粗糙度。

三、操作注意事项

1）应检查心轴的同轴度。

2）心轴和工件锥孔要清洁，以保证内外锥体的同轴度。

四、实作成绩评定（见表 2-18）

表 2-18 实作成绩评定表

序号	检测项目	配分	评分标准	检测结果	得分
1	检测 $\phi31.267^{-0.4}_{-0.6}\text{mm}$	20	超差不得分		
2	检测莫氏锥度 4 号锥孔着色接触面 >50%	18	<50% ~40% 扣 10 分； <40% 扣 18 分		
3	检测表面粗糙度值 $Ra3.2\mu\text{m}$	10	超差不得分		
4	检测 $\phi44.725^{-0.4}_{-0.6}\text{mm}$	20	超差不得分		
5	检测莫氏 5 号锥着色接触面 >50%	18	<50% ~40% 扣 10 分； <40% 扣 18 分		
6	检测表面粗糙度值 $Ra3.2\mu\text{m}$	10	超差不得分		
7	检测倒角 $C2$、$C3$	2	1 处超差扣 2 分		
8	安全文明生产	2	酌情扣分		
	总分				

思 考 题

1. 为什么孔快钻穿时，进给量要减小？通孔车刀与不通孔车刀有哪些区别？

2. 车孔的关键技术是什么？车不通孔时，用来控制孔深的方法有几种？

3. 如何保证套类工件的内外圆的同轴度、端面与孔轴线的垂直度？

4. 如何确定铰孔余量？铰孔时为什么要使用浮动铰杆铰孔后孔径扩大是什么原因？

5. 用游标卡尺和塞规测量内孔时应注意些什么？

6. 试述用转动小滑板法车削圆锥孔的方法与步骤。

7. 试述图 2-76 所示车削台阶孔的方法与步骤。

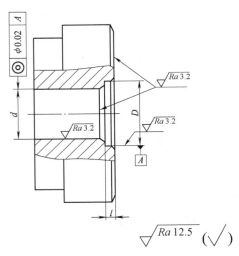

图 2-76　车削台阶孔工件图

课题六　　车成形面和表面修饰加工

任务一　双手控制法车成形面

一、实训教学目的与要求

1）了解双手控制法车成形面的工作原理。

2）掌握车成形面的方法与步骤。

二、基础知识

1. 成形面

成形面指的是工件的表面由各种曲面组合而成。例如，各种手柄、手把的形状，现在大量的模具都是几种曲面的组合。因此，车削成形面的技术也迅速发展和成熟。

2. 成形原理

右手握住小滑板手柄，左手握住中滑板手柄，两手按形状要求转动手柄，通过车刀的纵、横两个方向的进给合成，使车刀的进给轨迹与成形面相似，从而车出成形面。

双手转动手柄的速度是成形的关键因素，如图 2-77 所示。当车到 a 点时，中滑板的进给速度要慢，而小滑板的退刀速度要快；车到 b 点时，中滑板的进给速度和小滑板的退刀速度要基本一致；车到 c 点时，中滑板的速度要快，而小滑板的退刀速度要慢。经过熟练的配合才能车出成形面。

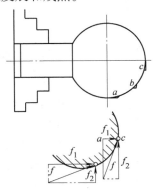

图 2-77　车削成形面时的
速度分析

3. 特点

对操作技术要求较高，无需其他特殊设备与工具，效率较低，多用于单件生产。

三、技能实训（成形面工件的加工方法与步骤）

1. 准备工作

1）分析图 2-78 所示实作工件的形状及技术要求。

2）刃磨车刀。刃磨车刀的主切削刃呈圆弧形。

3）下料 $\phi25\text{mm} \times 120\text{mm}$；采用一夹一顶的方法装夹工件。

2. 双手控制法车手柄的方法与步骤

1）车手柄外圆长度至尺寸 $\phi24\text{mm} \times 55\text{mm}$、$\phi16\text{mm} \times 25\text{mm}$、$\phi10^{+0.035}_{-0.002}\text{mm} \times 20\text{mm}$（各留精车余量 0.2mm），并在 $R40\text{mm}$、$R48\text{mm}$ 圆弧左右对称位置刻线痕，如图 2-78b 所示。

2）以 $\phi16\text{mm}$ 外圆端面量 17.5mm 为中心线，用小圆头车刀切 $\phi12\text{mm}$ 定位槽，如图 2-78c 所示。

3）从 $\phi16\text{mm}$ 外圆端面量起，在长 5mm 处起刀，用圆头车刀车出 $R40\text{mm}$ 圆弧面，如图 2-78d 所示。

4）划出 $R48\text{mm}$ 圆弧中心刻痕，将成形刀圆弧中心与工件圆弧中心对准。开动机床，移动中滑板车圆弧面，随着背吃刀量的增加，切削刃与成形面的接触面也随之增大，这时要放慢切削速度。粗车 $R48\text{mm}$ 圆弧面，手柄根部不要留的太小，以防尚未车完折断，如图 2-78e 所示。

5）精车曲面 $R40\text{mm}$、$R48\text{mm}$。连接处要光滑，边加工边用样板检查修整，最后用锉刀、砂布修整抛光，直至尺寸符合要求。

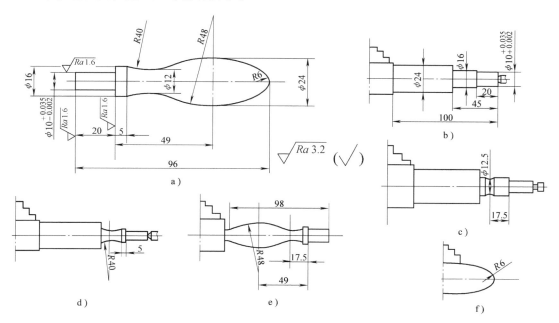

图 2-78　手柄的车削步骤

a）手柄零件图　b）车外圆　c）车定位槽　d）车 $R40\text{mm}$ 圆弧面

e）车 $R48\text{mm}$ 圆弧面　f）修整 $R6\text{mm}$ 圆弧面

6）精车 $\phi10^{+0.035}_{-0.002}$ mm 外圆，长 20mm；精车 $\phi16$mm 外圆。

7）用锉刀、砂布修整抛光 $R40$mm 和 $R48$mm 圆弧面。

8）按总长尺寸加 0.5mm 的余量切断；切断时用手接住工件。

9）掉头垫铜皮、装夹、找正，车 $R6$mm 圆弧面，如图 2-78f 所示，修整、抛光，总长符合 96 mm。

3. 检验

用样板对圆弧面进行透光检验。合格后卸下工件。

四、成形表面修整和抛光

用双手控制车成形面时，由于手动进给不均匀，工件表面往往留下高低不平的痕迹。为了达到所要求的表面粗糙度，工件车好后还要修整和抛光。

修整成形面用平锉刀和半圆锉刀，锉削余量在 0.5mm 以内，修整弧面时要绕弧面运动。工件安装在车床主轴上以适当速度旋转，左手握锉刀柄，右手握住锉刀前端，慢速推锉。

精车或锉削后，工件表面上如仍留有微痕，可用砂布进行抛光。工件安装在车床主轴上以较高速度旋转，抛光外圆可将砂布垫在锉刀下面，这样比较安全，抛光质量也较好；也可双手拉伸砂布在工件表面上来回移动。最后抛光时可在细砂布上加少量机油。

抛光较大内孔表面时，可用手捏砂布进行操作。注意：抛光小孔时，不要把砂布绕在手指上直接伸进孔内，以免引发安全事故。一般取一根木棒，在一端劈一条缝，然后将砂条一头夹在缝内，顺时针将砂条绕在木棒上，将其伸入孔内进行抛光。

五、工件质量分析及注意事项

1）成形面形状误差较大，双手控制的配合速度不合适或成形车刀误差较大。应加强双手的配合练习，按样板磨好车刀。

2）精车时，采用直进法少量进给的方法，并可利用主轴的惯性将表面修光。

六、实作成绩评定

手柄实作成绩评定见表 2-19。

表 2-19　手柄实作成绩评定表

序号	检测项目	配分	评分标准	检测结果	得分
1	检测 $\phi10^{+0.035}_{-0.002}$ mm	15	每超差 0.01mm 扣 5 分		
2	检测表面粗糙度值 $Ra1.6\mu$m	10	每超差一档扣 5 分		
3	检测 $R40$mm 圆弧面	20	每超差 0.2mm 扣 5 分		
4	检测表面粗糙度值 $Ra1.6\mu$m	10	每超差一档扣 5 分		
5	检测 $R48$mm 圆弧面	20	每超差 0.2mm 扣 5 分		
6	检测表面粗糙度值 $Ra1.6\mu$m	10	每超差一档扣 5 分		
7	检测 $\phi16$mm	5	超差不得分		
8	检测长度 96mm、20mm	10	一项差扣 5 分，两项差不得分		
9	安全文明生产		酌情扣分		

任务二　成形车刀车成形面

一、实训教学目的与要求

1）了解成形车刀车成形面的工作原理。

2）掌握成形车刀车成形面的方法与步骤。

二、基础知识

1. 成形原理

把车刀切削刃磨成与工件成形面轮廓相同，即得到成形车刀或称样板车刀，用成形车刀只需一次横向进给即可车出成形面。

2. 常用成形刀

常用的成形车刀有以下三种：

（1）普通成形刀　与普通车刀相似，只是磨成成形切削刃（图2-79a）。精度要求低时可用手工刃磨；精度要求高时，应在工具磨床上刃磨。

（2）棱形成形刀　由刀头和弹性刀体两部分组成（图2-79b），两者用燕尾装夹，用螺钉紧固。按工件形状在工具磨床上用成形砂轮将刀头的成形切削刃磨出，此外还要将前刀面磨出一个等于径向前角与径向后角之和的角度。刀体上的燕尾槽做成具有一个等于径向后角的倾角，这样装上刀头后就有了径向后角，同时使前刀面也恢复到径向前角。

（3）圆形成形刀　也由刀头和刀体组成（图2-79c），两者用螺柱紧固。在刀头与刀体的贴合侧面都做出端面齿，这样可防止刀头转动。刀头是一个开有缺口的圆轮，在缺口上磨出成形切削刃，缺口面即前刀面，在此面上磨出合适的前角。当成形切削刃低于圆轮的中心，在切削时自然就产生了径向后角。因此，可按所需的径向后角 α_o（一般为 $6° \sim 10°$）求出成形切削刃低于圆轮中心的距离 $H = \dfrac{D}{2}\sin\alpha_o$。式中，$D$ 是圆轮直径。

棱形和圆形成形车刀精度高，使用寿命长，但是制造较复杂。

用成形刀车削成形面时（图2-79d），由于切削刃与工件接触面积大，容易引起振动，所以应采取一定的防振措施，例如，选用刚性好的车床，并把主轴与滑板等各部分的间隙调

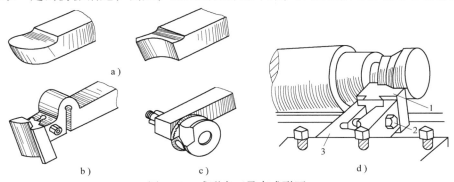

图 2-79　成形车刀及车成形面

a）普通成形刀　b）棱形成形刀　c）圆形成形刀　d）车成形面

1—成形车刀　2—紧固件　3—刀体

小，安装成形刀时要使切削刃对准工件轴线；选用较小的进给量和切削速度；使用切削液等。有时为了减少成形刀的材料切除量，先按成形面形状粗车许多台阶，再用成形刀精车成形。

3. 特点

由于成形车刀的的形状质量对工件的质量影响较大，因此对成形车刀要求较高，需要在专用工具磨床上刃磨，生产效率较高，工件质量有保证，用于批量生产。

三、技能训练

1. 用成形车刀车工件的方法

（1）分析工件的形状及技术要求　图 2-80 所示为成形面工件，$\phi 34_{-0.030}^{0}$ mm 轴线相对 $\phi 16_{0}^{+0.020}$ mm 轴线的同轴度公差为 $\phi 0.030$ mm。

（2）刃磨成形车刀　成形车刀的形状有 $R25$ mm 的圆弧面、长度 8mm 的平面、倒角 $C2$ 三部分组成。

（3）装夹车刀　车刀装夹时应对准工件中心并使圆弧中心与工件中心垂直，可采用样板找正装夹车刀。

（4）调整机床　将中、小滑板镶条与导轨之间的间隙调整小一些，减少振动。

2. 车成形面的操作步骤

（1）切削速度的选择　切削时，应根据实际情况适当降低主轴转速和切削速度。

（2）切削用量的选择　切削用量 f 一般取 $0.2 \sim 1.2$ mm/r。

（3）用普通车刀车出成形面工件的外圆　对 $\phi 34$ mm 留精车余量 0.5mm，长度 25mm 留切断余量 3mm。

（4）用成形车刀精车成形面（图 2-81）　将成形车刀切削刃高度调整与轴线平行，起动机床，移动中滑板横向进给车削，一次车成 $\phi 34_{-0.03}^{0}$ mm 外圆、$R25$ mm 圆弧及倒角 $C2$。

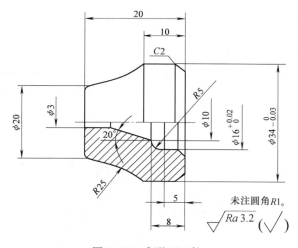

图 2-80　成形面工件

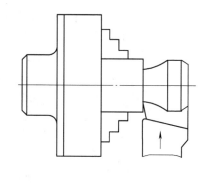

图 2-81　成形车刀车成形面

>> **注意**　随着车削深度的增加，切削刃与工件的接触面积加大，这时要降低主轴转速。少量进给，并利用主轴惯性修整、抛光。

四、靠模法车成形面

尾座靠模和靠板靠模是两种主要的靠模成形法。

（1）尾座靠模 是将一个标准样件（即靠模3）装在尾座套筒中，在刀架上装一把长刀夹，刀夹上装有车刀2和靠模板4。车削时用双手操纵中、小滑板（如同双手进给控制法），使靠模杆4始终贴在靠模3上并沿其表面移动，车刀2就可车出与靠模3相同形状的工件，如图2-82所示。

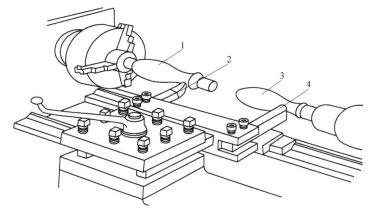

图2-82 尾座靠模
1—工件 2—车刀 3—靠模 4—靠模板

（2）靠板靠模 靠模法车成形面与靠模法车锥面相似，只是将锥度靠模换成了具有曲面槽的靠模，并将滑块改为滚柱。

如果没有靠模车床，也可利用卧式车床进行靠模车削，如图2-83所示。在床身后面装上靠模支架5和靠模板4，脱开中滑板与丝杠的连接，而使滚柱3通过拉杆2与中滑板连接。将小滑板转过90°，以代替中滑板作车刀横向位置调整和控制背吃刀量。车削时，当床鞍纵向进给时，滚柱3就沿靠模4的曲槽移动，并通过拉杆2使车刀随之作相应移动，于是在工件1上车出了成形面。

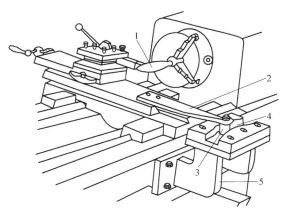

图2-83 靠板靠模
1—工件 2—拉杆 3—滚柱 4—靠模板 5—靠模支架

特点分析：

1）尾座靠模法较简单，在一般车床上都能使用，但是操作不方便，故不适合于批量生产。工件成形面的形状误差与靠模和靠模板的制造精度有较大的关系。另外特别要注意安装过程带来的误差，一般是预先加工一件，进行检测后无质量问题，再继续加工。

2）靠板靠模法操作方便，生产率高，形状准确，质量稳定，但需制造专用靠模，而且只能加工成形表面变化不太大的工件，故多用于大批量生产中车削难度较大而形状较简单的成形面。

任务三　表　面　滚　花

一、实训教学的目的与要求

1）了解滚花的种类。

2）掌握在车床上加工滚花的方法与步骤。

二、基础知识

工具和机器上的手柄部分，需要滚花以增强摩擦力或增加零件表面美观。滚花是一种表面修饰加工，在车床上用滚花刀滚压而成。

1. 花纹的种类

花纹有直纹和网纹两种，如图 2-84 所示。形状及参数如图 2-85 所示。每种花纹有粗纹、中纹和细纹之分。花纹的粗细取决于模数 m 和节距的关系是 $P = \pi m$。$m = 0.2\text{mm}$ 是细纹；$m = 0.3\text{mm}$ 是中纹；$m = 0.4\text{mm}$ 和 0.5mm 是粗纹；$2h$ 花纹高度。选用时参照表 2-20。

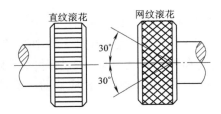

图 2-84　滚花的型式

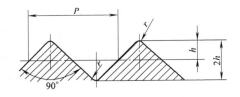

图 2-85　滚花花纹的形状

表 2-20　直纹与网纹滚花及选用　　　　　（单位：mm）

模数 m	h	r	节距 P
0.2	0.132	0.06	0.628
0.3	0.198	0.09	0.942
0.4	0.264	0.12	1.257
0.5	0.326	0.16	1.571

2. 滚花刀

滚花刀由滚轮与刀体组成，滚轮的直径为 $20 \sim 25\text{mm}$。滚花刀有单轮、双轮和六轮，如图 2-86 所示。单轮滚花刀用于滚直纹；双轮滚花刀有左旋和右旋滚轮各 1 个，用于滚网纹；六轮滚花刀是在同一把刀体上装有三组粗细不等的滚花刀，使用时根据需要选用。

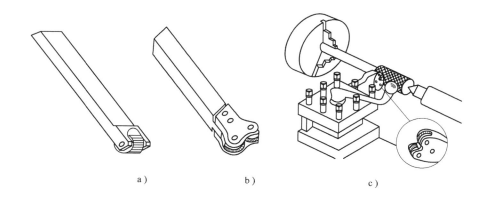

a)   b)   c)

图 2-86 滚花刀及滚花方法
a) 单轮滚花刀 b) 双轮滚花刀 c) 滚花的方法

三、滚花的方法与步骤

1. 准备工作

（1）滚花刀的选择 按图样要求的花纹形状和模数 m 选用滚花刀，滚花刀有单轮滚花刀、双轮滚花刀、多轮滚花刀。

（2）工件装夹 用自定心卡盘装夹工件。在不影响滚花加工的情况下，工件伸出长度尽可能短一些。

（3）滚花刀装夹 先将刀架锁紧，将滚轮轴线调至与工件轴线等高，并且平行，当花纹节距"P"较大时，可将滚轮外圆与工件外圆相交成一个很小的夹角，如图 2-87 所示。

（4）滚花切削速度选择 一般选择低速，$7 \sim 15 \mathrm{m/min}$。

2. 滚花的方法与步骤

（1）车滚花外圆 车滚花外圆至尺寸下限。

由于滚花后工件直径将大于滚花前的直径，其增大值为 $(0.25 \sim 0.5)P$，所以滚花前需根据工件材料的性质把工件待滚花部分的直径车小 $(0.25 \sim 0.5)P$。

（2）滚花的操作方法 开动机床，将滚轮约 1/2 长度对准工件外圆。摇动中滑板横向进给，以较大的力使轮齿切入工件，挂上自动进给，加切削液，来回滚压 $1 \sim 2$ 次，到花纹凸出为止。

（3）滚花完成后倒尖角、去除毛刺后卸下工件。

四、质量分析及注意事项

1）滚花乱纹。工件外径周长不能被节距 P 除尽；改变外径尺寸，把工件外圆略微车小。

2）滚花花纹浅。滚花刀齿磨损或切屑堵塞，更换新滚刀或清洗滚刀。

3）滚花开始时，使用较大压力或滚花刀装偏一个很小的角度。

4）细长轴滚花时，要防止顶弯工件；薄壁工件要防止变形。

5）滚花时，不准用手或用棉纱等触摸工件。

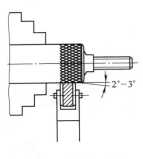

图 2-87 滚花刀装夹

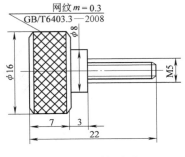

图 2-88 手柄滚花

五、工件滚花实作练习

1）工件分析。工件如图 2-88 所示，在手柄 φ16mm 的外圆上滚出网纹（图 2-88），节距 $P = \pi \times 0.3\text{mm} = 0.942\text{mm}$。

2）选择滚花刀。选双轮节距为 0.942mm 的滚花刀。

3）滚花刀装夹。先将刀架锁紧，将滚轮轴线调至与工件轴线等高，并且平行，如图 2-87所示。

4）滚花切削速度选择。切削速度选 10m/min。

5）开动机床，将滚轮约 1/2 长度对准工件外圆。摇动中滑板横向进给，以较大的力使轮齿切入工件，挂上自动进给，加注切削液。

6）倒角、去除毛刺后卸下工件。

六、实作成绩评定（表2-21）

表 2-21　实作成绩评定表

序号	检测项目	配分	评分标准	检测结果	得分
1	检测 φ16mm	50	每超差 0.1mm 扣 25 分		
2	检测网纹深浅度	20	稍差扣 10 分，太差扣 20 分		
3	检测 $P = 0.942\text{mm}$	20	超差 0.1mm 扣 10 分		
4	检测长度尺寸 7mm	10	超差 0.1mm 扣 5 分		
5	安全文明生产		酌情扣分		

思 考 题

1. 车成形面一般有哪几种方法？各种方法都适用于什么场合？

2. 如何用双手控制法车成形面？

3. 怎样检测成形面的加工质量？

4. 用成形法车成形面时，为了减少成形刀具的磨损和振动，应采取哪些措施？

5. 滚花时，产生乱纹的原因是什么？怎样预防？

6. 表面锉光、抛光和滚花时应注意哪些安全问题？

7. 试述图 2-89 所示手柄工件的加工方法与步骤。

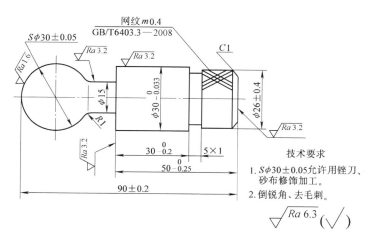

图 2-89　7 题图

课题七　车削螺纹

任务一　三角形外螺纹车刀的刃磨

一、实训教学目的与要求

1）了解三角形螺纹车刀的几何形状和角度要求。

2）掌握三角形螺纹车刀刃磨要求和方法。

二、基础知识

1. 螺纹的形状

螺纹的形状有三角形、梯形、矩形、锯齿形等。

2. 螺纹的主要参数

（1）直径　螺纹直径有大径（D、d）、中径（D_2、d_2）、小径（D_1、d_1），大写表示内螺纹，小写表示外螺纹，如图 2-90 所示。

（2）线数（n）　形成螺纹的螺旋线条数。

（3）螺距（P）和导程（Ph）

螺距是相邻两牙在中径线上对应点间的轴向距离；导程是同一条螺旋线上相邻

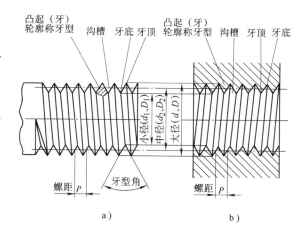

图 2-90　三角形螺纹形状及参数

a）外螺纹形状及参数　b）内螺纹形状及参数

两牙在中径线上对应点间的轴向距离。螺距和导程之间的关系为

$$Ph = nP$$

（4）旋向　顺时针旋合的螺纹称右旋螺纹；逆时针旋合的螺纹称左旋螺纹。

（5）牙型角（α）　螺纹牙型相邻两牙同侧面间的夹角。

三、螺纹车刀的刃磨

螺纹车刀属于成形刀具，它的形状和螺纹牙形的轴向剖面形状相同，即车刀的刀尖角与螺纹的牙型角相同。

1. 三角形螺纹车刀的几何角度

1）刀尖角应等于牙型角。普通螺纹的牙型角 $\alpha = 60°$，寸制螺纹的牙型角 $\alpha = 55°$。

2）前角一般为 $0 \sim 15°$。精车螺纹的前角取 $6° \sim 10°$，如图 2-91b 所示。

3）粗车时的后角如图 2-91a 所示；精车时的后角如图 2-91b 所示。

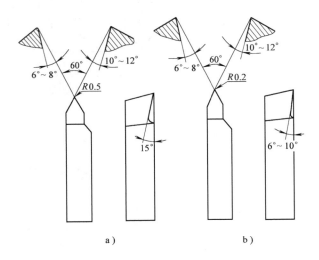

图 2-91　高速钢三角形外螺纹车刀
a）粗车螺纹车刀　b）精车螺纹车刀

2. 普通（三角形）螺纹车刀的刃磨

（1）刃磨步骤（图 2-92）

1）粗磨左、右后刀面，初步形成刀尖角、进刀后角，用对刀样板检查刀尖角。

2）粗、精磨前刀面，形成前角。

3）精磨左、右后刀面，形成左、右后角、刀尖角和进刀后角。检测两侧后角并修正。

4）刃磨刀尖倒棱（倒棱宽一般为 $0.1P$）；用油石研磨前、后刀面。

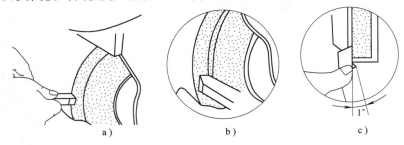

图 2-92　刃磨螺纹车刀
a）刃磨左侧后刀面　b）刃磨右侧后刀面　c）刃磨前刀面

（2）刃磨要求

1）车刀的左右切削刃必须是直线，无崩刃。

2）刀头不歪斜，牙型半角相等。

3）刃磨高速钢螺纹车刀时，若感到发热烫手，应及时用水冷却，否则容易引起刀尖退火。

4）刃磨硬质合金螺纹车刀时，应防止压力过大而震碎刀片，同时要防止刀具刃磨时骤冷骤热而损坏刀片。

（3）刀尖角的检查　为了保证磨出准确的刀尖角，在刃磨时可用螺纹角度样板测量，如图 2-93 所示。测量时把刀尖角与样板贴合，对准光源，仔细观察两边贴合的间隙，并进行修磨。

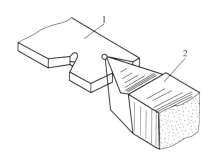

图 2-93　用样板检查刀尖角
1—样板　2—螺纹车刀

四、技能训练（刃磨三角形螺纹精车刀的方法与步骤）

1. 准备工作

分析刃磨车刀的形状与技术要求。刃磨车刀的形状及技术要求，如图 2-91 所示。车刀毛坯为 8mm×16mm×200mm 的高速钢。

1）检查砂轮是否正常，若砂轮的磨削面不良，用金刚石砂轮刀修正，并戴防护眼镜。

2）打开电源开关，等到转速正常，方可开始刃磨。

2. 粗磨左、右侧后刀面（图 2-92a、b）

刃磨时，双手握刀，将刀杆与砂轮外圆水平方向成 30°，垂直方向外倾 8°~10°，磨出左侧后刀面，10°~12°；同样的方法磨出右侧后刀面，6°~8°。刃磨出的左侧后角应略大于右侧后角。

3. 粗磨前刀面

粗磨前刀面并形成纵向前角（6°~10°）（图 2-92c）。

4. 精磨前刀面

精磨前刀面要求刀面平整、光洁，表面粗糙度值 $Ra1.6\mu m$。

5. 精磨左、右侧后刀面

1）刃磨时用样板检查修正刀尖角（60°），如图 2-93 所示。

2）左侧后角 10°~12°，右侧后角 6°~8°；纵向前角 6°~10°。

3）要求切削刃平直、锋利。

6. 刃磨倒棱

刀尖处磨出 $R0.5mm$ 的刀尖圆弧。

7. 用磨石研磨刀尖及刀面。

五、注意事项

1）刃磨时，人的站立位置要正确，否则刃磨的刀尖角易偏斜。

2）刃磨高速钢车刀时，压力小于一般车刀，并及时蘸水冷却，避免过热降低切削刃硬度。

3）粗磨后的刀尖角略大于牙型角，待磨好前角后再修正刀尖角。

4）刃磨螺纹车刀的切削刃时，要平行移动，这样容易使切削刃平直。

六、实作成绩评定（表2-22）

表2-22　刃磨三角形螺纹车刀成绩评定表

序号	检测项目	配分	评分标准	检测结果	得分
1	检测前角6°~10°	20	每超差1°扣10分		
2	检测前刀面表面粗糙度值 $Ra1.6\mu m$	10	超差一档扣5分		
3	检测刀尖角60°	30	超差1°扣10分		
4	检测左后角10°~12°	20	超差1°扣10分		
5	检测右后角6°~8°	20	超差1°扣10分		
6	安全文明生产		酌情扣分		

任务二　车削三角形外螺纹

一、实训教学目的与要求

1）掌握车削螺纹时，进给箱手柄位置和交换齿轮的调整方法。

2）掌握车削三角形外螺纹的方法及测量方法。

二、基础知识

1. 车床的调整

根据工件螺距或导程，查看车床进给箱上的铭牌，确定交换齿轮箱内交换齿轮的齿数，并按要求调换；然后调整进给箱手柄到规定位置。

2. 螺纹车刀的装夹

1）装夹车刀时，刀尖位置一般应对准工件轴线中心（可根据尾座顶尖高度检查）。

2）车刀刀尖角的对称中心线必须与工件轴线垂直，装刀时可用样板对刀（图2-94a）。如果把车刀装歪，车出的牙型将歪斜，如图2-94b所示。

3）刀头伸出不要过长。

3. 低速车削螺纹的方法

（1）车削螺纹的进给方法　螺纹车削需要

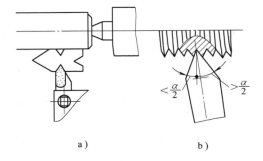

图2-94　螺纹车刀的安装

a）样板对刀　b）车刀装斜

经多次进刀和重复进给才能完成。因此，每次进给时，必须保证车刀刀尖对准已车出的螺旋槽；否则，已车出的牙型就可能被切去，这种现象称为"乱牙"。

低速车削普通螺纹，一般选用高速钢车刀，分别用粗、精车刀对螺纹进行粗、精车。低速车削螺纹精度高，表面粗糙度值小，但车削效率低。低速车削时，应根据机床和工件的刚性、螺距的大小，选择不同的进刀方法。

1）直进法车削螺纹。车削时，在每次往复行程后，车刀沿横向进给，通过多次行程，把螺纹车成（图2-95a）。采用这种切削方法操作简单，容易得到比较正确的牙型。但由于车削时是两切削刃同时参加切削，切削力较大，容易产生"扎刀"现象。这种方法适合车削螺距小于 3mm 的普通螺纹和脆性材料的螺纹。

2）斜进法车螺纹。车削螺距较大的螺纹时，为了避免两侧切削刃同时参加切削，采用斜进法车螺纹（图 2-95c）。按操作方式不同，斜进法车螺纹有中、小滑板交替进给和小滑板转动角度两种。

① 中、小滑板交替进给斜进法。车削时，在每次往复行程后，除中滑板横向进给外，小滑板也作顺向的微量进给，这样重复几次，把螺纹车成。

② 小滑板转动角度斜进法。用这种方法车削螺纹时，先将小滑板顺时针转动（$90° - α/2$）角度，$α/2$ 为牙型半角。车螺纹时，直接由小滑板进给而中滑板不动。即车刀沿牙型侧面作斜进给。这种方法因中滑板不进给，操作简便，也避免了乱牙。

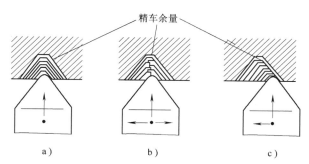

图 2-95 低速车削普通螺纹的进刀方法
a）直进法 b）左、右切削法 c）斜进法

斜进法由于车刀作斜进给，形成单刃切削，车削时不易产生扎刀。但牙形不够准确，只适用于粗车，一般每侧面应留 0.2mm 的精车余量。精车时，必须用左、右切削法才能保证螺纹精度。

3）左、右切削法车螺纹。左、右切削法一般在精车螺纹时使用（图 2-95b）。它是将车刀移到螺纹的一个侧面进行车削，待将其车光以后，再移动车刀，车削螺纹的另一侧面。在车削过程中亦可用观察法控制左右微进给量。当排出的切屑很薄时（像锡箔）。待两侧面均车光后，将车刀移到中间，把牙底部车光（用直进法），保证牙底尺寸和清角。

（2）退刀方法

1）每次进给终了时，横向退刀，同时提起开合螺母，手动将溜板箱返回起始位置，调整背吃刀量后，合上开合螺母重复进给。这种方法可节省回程时间和减小丝杠的磨损，但只能用于丝杠螺距是工件螺距（或导程）的整倍数，否则会产生乱牙。

2）每次进给终了时，先横向退刀，然后开反车使工件和丝杠都反转，丝杠驱动溜板箱返回起始位置，然后调整背吃刀量，改为正转，重复进给，此法也称为开倒顺车法。这种方法开合螺母始终与丝杠啮合，刀尖相对工件的运动轨迹不变，即使丝杠螺距不是工件螺距的整数倍，也不会产生乱牙现象；但不能用于高速车削螺纹。

4. 低速车螺纹的步骤

1）装夹车刀与工件中心等高，并用样板对刀。

2）按螺纹规格车螺纹外圆和倒角，并按要求刻出螺纹长度终止线或先车出退刀槽，如图 2-96 所示。同时调整好中滑板刻度零位，以便确定车螺纹背吃刀量的起始位置。

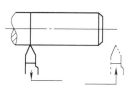

图 2-96 螺纹长度终止线退刀标记

3）按螺距调整交换齿轮和进给箱手柄位置。主轴转速取 12 ~ 150r/min。

4）将螺纹车刀移至离工件端面 8 ~ 10 牙处，横向进刀 0.05mm 左右。开机，合上开合螺母，在工件表面上试切第一条螺旋线。提起开合螺母，用金属直尺或螺纹样板检查螺距是否正确（图2-97）。若螺距不对，必须检查并调整好交换齿轮和进给箱的手柄位置后方可车削。

5）小螺距螺纹可用直进法车削；大螺距螺纹车削时，则用斜进法和左、右切削法进行车削。车螺纹时，必须加注切削液。为了防止产生乱牙，一般采用开倒顺车法加工。

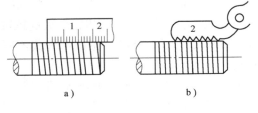

图2-97 检查螺距
a）金属直尺 b）螺纹样板

5. 切削用量的选择

低速车削螺纹时，要选择粗、精车用量，并在一定进给次数内完成车削。

（1）切削速度 粗车时 $v_c = 10 \sim 15 \mathrm{m/min}$；精车时 $v_c < 6 \mathrm{m/min}$。

（2）背吃刀量 车螺纹时，总背吃刀量 a_P 与螺距的关系是 $a_P \approx 0.65P$，中滑板转过的格数 n 可用下式计算，即

$$n = \frac{0.65P}{a}$$

式中 a——中滑板刻度盘每格移动的距离（mm）；

P——工件螺距（mm）。

粗车时 $a_P = 0.5 \sim 1 \mathrm{mm}$；且采用递减方式进刀；精车时 $a_P < 0.5 \mathrm{mm}$。

（3）进给次数 第一次进刀 $a_P/4$，第二次进刀 $a_P/5$，逐次递减，最后留 $0.2 \mathrm{mm}$ 的精车余量。进给次数不能太少，具体次数应根据螺纹的要求确定或查车工手册。

6. 车削螺纹时中途对刀方法

中途换刀或车刀刃磨后须重新对刀，即车刀不切入而按下开合螺母，待车刀移到工件表面处，立即停车。摇动中、小滑板，使车刀刀尖对准螺旋槽，然后开车，观察车刀刀尖是否在槽内，直至对准再开始车削。

7. 螺纹的测量和检验

（1）螺纹大径的测量 螺纹大径的公差数值较大，一般可用游标卡尺或千分尺测量。

（2）螺距的测量 螺距一般可用金属直尺进行跨齿测量，如图2-97a所示。细牙螺纹的螺距小，用金属直尺测量比较困难，可用螺距量规测量，如图2-97b所示。

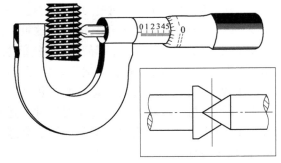

图2-98 用螺纹千分尺测量中径

（3）中径的测量 精度较高的普通螺纹，可用螺纹千分尺测量，如图2-98所示。测量出的读数就是该螺纹的中径实际尺寸。

（4）三针测量 用三针可测量出精度较高的三角形、梯形等外螺纹的中径，以及蜗杆的分度圆直径。具体测量方法如下。

1）量针测量距的计算方法。测量时把三根直径相等的量针放入螺纹相对应的螺旋槽内，用千分尺量出两边量针顶点之间的距离 M，如图2-99所示。量针测量距 M 可用下列公

式计算，即

$$M = d_2 + d_D \left[1 + \frac{1}{\sin(\alpha/2)} \right] - \frac{P\cot(\alpha/2)}{2}$$

式中　M——量针测量距（mm）；

　　　d_2——螺纹中径（mm）；

　　　d_D——量针直径（mm）；

　　　α——螺纹牙型角（°）；

　　　P——螺距（mm）。

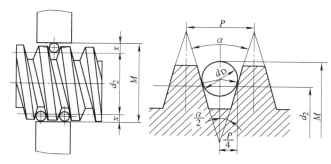

图2-99　三针测量螺纹中径

2）量针直径的选择。三针测量用的最小量针直径，不能沉没在齿槽内以致无法测量，最大量针直径不能与测量面脱离，使测量值不正确。最佳量针直径应该使量针跟螺纹中径相切。因此量针直径可按下式计算，即

$$d_D = P/[2\cos(\alpha/2)]$$

为了计算方便，可根据表2-23中的公式计算量针测量距 M 值及量针直径 d_D。

例如，用三针测量 M16 普通螺纹，求量针直径 d_D 和测量距 M。

1）计算螺纹中径　$d_2 = d - 0.6495P = 16\,\text{mm} - 0.6495\,\text{mm} \times 2 = 14.701\,\text{mm}$

2）计算量针直径　$d_D = 0.577P = 0.577\,\text{mm} \times 2 = 1.154\,\text{mm}$

3）计算量针测量距　$M = d_2 + 3d_D - 0.866P = 14.701\,\text{mm} + 3 \times 1.154\,\text{mm} - 0.866 \times 2\,\text{mm} = 16.431\,\text{mm}$

表2-23　量针测量距 M 值及量针直径 d_D 计算公式

蜗杆压力角 α/(°)	螺纹牙型角 α/(°)	M 值计算公式/mm	量针直径 d_D/mm
	60	$M = d_2 + 3d_D - 0.866P$	$d_D = 0.577P$
	55	$M = d_2 + 3.166d_D - 0.9605P$	$d_D = 0.564P$
20		$M = d_1 + 3.924d_D - 1.374P$	$d_D = 0.533P$
	30	$M = d_2 + 4.864d_D - 1.866P$	$d_D = 0.518P$

注：d_1 是蜗杆分度圆直径（mm）。

（5）综合测量　用螺纹环规综合检查三角形外螺纹。首先对螺纹的大径、螺距、牙型和表面粗糙度进行检查，然后用螺纹环规测量外螺纹的尺寸精度。如果环规通端正好拧进去，而止端拧不进去，说明螺纹精度符合要求。对精度要求不高的螺纹也可用标准螺母检查（生产中常用），以拧上工件时是否顺利和松动的感觉来确定，如图2-100所示。检查有退刀槽的螺纹，环规能够通过退刀槽与台阶平面靠平，即为合格螺纹。

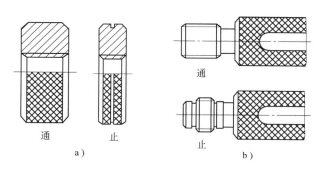

图2-100　螺纹量规

a）外螺纹环规　b）内螺纹塞规

三、技能实训（车削普通螺纹）

1. 准备工作

1）分析图 2-101 所示工件的形状及技术要求。

2）将外圆车刀、车槽刀、螺纹车刀装于刀架上并对准工件旋转中心。

3）用一夹一顶装夹，夹持 $\phi42$mm 外圆，后顶尖支承（中心孔已加工出）。

4）确定主轴转速，取 $n = 360$r/min；进给量 f 取 $0.1 \sim 0.15$mm/r。

2. 车外圆

车 M39×2 外圆至 $\phi39_{-0.2}^{\ 0}$mm，长度 35mm，表面粗糙度值 $Ra3.2\mu$m。

3. 车螺纹退刀槽

车螺纹退刀槽 5mm × $\phi36$mm 至尺寸（槽宽 5mm，槽底直径 $\phi36$mm）；螺纹端面倒角 $C2$。

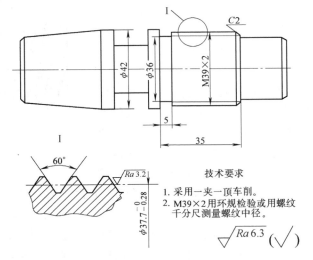

图 2-101　车普通螺纹实作工件

4. 粗车螺纹

1）选择主轴转速 $n = 45$r/min（$12 \sim 120$r/min）。

2）按工件螺距在进给箱铭牌上找到交换齿轮的齿数和手柄位置。调整好交换齿轮箱中的交换齿轮，并把手柄拨到所需的位置上。

3）用样板对螺纹车刀调整好。

4）试切螺纹，在外圆表面上车出一条螺旋线痕，并调整中滑板刻度盘"0"位（以便车螺纹时掌握背吃刀量），用金属直尺检查螺距。

5）检查螺距合格后，用开倒顺车的方法操作，采用直进法车削，在 $4 \sim 5$ 次进给内完成粗车（每边留 $0.2 \sim 0.3$mm 精车余量）。

5. 精车螺纹

1）选择主轴转速 $n = 10$r/min。

2）精车时采用左、右切削法车削。车刀切削刃始终保持锋利。若换刀要进行中途对刀，否则会把牙型车坏。

3）精车时进刀量要小，注意用观察法控制左右微进给量。当排出的切屑很薄时，车出的螺纹表面粗糙度值就小。一般精车完进给方向一侧，表面粗糙度达到要求后，再精车另一侧面。同时用螺纹环规或螺纹千分尺测量，直至中径符合要求；表面粗糙度值 $Ra1.6\mu$m。

4）将车刀移至牙槽中间，进行清底，并车出螺纹小径尺寸。

6. 检查质量合格后卸下工件。

四、工件质量分析及注意事项

1）装夹螺纹车刀时，要采用样板对刀，以防车削时产生倒牙。

2）车螺纹前要检查组装交换齿轮的间隙是否适当。把主轴变速手柄放在空档位置，用手旋转主轴（正转、反转），感觉是否有过重或空转量过大现象。

3）初次车螺纹者操作不熟练，一般宜采用较低的切削速度。

4）车螺纹时，开合螺母必须到位，如未合好，应立即停车，重新进行。

5）车铸铁螺纹时，径向进刀不宜太大，否则会使螺纹牙尖崩裂，造成废品。

6）车螺纹应始终保持切削刃锋利。如中途换刀或磨刀后必须重新对刀以防乱牙，并重新调整中滑板刻度。

7）粗车螺纹时，要留适当的精车余量，并加注切削液。

8）车削时应防止螺纹小径不清，侧面不光，牙型线不直等不良现象出现。

9）使用环规检查时，不能用力过大或用扳手强拧，以免环规严重磨损或使工件发生位移。

10）车螺纹时应特别注意安全技术问题。

① 调整交换齿轮时，必须切断电源后进行。交换齿轮装好后要装上防护罩。

② 车螺纹时是按螺距纵向进给，因此进给速度快。退刀和倒车必须及时、动作协调，否则会使车刀与工件台阶或卡盘撞击而发生事故。

③ 开倒顺车换向不能过快，否则机床将受到瞬时冲击，易损坏部件。在卡盘与主轴连接处必须安装保险装置，以防因卡盘在反转时从主轴上脱落。

④ 车螺纹进刀时，必须使中滑板手柄转过圈数准确，否则会造成刀尖崩刃或工件损坏。

五、实作成绩评定（表2-24）

表2-24 车削普通螺纹成绩

序号	检测项目	配分	评分标准	检测结果	得分
1	检测外径 $\phi 39_{-0.20}^{\ 0}$ mm	15	超差不得分		
2	检测中径 M39×2 用螺纹环规	50	通端不进或止端全进扣50分		
3	检测牙型两侧面表面粗糙度值 $Ra1.6\mu m$	10	超差不得分		
4	检测牙型角（60°、牙正、底清）	15	一项超差扣5分		
5	检测退刀槽 $\phi 36mm \times 5mm$	5	超差不得分		
6	检测尺寸 35mm	3	超差不得分		
7	检测倒角 C2	2	超差不得分		
8	安全文明生产		酌情扣分		

注：止端进入螺纹长 1/2 以内，可适当扣 5～15 分；乱牙为不及格。

任务三 车削梯形螺纹

一、实训教学目的与要求

1）掌握梯形螺纹车刀的修磨。

2）掌握梯形螺纹的车削方法和测量方法。

二、基础知识

1. 梯形螺纹基本牙型与尺寸的计算

梯形螺纹基本牙型如图 2-102 所示，尺寸的计算见表 2-25。

2. 梯形螺纹车刀的选择和装夹

（1）车刀的选择　通常采用低速车削，选用高速钢车刀，如图 2-103（ψ 是螺纹升角）、图 2-104 所示。

（2）车刀装夹　螺纹车刀的刀尖应与工件轴线等高。切削刃夹角的平分线应垂直于工件轴线，装刀时用对刀样板找正（图 2-105），以免产生螺纹半角误差。

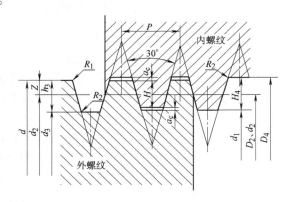

图 2-102　梯形螺纹牙型

表 2-25　梯形螺纹各部分名称、代号及计算公式　（单位：mm）

名称	代号	计算公式	名称	代号	计算公式
外螺纹大径（公称直径）	d	由设计确定	外螺纹中径	d_2	$d_2 = d - 2Z = d - 0.5P$
螺距	P	1.5 ～ 5　6 ～ 12　14 ～ 44	内螺纹中径	D_2	$D_2 = d - 2Z = d - 0.5P$
牙顶间隙	a_c	0.25　0.5　1	外螺纹小径	d_3	$d_3 = d - 2h_3$
基本牙型高度	H_1	$H_1 = 0.5P$	内螺纹小径	D_1	$D_1 = d - 2H_1 = d - P$
外螺纹牙高	h_3	$h_3 = H_1 + a_c = 0.5P + a_c$	内螺纹大径	D_4	$D_4 = d + 2a_c$
内螺纹牙高	H_4	$H_4 = H_1 + a_c = 0.5P + a_c$	外螺纹牙顶圆角	R_1	$R_{1max} = 0.5a_c$
牙顶高	Z	$Z = 0.25P = H_1/2$	牙底圆角	R_2	$R_{2max} = a_c$

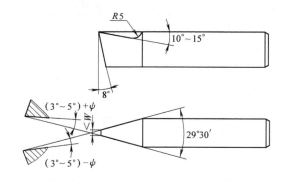

图 2-103　高速钢梯形螺纹粗车刀

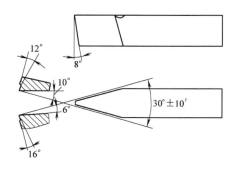

图 2-104　高速钢梯形螺纹精车刀

3. 工件装夹

车削梯形螺纹时，切削力较大，工件一般采用一夹一顶方法装夹。此外，轴向采用限位台阶或限位支撑固定工件的轴向位置，以防车削过程中工件轴向窜动或移动造成乱牙撞坏车刀。

4. 梯形螺纹的车削方法

（1）低速切削法

1）单刀车削法。螺距 $P < 4\text{mm}$ 和精度要求不高的梯形螺纹，可用一把梯形螺纹车刀，选择较低的车速，并用少量的左右进给直接车削完成。

2）左右切削法。粗车螺距 $P = 4 \sim 8\text{mm}$ 的梯形螺纹，常用左右车削法，可以防止因三个切削刃同时参加切削而产生振动和"扎刀"现象，如图 2-106a 所示。

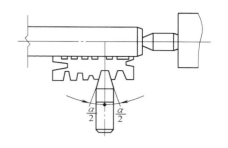

图 2-105　梯形螺纹车刀的装夹

3）切直槽法。粗车时，可先用矩形螺纹车刀（刀头宽度应等于齿根槽宽），车出螺旋直槽，槽底直径应等于螺纹小径，然后用梯形螺纹车刀精车齿面，如图 2-106b 所示。

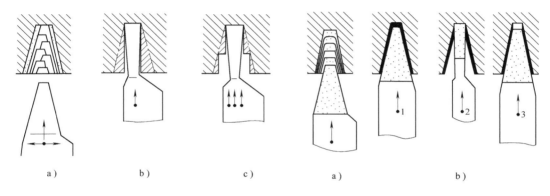

图 2-106　低速车梯形螺纹的方法	图 2-107　高速车梯形螺纹的方法
a）左右切削法　b）切直槽法　c）切阶梯槽法	a）用一把刀车削　b）用三把刀车削

4）切阶梯槽法。粗车螺距 $P > 8\text{mm}$ 的梯形螺纹时，可先用刀头宽度 $< P/2$ 的矩形螺纹车刀，用车直槽法将螺纹车至螺纹的中径处，再用刀头宽度等于齿根槽宽的矩形螺纹车刀把槽车至螺纹的小径尺寸。然后用带卷屑槽的精车刀将齿面车削至要求，如图 2-106c 所示。

（2）高速车削方法　切削梯形螺纹时，为防止切屑排出时擦伤螺纹齿面，不能使用左右切削法。在车削 $P < 8\text{mm}$ 的梯形螺纹时，可用直进法车削，如图 2-107a 所示。在车削 $P > 8\text{mm}$ 的梯形螺纹时，为减少切削力和牙型变形，可分别用三把车刀依次车削，先用车刀把螺纹粗车成形，再用切槽刀将螺纹小径车至尺寸，最后用精车刀把螺纹车至规定要求，如图 2-107b 所示。

三、技能训练（车梯形螺纹的的方法与步骤）

1）分析图 2-108 所示工件的形状和技术要求。

2）一夹一顶装夹工件。工件伸出长度 70mm 左右，并找正。

3）车刀的选择和装夹。选择、安装直槽车刀和精车梯形螺纹车刀。

4）粗、精车外圆 $\phi 32_{-0.375}^{\ 0}\text{mm}$ 长 $60_{-0.12}^{\ 0}\text{mm}$。

5）车槽 $\phi 24\text{mm} \times 8\text{mm}$，并倒角 $C2$。

6）粗车 Tr32 × 6 梯形螺纹。

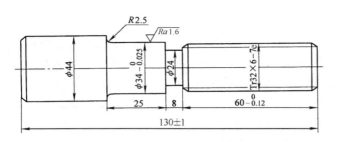

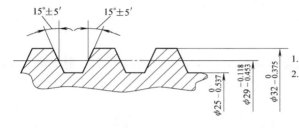

技术要求
1. 未注尺寸公差按GB/T1804—m 加工。
2. 全部倒角C2。

$\sqrt{Ra\,3.2}\left(\sqrt{}\right)$

图 2-108　梯形螺杆

7）精车梯形螺纹至尺寸要求。

8）检测梯形螺纹。

① 用螺纹环规测量。螺纹环规测量螺纹如图 2-100 所示。

② 三针测量法。三针测量外螺纹中径是一种比较精密的测量方法。

a）量针测量距 M 的计算公式为

$$M = d_2 + 4.864d_D - 1.866P$$

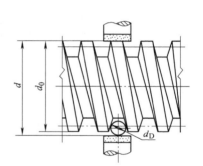

图 2-109　单针测量梯形螺纹

式中　M——量针测量距（mm）；

　　d_2——螺纹中径（mm）；

　　d_D——量针直径（mm）；

　　P——螺距（mm）。

b）量针直径计算公式为 $d_D = 0.518P$

c）实际测量以图 2-109 为例。

计算量针直径：$d_D = 0.518P = 0.518 \times 6\text{mm} = 3.108\text{mm}$；

计算出螺纹中径：$d_2 = d - 0.5P = 32\text{mm} - 3\text{mm} = 29\text{mm}$；

计算量针测量距：$M = d_2 + 4.864d_D - 1.866P = 29\text{mm} + 15.12\text{mm} - 11.2\text{mm}$
$$= 32.92\text{mm}$$

选取 3.108mm 的量针放入螺旋槽测量，实际测量值符合 $32.92^{-0.118}_{-0.453}$mm 为合格。

③ 单针测量法（图 2-107）。单针测量只需一根量针测量时比较简便，其计算公式为

$$A = \frac{M + d_0}{2}$$

式中　A——单针测量值（mm）；

　　d_0——螺纹大径的实际测量尺寸（mm）；

　　M——三针测量距的计算值（mm）。

仍以图 2-108 为例:

a) 计算量针直径 $d_D = 0.518P = 0.518 \times 6mm = 3.108mm$;

b) 螺纹中径 $d_2 = d - 0.5P = 32mm - 3mm = 29mm$;

c) 计算量针测量距

$M = d_2 + 4.864d_D - 1.866P = 29mm + 4.864 \times 3.108mm - 1.866 \times 6mm = 32.92mm$;

d) 测出螺纹 d_0 值,代入 $A = (M + d_0)/2$;

e) 计算出 A 值与测量值 d_0 的差值就是梯形螺纹的实际的偏差,如在公差内就合格;反之为不合格。

四、实作成绩评定 (表 2-26)

表 2-26　车削梯形螺纹成绩评定

序号	检测项目	配分	评分标准	检测结果	得分
1	检测外径 $\phi 34_{-0.025}^{0}$ mm	10	超差不得分		
2	检测表面粗糙度值 $Ra1.6\mu$m	10	超差不得分		
3	检测大径 $\phi 32_{-0.375}^{0}$ mm	10	超差不得分		
4	检测中径 $\phi 29_{-0.453}^{-0.118}$ mm	15	超差 0.005mm 扣 5 分		
5	检测小径 $\phi 25_{-0.537}^{0}$ mm	10	超差不得分		
6	检测牙型两侧面的表面粗糙度值 $Ra1.6\mu$m	15	超差不得分		
7	检测牙型半角 $15° \pm 5'$	15	超差 1′ 扣 1.5 分		
8	检测退刀槽 $\phi 24mm \times 8mm$	5	超差不得分		
9	检测倒角 $C2$ (3 处)	10	1 处超差扣 5 分		
10	安全文明生产		酌情扣分		

注:乱牙为不及格。

任务四　蜗杆的车削

一、实训教学目的与要求

1) 了解蜗杆的基本参数。

2) 掌握车刀的刃磨和装夹方法。

3) 掌握蜗杆的车削技能。

二、基础知识

1. 蜗杆齿形与尺寸

蜗杆齿形如图 2-110 所示,其有关尺寸计算见表 2-27。

2. 蜗杆车刀

常用高速钢车刀,刃磨时进给方向一面的后角必须相应加上导程角 γ。由于蜗杆的导程角较大,车削时使前角、后角会发生较大变化,切削很不顺利,如果采用可调节的刀杆

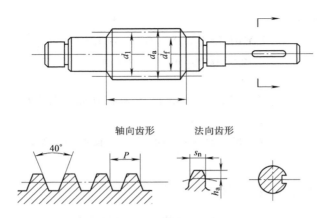

图 2-110　蜗杆齿形

（图 2-111）进行粗加工就可克服上述现象。

表 2-27　米制蜗杆的各部分名称、参数及尺寸计算

名称和代号	计算公式	名称和代号	计算公式
轴向模数 m_x	基本参数由国家标准确定	分度圆直径 d_1	$d_1 = qm_x$（q 蜗杆直径系数）
轴向压力角 α_x	$\alpha_x = 20°（2\alpha = 40°）$	齿顶圆直径 d_a	$d_a = d_1 + 2m_x$
轴向齿距 P_x	$P_x = \pi m_x$	齿根圆直径 d_f	$d_f = d_1 - 2.4m_x$
全齿高 h	$h = 2.2m_x$	导程角 γ	$\tan\gamma = z_1 \pi m_x / (\pi d_1)$
齿顶高 h_a	$h_a = m_x$	齿厚 s　轴向	$s_x = \pi m_x / 2$
齿根高 h_f	$h_f = 1.2m_x$	齿厚 s　法向	$s_n = (\pi m_x / 2)\cos\gamma$

（1）右旋蜗杆粗车刀（图 2-112）

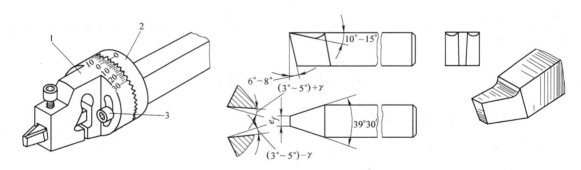

图 2-111　可调节的刀杆
1—切削部分　2—刀柄　3—螺钉

图 2-112　蜗杆粗车刀

1）车刀左右切削刃之间的夹角要小于两倍压力角。

2）刀头宽度应小于齿根槽宽（可查车工手册）。

3）切削钢料时，应磨有 $10° \sim 15°$ 的纵向前角。

4）径向后角 $6° \sim 8°$。

5）左刃后角$(3° \sim 5°) + \gamma$，右刃后角$(3° \sim 5°) - \gamma$。

（2）蜗杆精车刀（图 2-113）

1）车刀左右切削刃之间夹角等于两倍齿形角。

2）为了保证压力角，一般前角磨成0°。图2-113所示的车刀车小的表面粗糙度值和较高的齿形精度，但车刀前端切削刃不能进行切削，只能精车两侧齿面。

3. 蜗杆车削方法

（1）车刀装夹 可用游标万能角度

图 2-113 蜗杆精车刀

尺来找正。车刀刀尖角位置，图2-114所示为将游标万能角度尺的一边靠住工件外圆，观察另一边和车刀刃口的间隙，如有偏差时，可重新装夹来调整刀尖角度的位置。

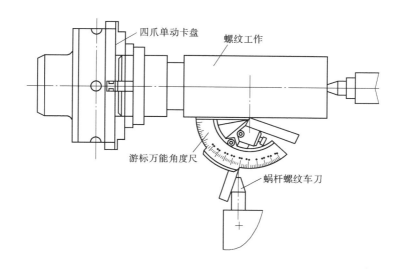

图 2-114 用游标万能角度尺装正车刀

（2）蜗杆的车削方法 蜗杆的车削与车梯形螺纹相似，采用开倒顺车切削，粗车后留0.2~0.4mm精车余量，由于蜗杆的螺距大，齿形深，切削面积大，因此，在精车时，采用均匀的单面车削，同时控制切削用量，防止"啃刀"及"扎刀"现象。

三、技能实训（车米制蜗杆的方法与步骤）

1）分析图2-115所示工件的形状和技术要求。

2）一夹一顶装夹；粗车 $\phi18$mm 长 40mm 至 $\phi19$mm 长 39.5mm。

3）掉头装夹，粗车外圆 $\phi18$mm 长 30mm 和 $\phi32$mm 外圆留精车余量 0.2mm，并粗车蜗杆。

4）两顶尖装夹，精车蜗杆外径 $\phi32$mm 倒角 20°。

5）精车蜗杆至中径精度要求。

6）精车 $\phi18_{-0.021}^{0}$mm 长 30mm。

7）调头两顶尖装夹精车出 $\phi18_{-0.021}^{0}$mm 长 40mm 至尺寸要求。

8）倒角 C1；检测尺寸和精度。

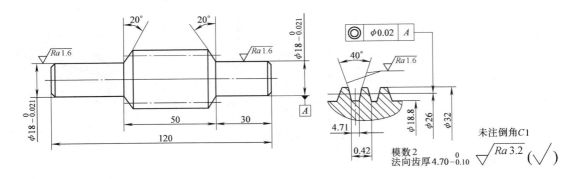

图 2-115　蜗杆

四、注意事项

1）车削蜗杆时，一定要先检验导程。

2）加工大模数蜗杆，尽量缩短工件的支承长度，提高工件的装夹刚性。

3）精加工时，可使用两顶尖装夹，以保证同轴度、工件精度。

任务五　多线螺纹的车削

一、实训教学目的与要求

1）了解多线螺纹的概念。

2）掌握多线螺纹的分线方法和车削方法。

二、基本知识

1. 多线螺纹

沿两条或两条以上的螺旋线所形成的螺纹，称为多线螺纹。多线螺纹每旋转一周，沿轴线方向移动 n 倍螺距（n 螺纹线数）。所以，多线螺纹常用于快速进退机构。区别螺纹线数的多少，可以从端面上看出螺距槽的数目，如图 2-116 所示。

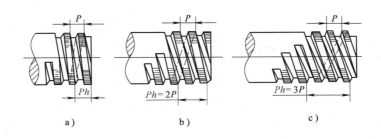

图 2-116　多线螺纹
a）单线螺纹　b）双线螺纹　c）三线螺纹

同一条螺旋线上的相邻两牙在中径线上对应两点间的轴向距离，称为导程。单线螺纹的导程与螺距相等；多线螺纹的导程等于其螺距与线数的乘积，即

$$Ph = nP$$

式中　Ph——螺纹导程（mm）；

　　　　P——螺距（mm）。

2. 车削多线螺纹的分线方法

（1）轴向分线法

1）用小滑板刻度分线。当车好一条螺旋槽后，利用小滑板刻度使车刀移动一个螺距的距离，再车第二条螺旋槽，从而达到分线的目的。一般适用于多线螺纹的粗车，或单件小批量生产。

2）用百分表分线。用百分表控制小滑板的移动量，如图2-117所示。根据百分表上的读数来确定小滑板移动量，适用于分线精度要求较高的单件生产，但百分表的移动距离较小，加工螺距较大或线数较多的螺纹时，可能使分线产生困难。

3）用百分表和量块分线。用百分表和量块确定小滑板的移动量，如图2-118所示。用这种方法分线的精度较高，也适用于加工导程较大的多线螺纹，但在车削过程中，应经常找正百分表的零位。

首先要在床鞍和小滑板上各装置一个定位块1、百分表3及量块2，图2-118所示为车削双头蜗杆分线方法。在车第一条螺旋线时，小滑板的百分表与定位块之间放入厚度等于蜗杆齿距的量块，在开始车削第二条螺旋槽之前，取出量块。移动小滑板再放入两倍齿距的量块2，即可完成第二条螺旋线的分线。假如工件线数多于两条，只需多准备几块螺距倍数值的量块即可完成分线。采用量块分线，由于量块不能固定在机床上，所以精车时，为了保证分线精确，每次触头与量块接触时，松紧应完全保持一致。

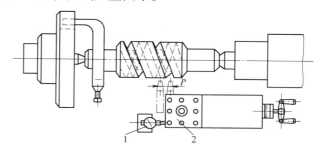

图2-117　用百分表进行分线
1—百分表　2—刀架

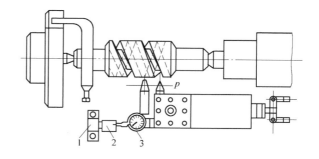

图2-118　用百分表进行分线
1—定位块　2—量块　3—百分表

（2）圆周分线法

1）利用自定心卡盘、单动卡盘分线。当工件采用两顶尖，并用自定心卡盘或单动卡盘代替拨盘时，可利用卡爪对二、三、四线的多线螺纹进行分线，车好一条螺旋槽后，只需松开顶尖，把工件连同鸡心夹头转过一个角度，由卡盘上的另一只卡爪拨动再顶好顶尖，就可车削另一条螺旋槽。这种方法较简单，但精度较差。

2）利用交换齿轮分线。当车床主轴交换齿轮齿数是螺纹线数的整数倍时，可以利用主轴交换齿轮进行分线，如图2-119所示。分线时，应注意开合螺母不能提起，齿轮必须向一个方向转动。

3. 车削多线螺纹的方法

采用左右切削法，车好一条螺旋槽后，再车另一条螺旋槽，如图 2-120 所示。

1）粗车第一条螺旋槽，并记住中小滑板刻度值。

2）分线粗车第 2、3 条螺旋线，中滑板刻度值应与车第一条螺旋槽时相同，小滑板借刀量必须相等，以保证螺距精度。

3）精车时应先车第一头侧面，并记住小滑板背吃刀量。

4）从零位开始计算，将小滑板向前移动一个螺距精车第二头侧面，背吃刀量与车第一头侧面相同。

5）将车刀移动精车侧面，记住背吃刀量。

6）将小滑板后摇一个螺距，车第一头侧面 4，背吃刀量与车第二头侧面相同。

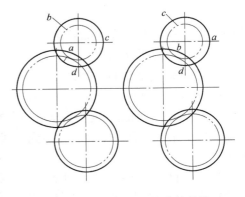

图 2-119　利用主轴交换齿轮分线

三、技能实训

车多线螺纹的方法和步骤如下。

1）分析图 2-121 所示工件。

2）装夹工件。让工件伸出 80mm 左右，找正夹紧。

3）粗、精车外圆 $\phi36$mm 长 72mm。

4）切槽 $\phi28$mm×12mm。

5）$\phi29$mm 处两侧倒角。

6）粗车 Tr36×12（P6）螺纹。

7）精车 Tr36×12（P6）螺纹至尺寸要求。

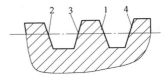

图 2-120　双线螺纹车削顺序

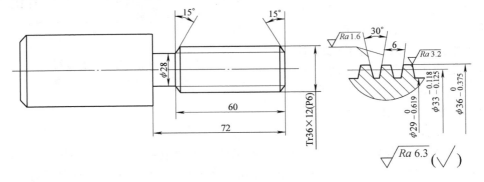

图 2-121　梯形螺杆

四、注意事项

1）多线螺纹导程较大，进给速度快，车削时要集中注意力。

2）由于多线螺纹升角较大，车刀的两侧后角要相应增减。

3）用移动小滑板分线时的注意事项如下。

① 先检查小滑板行程量是否满足要求。

② 小滑板移动方向必须和机床床身导轨平行，否则易造成分线误差。

③ 在每次分线时，小滑板手柄转动方向要相同。

4）用百分表分线时，百分表的测量杆应平行于工件轴线。

5）多线螺纹分线不正确的原因如下。

① 小滑板移动距离不正确。

② 车刀修磨后，未检查对准原来轴向位置，使轴向位置移动。

③ 工件未夹紧，切削力过大而造成工件微量移动，也会使分线不正确。

任务六　车内螺纹

一、实训教学的目的与要求

1）了解三角形内螺纹车刀的几何形状、角度与车刀刃磨要求和方法。

2）了解三角形内螺纹的车削方法。

二、基础知识

1）内螺纹车刀的形状和几何角度如图 2-122 所示。

2）刃磨内螺纹车刀的方法与外螺纹相似，不同的是，要使螺纹车刀刀尖角的对称中心线垂直刀柄中心线，如图 2-123 所示。

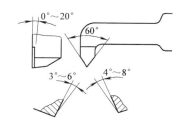

图 2-122　内螺纹车刀的形状及角度

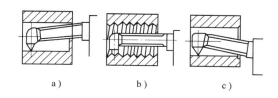

图 2-123　内螺纹车刀的刃磨要求
a）、c）错误　b）正确

3）装夹螺纹车刀时，刀尖正对工件中心，再用对刀样板对刀装夹。

4）车内螺纹时，摇动床鞍刻度盘，使内螺纹车刀与工件端面接触，将床鞍刻度调零后，刀具伸入孔内至需要加工螺纹长度处，记下床鞍刻度值或在刀具柄上作记号，控制内螺纹的长度。

5）将主轴置于空档位置，车刀移至螺纹终端，摇动中滑板，使其处于总背吃刀量和退刀位置处，手转卡盘观察，如无碰撞即可。

6）开机，让主轴转动，将内螺纹车刀伸入孔口内，移动中滑板，让刀尖接触孔壁，将中滑板调零，退出刀具，按前面外螺纹加工操作法进行切削，加工出内螺纹。

7）车完螺纹后，应倒角，去除毛刺。

三、技能训练

车图 2-124 所示有退刀槽的内螺纹工件。

螺纹大径为 30mm，螺距为 2mm；$D = \phi 30.5$mm，宽度 $b_1 = 6$mm。$D_1 = \phi 27.835^{+0.375}_{0}$mm。

加工步骤如下：

1）夹住外圆，找正平面。

2）粗、精车内孔 $\phi 27.835^{+0.375}_{0}$ mm，内孔 $\phi 27.5$mm。

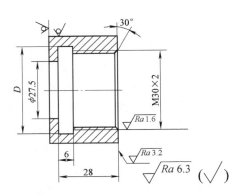

图 2-124　内螺纹工件

3）车内沟槽 $D = \phi 30.5$mm，宽度 $b_1 = 6$mm。

4）两端孔口倒角 30°，宽 1mm。

5）粗、精车内螺纹 M30×2，达到图样要求；检测尺寸。

四、注意事项

1）车刀刀尖要对准工件中心。

2）内螺纹车刀刀杆不能太细，否则会引起振动，出现"扎刀""让刀"和产生不正常声音及振纹等现象。

3）小滑板宜调整紧些，以防车刀移位产生乱扣；精车螺纹刀要保持锋利，不易"让刀"。

4）加工不通孔内螺纹，可在刀杆做记号或用床鞍刻度来控制退刀，避免车刀碰撞工件。

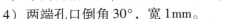
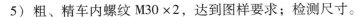

思　考　题

1. 普通螺纹的主要参数有哪些？刃磨螺纹车刀左、右侧刃后角有哪些要求？

2. 简述车削螺纹的方法与步骤。利用开合螺母车螺纹时，出现车某些螺距的螺纹会出现乱牙，这是什么原因？改用什么方法可避免乱牙？

3. 什么是螺纹的综合测量？用三针测量 M36×2.5 螺纹，计算出量针直径 d_D 和测量距 M。

4. 用三针测量 Tr40×6-8e 螺纹，计算出量针直径 d_D 和量针测量距。

5. 试述图 2-125 所示蜗杆工件的加工方法与步骤（模数 2mm）。

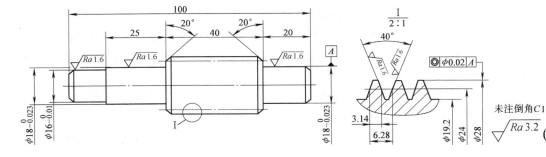

图 2-125　5 题图

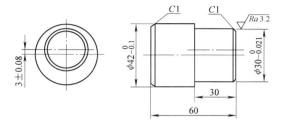

图 2-126 偏心工件

课题八 车偏心工件

一、实训教学的目的与要求

1）了解偏心工件的车削原理。

2）掌握车偏心工件的方法与步骤。

二、基础知识

1. 偏心工件（图 2-126）

外圆或内孔和外圆的轴线平行而不重合的零件，称为偏心工件。

2. 偏心工件的划线

根据图样或实物的尺寸，在工件上用划线工具划出待加工部位的轮廓线或定位基准的点、线、面的工作，称为划线。偏心工件所用的是立体划线法，要同时在工件的几个平面（有长、宽、高方向或其他倾斜方向）划线。

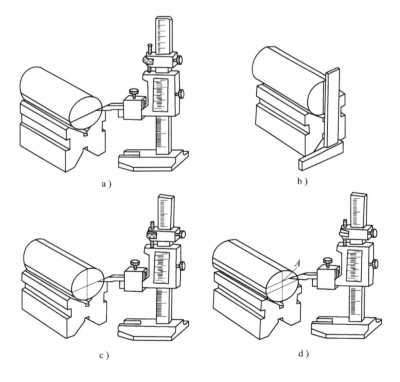

图 2-127 偏心工件划线

a）划出水平线 b）转 90° 并校正 c）划出十字轴线 d）划出偏心轴线

将 V 形块放置在平板上，将车好的光轴放置在 V 形块上，将高度游标卡尺移到工件的最高点读出最高点的尺寸，然后将游标高度卡尺的游标下移工件的一个半径距离，在工件的端面和四周水平划出轴线，如图 2-127a 所示。将工件转 90°，用直角尺对齐已划好的轴线，检查是否与轴线对齐，如果对齐说明此线已调整到中心位置，如图 2-127b 所示。再将划线尺下移工件一个半径，划出十字轴线，如图 2-127c 所示。将高度游标卡尺的游标上移一个图样要求尺寸的偏心距，在工件端面水平划出偏心轴轴线，找到偏心轴轴心点 A，如图 2-127d所示。以点 A 为圆心，用划规画出偏心圆即可。

三、偏心工件的车削方法与步骤

（1）工件的装夹　偏心工件的车削主要在于装夹，只要工件在装夹时，使偏心轴的轴心线与车床主轴的回转轴线重合，就可以用外圆车削法车出偏心轴。车削开始时注意车刀要远离工件起动主轴，然后刀尖从工件的最外点逐步切入，车出偏心轴。

（2）装夹方法

1）用自定心卡盘装夹偏心工件（图 2-128）。先将被加工工件的外圆和长度车好，并将两端面车平，再在自定心卡盘的任意一个卡爪与工件接触面之间垫一块垫片，垫片厚度 x 为

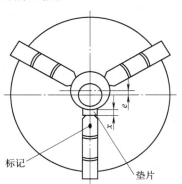

$$x = 1.5e \pm \Delta k$$

式中　x——垫片厚度（mm）；

　　　e——工件偏心距（mm）；

　　　k——偏心距修正值 $k \approx 1.5\Delta e$（mm），正负值按实测结果确定；

　　　Δe——试切后实测偏心距误差（mm）。

图 2-128　自定心卡盘装夹偏心工件

例如，如图 2-128 所示，$e = 3$mm，$d = 42$mm，计算垫片厚度 x。

$$x = 1.5 \times 3\text{mm} = 4.5\text{mm}$$

夹厚度 4.5mm 的垫片，试切后实测偏心距为 3.11mm，则偏心距误差为

$$\Delta e = 3.11\text{mm} - 3\text{mm} = 0.11\text{mm}; k = 1.5\Delta e = 1.5 \times 0.11\text{mm} = 0.165\text{mm}$$

$$x = 1.5e - k = 1.5 \times 3\text{mm} - 0.165\text{mm} \approx 4.34\text{mm}；将垫片厚度调整为 4.34mm。$$

2）单动卡盘装夹偏心工件。适用于加工要求不高、偏心距大小不同、形状短而复杂、数量少或单件生产。

① 先按偏心工件划线的方法将工件划线，把划好线的工件装夹在单动卡盘上，用划针找正偏心轴线与主轴轴线基本重合（图 2-129a）。

② 转动主轴用百分表找正，然后移动床鞍沿外圆高点（A 点）平行移动到 B 点，若两点读数一样偏心轴轴线与车床主轴回转轴线重合，如图 2-129b 所示。读数不

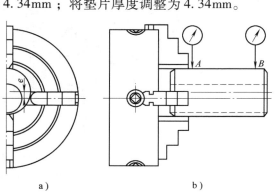

a)　　　　　　　　　b)

图 2-129　在单动卡盘装夹偏心工件
a）划针划出偏心位置　b）用百分表校正

同，要找正工件。

③　主轴转 90°，用上述方法找正。

④　按偏心工件车削要领车削。

3）双重卡盘上装夹车削工件。当车削量不大，加工长度较短、偏心距不大的偏心工件时，为减少找正偏心的时间，可用双重卡盘车削偏心工件。

该方法是将自定心卡盘装夹在单动卡盘中，将一根光轴装夹在自定心卡盘中，转动单动卡盘带动光轴转动，调整单动卡盘的卡爪，使光轴的轴线与主轴回转轴线重合。将百分表调零，调整单动卡盘，使自定心卡盘和光轴一起向上偏移一个偏心距 e，其大小可由百分表控制，卸下光轴，装上要加工的工件，即可加工出偏心工件，如图 2-130 所示。该方法在一批工件加工中只需找正一次偏心。

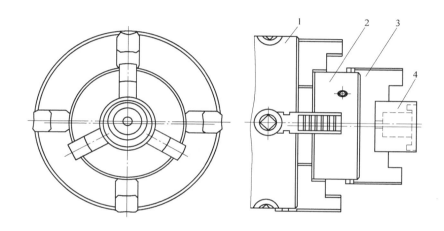

图 2-130　双重卡盘装夹偏心
1—单动卡盘　2—自定心卡盘　3—软爪　4—偏心套

4）用花盘装夹偏心工件。该方法适用于工件长度较短、偏心距较大、精度要求不高的偏心孔加工。

操作前，先将外圆和端面加工好，在端面上划出偏心孔的轴线和圆周线，用压板将工件装夹在花盘上，用划针盘找正偏心孔圆周，调整工件的位置，使偏心孔的轴线与主轴回转轴线重合，夹紧后即可加工偏心孔，如图 2-131 所示。

5）在前、后双顶尖上装夹偏心工件的方法适用于加工较长的偏心工件，如图 2-132 所示。

先将工件外圆和端面车好，在工件两端面对应划出偏心孔的位置，钻出偏心中心孔，用双顶尖顶住中心孔，即可车出偏心工件。

四、偏心距的检测方法

1. 在两顶尖间检测偏心距

该方法适用于两端有中心孔、偏心距较小的偏心轴（图 2-133）。

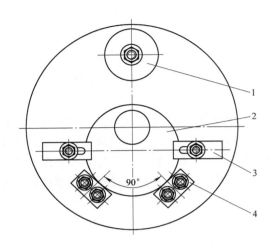

图 2-131　用花盘装夹偏心工件

1—平衡块　2—偏心套　3—压板　4—定位板

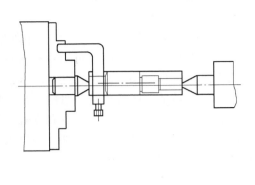

图 2-132　前、后双顶尖装夹偏心工件

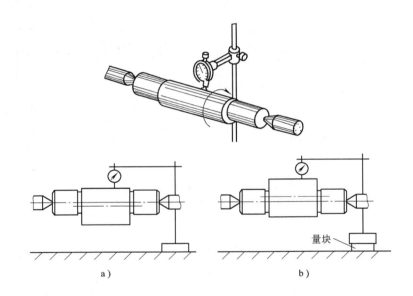

a)　　　　　　　　　　　b)

图 2-133　用两顶尖测量偏心距

1）将工件用双顶尖顶着，架在测量架上或车床两顶尖上。

2）若偏心距在百分表的量程范围，测量时，把百分表的测量头接触偏心轴，如图 2-133a 所示，用手转动偏心轴，百分表上指针的最大值和最小值之差的一半就等于偏心距。

3）若偏心距不在百分表的量程范围，测量时，可按图 2-133b 所示，用百分表找出偏心圆的最低点，记录百分表读数。转动偏心轴180°，并在百分表表座底部垫上两倍于偏心距的量块，用百分表找出偏心圆的最高点，记录百分表指针读数，两者读数值之差的一半即为偏心距误差。偏心套的偏心距也可用上述的方法测量，但必须将偏心套套在心轴上，再装夹在两顶尖间检测。

2. 在 V 形架上检测偏心距

没有中心孔的偏心工件，不能用上述方法测量，可安放在 V 形架上测量。测量方法如下：若偏心距小于百分表量程时，偏心工件的基准外圆置于 V 形架槽中，使百分表测量头接触偏心外圆，转动工件，百分表指针读数的最大值与最小值之差的一半即为工件的偏心距。

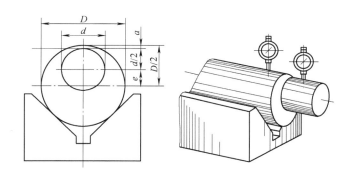

图 2-134　在 V 形架上检测偏心距方法

测量步骤如下：

把 V 形架放在测量平板上，把工件放在 V 形槽中，转动工件，用百分表找出偏心轴的最高点后，然后把工件固定。再把百分表水平移动，测出偏心轴外圆到基准轴外圆之间最小距离 a，如图 2-134 所示。然后用下式计算出偏心距为

$$e = D/2 - d/2 - a$$

式中　D——基准轴直径的实际尺寸（mm）；

　　　d——偏心圆直径的实际尺寸（mm）；

　　　e——工件偏心距（mm）。

3. 在车床上用百分表、中滑板检测偏心距

对于偏心距较大，长度较长的偏心工件，可以在车床上进行测量，利用中滑板的刻度来补偿百分表的测量范围，如图 2-135 所示。测量时，首先使百分表与工件外圆偏心量最大处接触，记录百分表读数及中滑板刻度值，随后将工件转动 180°，再移动中滑板，使百分表与工件外圆偏心量最小处接触，并保持原读数，这时从中滑板的刻度盘上所得出的中滑板移动距离即等于两倍的偏心值。

注意：测量时，必须找正偏心轴线，使其与主轴轴线平行。

五、技能训练（车削偏心轴）

1. 分析图 2-136 所示工件形状、技术要求。

2. 加工方法与步骤

1）在自定心卡盘上装夹工件，伸出长度 45mm。

2）粗、精车外圆尺寸至 $\phi 32_{-0.050}^{-0.025}$mm，长 40mm。

3）外圆倒角 $C1$；切断，长 36mm。

4）车总长 35mm。

5）将工件垫上垫片装夹在自定心卡盘上；找正、夹紧（图 2-128）；试切。

6）试切后实测测偏心距，计算出垫片厚度 x；然后装夹、找正。

7）粗、精车外圆尺寸至 $\phi 22_{-0.04}^{-0.02}$mm，长 15mm。

8）外圆倒角 $C1$；检测尺寸合格后卸下工件。

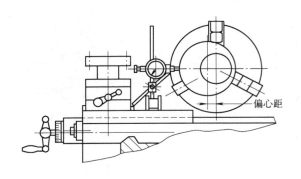

图 2-135　在车床上检测偏心距的方法

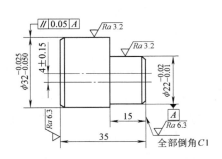

图 2-136　车削偏心轴

六、实作成绩评定

车削偏心工件实作成绩评定见表 2-28。

表 2-28　成绩评定

序号	检测项目	配分	评分标准	检测结果	得分
1	检测尺寸 $\phi32^{-0.025}_{-0.050}$ mm	20	每超差 0.01mm 扣 10 分		
2	检测表面粗糙度值 $Ra3.2\mu m$	10	超差一档扣 5 分		
3	检测尺寸 $\phi22^{-0.02}_{-0.04}$ mm	20	每超差 0.01mm 扣 10 分		
4	检测表面粗糙度值 $Ra3.2\mu m$	10	超差一档扣 5 分		
5	检测 4mm ± 0.15mm	20	超差不得分		
6	检测倒角 C1	10	1 处超差扣 5 分		
7	安全文明生产	10	酌情扣分		
	总分				

思　考　题

1. 车偏心工件有哪几种方法？各适用于什么情况？

2. 偏心距的检测方法有几种？

3. 用自定心卡盘装夹偏心工件，如何计算垫片厚度？

4. 车削偏心距 $e = 3mm$ 的工件，用 4.5mm 厚的垫片进行试切削，试切后检查偏心距为

3.06mm，试计算垫片的正确厚度。

5. 试述图 2-137 所示偏心轴的加工步骤。

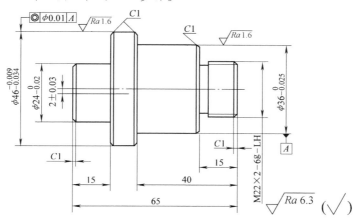

图 2-137　5 题图

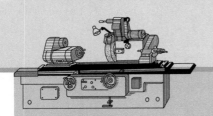

单元三

铣工技能实训

课题一　铣工基础

任务一　入门知识

一、实训教学目的与要求

1) 了解铣床的种类、代号、加工特点及范围；了解铣床各部分的名称和作用。

2) 掌握卧式铣床的操作方法。

二、基本知识

1. 铣削加工范围

金属材料的铣削加工是机械加工中最常用的加工方法之一。铣削加工是利用铣刀在铣床上切除零件余量，获得一定尺寸精度、表面形状和位置精度、表面粗糙度要求的加工方法。它有加工范围广，生产效率较高，其经济加工精度一般为 IT7 ~ IT9，表面粗糙度值 Ra1.6 ~ Ra12.5μm。因此，铣削加工在机器制造工业中具有重要的地位。其铣削加工范围如图 3-1 所示。

2. 铣床的型号

铣床的型号由基本部分和辅助部分构成，两者中间用"/"隔开，以示区别，基本部分包括类别、通用特性、组、系、主参数、重大改进等，辅助部分包括其他特性代号和企业代号。

（1）类别代号　位于型号的首位，用大写汉语拼音字母"X"表示，读"铣"。

（2）通用特性代号　在类别代号后面，用大写汉语拼音字母表示。普通型铣床无此代号。例如，在"X"后面加上"K"，表示数字程序控制铣床；加"F"表示仿形铣床等，见表3-1。

表 3-1　机床通用特性代号

通用特性	高精度	精密	自动	半自动	数字程序控制	自动换刀	轻型	万能	仿形	简式
代号	G	M	Z	B	K	H	Q	W	F	J

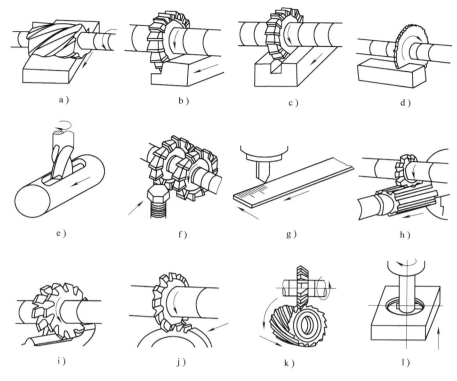

图 3-1　铣削加工的范围

a）铣平面　b）铣台阶　c）铣沟槽　d）切断　e）铣键槽　f）铣六方体

g）刻线　h）铣花键　i）铣成形面　j）铣齿轮　k）铣刀具　l）镗孔

（3）组、系代号　铣床分为 10 组，位于类或特性代号之后，每一组有 10 个系（系别），位于组代号之后，且各用一位阿拉伯数字表示。例如，第一位数字是"5"，表示是立式铣床组；"6"表示卧式铣床组；"5"后面的"0"，表示是立式升降台系等。部分铣床的组、系代号见表 3-2。

表 3-2　铣床组、系代号及主要参数（部分）

组	系	名　称	主　参　数	主参数的折算系数
2	0	龙门铣床	工作台面宽度	1/100
4	3	平面仿形铣床	最大铣削宽度	1/10
4	4	立式仿形铣床	最大铣削宽度	1/10
5	0	立式升降台铣床	工作台面宽度	1/10
6	0	卧式升降台铣床	工作台面宽度	1/10
6	1	万能升降台铣床	工作台面宽度	1/10
8	1	万能工具铣床	工作台面宽度	1/10

（4）主要参数代号　将主要参数的实际数值折算后用阿拉伯数字表示，一般为机床主参数的 1/10 或 1/100，位于组、系代号之后。各种升降台式铣床，一般以主参数的 1/10 表示，如 X6132 的"32"表示此铣床的工作台台面宽度为 320mm；有些铣床，如龙门铣床等

大型铣床按 1/100 折算。

（5）型号示例

X6132 表示：卧式万能升降台铣床，工作台面宽度 320mm。

X5032 表示：立式升降台铣床，工作台面宽度 320mm。

3. 常用铣床

（1）卧式升降台铣床　卧式升降台铣床有沿床身垂直导轨运动的升降台，工作台可随升降台作上下垂直运动、在升降台上可作纵向和横向运动；铣床主轴与工作台台面平行。这种铣床使用方便，适用于加工中小型零件。典型卧式升降台铣床的型号为 X6132。

（2）立式升降台铣床　立式升降台铣床与卧式升降台铣床主要的差异是铣床主轴与工作台台面垂直。典型立式升降台铣床的型号为 X5032。

（3）万能工具铣床　万能工具铣床有水平主轴和垂直主轴，工作台作纵向和垂直方向运动，横向运动由主轴实现。这种铣床能完成多种铣削工作，用途广泛，特别适合于加工各种夹具、刀具、工具、模具和小型复杂零件。典型万能工具铣床型号为 X8126。

（4）龙门铣床　龙门铣床属大型铣床，铣削动力安装在龙门导轨上，有垂直主轴箱和水平主轴箱，可做横向和升降运动。工作台直接安置在床身上，载重量大，可加工重型零件，但只能做纵向运动。典型龙门铣床型号为 X2010。

除上述四种常用铣床外，使用较广泛的还有仿形铣床、数控铣床、专用铣床等。

三、铣床各部分的名称及作用

1. 铣床的主要部件及其功用

图 3-2 所示为 X6132 型卧式万能升降台铣床。

（1）主轴变速机构　主轴变速机构安装在床身内，其功用是将电动机的转速通过齿轮变换成 18 种不同转速，并传递给主轴，以适应各种转速的铣削要求。

（2）床身　床身是机床的主体，用来安装和连接机床其他部件。床身正面有垂直导轨，工作台可沿导轨上、下移动。床身顶部有燕尾形水平导轨，横梁可沿床身顶部燕尾形导轨水平移动。床身内部装有主轴机构和主轴变速机构等。

（3）横梁　横梁上可安装挂架，并沿床身顶部燕尾形导轨移动。

（4）主轴　主轴用来实现主运动，是前端带锥孔的空心轴，孔的锥度为 7:24，用来安装铣刀杆和铣刀。由变速机构驱动主轴连同铣刀一起旋转。

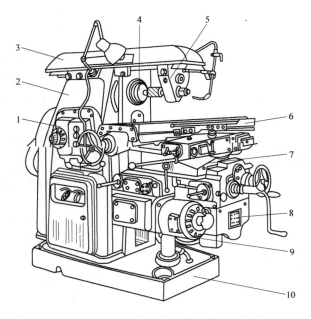

图 3-2　X6132 型卧式万能升降台铣床
1—主轴变速机构　2—床身　3—横梁　4—主轴
5—挂架　6—工作台　7—横向溜板　8—升降台
9—进给变速机构　10—底座

（5）挂架　铣刀杆一端安装在主轴锥孔内，外端安装在挂架上，以增强刀杆的刚性。

（6）工作台　用来安装工件或铣床夹具，带动工件实现纵向进给运动。

（7）横向溜板　用来带动工作台实现横向进给运动。横向溜板与工作台之间设有回转盘，可使工作台在水平面内作 ±45° 范围内的转动。

（8）升降台　用来支承横向溜板和工作台，带动工作台上、下移动。升降台内部装有进给电动机和进给变速机构。

（9）进给变速机构　用来调整和变换工作台的进给速度，以适应铣削的需要。

（10）底座　用来支持床身，承托铣床全部重量，装盛切削液。

2. X6132 型铣床的性能

X6132 型卧式万能升降台铣床功率大，转速高，变速范围大，刚性好，操作方便，通用性强。它可以将横梁移到床身后面，在主轴端部装上万能立铣头进行立铣加工，铣刀可回转任意角度，扩大加工范围，可以加工中小型平面、特形表面、各种沟槽和小型箱体上的孔等。

3. X6132 型铣床的操作

（1）工作台纵向、横向和垂直方向的手动进给操作　垂直（上、下）手动进给手柄如图 3-3a 所示，纵向、横向手动进给手柄外形如图 3-3b 所示。操作时，将手柄分别接通其手动进给离合器，摇动手柄，带动工作台分别做各方向的手动进给运动。顺时针方向摇动手柄，工作台前进（或上升）；反之，则后退

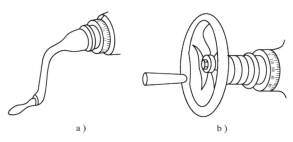

图 3-3　手动进给手柄和刻度盘
a）垂直进给手柄　b）纵、横进给手柄

（或下降）。纵向、横向刻度盘的圆周刻线 120 格，每摇 1 转，工作台移动 6mm，所以每摇过 1 格，工作台移动 0.05mm；垂直方向刻度盘的圆周刻线 40 格，每摇 1 转，工作台上升（或下降）2mm，因此，每摇 1 格，工作台上升（或下降）也是 0.05mm。摇动各手柄，通过刻度盘控制工作台在各进给方向的移动距离。

当摇动手柄使工作台在某一方向按要求的距离移动时，若将手柄摇过头，则不能直接退回到刻线处，必须将手柄反转大半圈，再重新摇到要求的数值。不使用手动进给时应将手柄与离合器脱开。

（2）主轴变速操作步骤（图 3-4）　①将变速手柄 1 下压，使手柄的榫块从固定环 2 的槽内脱出，再将手柄外拉，使榫块落入固定环 2 的槽内，手柄处于脱开位置 Ⅰ。②然后转动转速盘 3，使所选择转速值对准指针 4。③将手柄下压并快速推到位置 Ⅱ，使冲动开关 6 瞬时接通，电动机瞬时转动，以利于变速齿轮顺利啮合，再由位置 Ⅱ 慢速将手柄推至 Ⅲ，使手柄的榫块落入固定环的槽内，变速操作完毕。

转速盘上有 30～1500r/min 的转速 18 档。主轴变速操作时，连续变换速度不许超过 3 次。如果必须进行变速，则应间隔 5min，以免因起动电流过大，烧坏电动机。

（3）进给变速操作　进给变速操作如图 3-5 所示，先向外拉出进给变速手柄 1，然后转动手柄，带动进给速度盘 2 旋转，当所需要的进给速度值对准指针 3 后，将进给变速手柄推进，工作台就按选定的进给速度做自动进给运动，共有 18 级速度。

（4）工作台纵、横、垂直方向的机动进给操作 工作台的纵向、横向、垂直方向的机动进给操纵手柄都有两副，是联动的复式操纵机构。纵向机动进给操纵手柄有三个位置，即"向右进给""向左进给"和"停止"，扳动手柄，手柄指向就是工作台的机动进给方向，如图3-6所示。

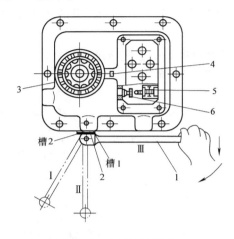

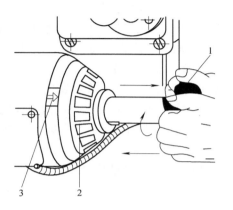

图3-4 主轴变速操作

1—变速手柄 2—固定环 3—转速盘
4—指针 5—螺钉 6—开关

图3-5 进给变速操作

1—变速手柄 2—转速盘 3—指针

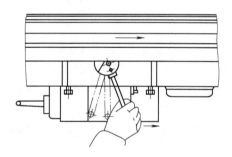

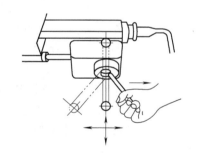

图3-6 纵向机动进给操作

图3-7 横向、垂直方向机动进给操作

横向和垂直方向的机动进给由同一手柄操纵，该操纵手柄有五个位置，即"向里进给""向外进给""向上进给""向下进给"和"停止"。扳动手柄，手柄指向就是工作台的机动进给方向，如图3-7所示。

工作台的上下、左右、前后的机动进给运动，是靠各操纵手柄接通电动机的电气开关，使电动机正转或反转获得的。因此，操作时一次只能操纵实现一个方向的机动进给运动。为了保证机床设备的安全，X6132型铣床的纵向与横向机动进给控制系统，装有电气保护互锁装置，而横向与垂直方向机动进给之间的互锁是由单手柄操纵的机械动作保证。铣削时，为了减少振动，保证工件的加工精度，避免因铣削力的作用使工作台在某一进给方向产生位置变动，应对不使用的进给机构给予固定。例如，纵向进给铣削时，除工作台纵向紧固螺钉松开外，横向溜板紧固手柄和垂直进给紧固手柄应旋紧。工作完毕，将其松开。在纵向、横向和垂直三个进给方向，各有两块机动进给停止挡铁，其作用是停止工作台的机动进给运动。挡铁应安装在限位柱范围内，不准随意拆掉，以防止出现机床事故。

（5）X6132 型铣床的润滑　X6132 型卧式万能升降台铣床的主轴变速箱、进给变速箱都采用自动润滑，机床开动后可以通过观察油标来了解润滑情况。工作台纵向丝杠和螺母、导轨面和横向溜板导轨等采用手动液压泵注油润滑。如工作台纵向丝杠两端轴承、垂直导轨、挂架轴承等采用油枪注油润滑。X6132 型铣床的润滑如图 3-8 所示。

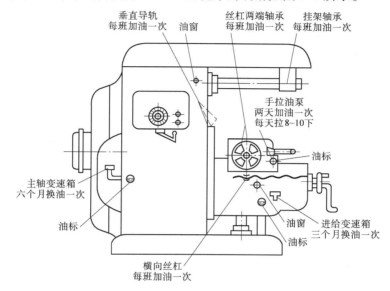

图 3-8　X6132 型铣床的润滑

四、X6132 型铣床的基本操作训练

1. 手动练习

1）在指导老师的指导下检查机床；给铣床按规定要求加注润滑油。

2）熟悉各个进给方向手柄和刻度盘。

3）做手动进给练习；使工作台在纵向、横向、垂直方向分别移动 3.5mm、6mm、7.5mm 等。

4）学会消除工作台丝杠和螺母之间的传动间隙。

5）每分钟均匀地手动进给 30mm、45mm、60mm、75mm、95mm 等。

2. 铣床主轴变速和空运转练习

1）将铣床电源开关转动到"通"的位置，接通电源。

2）练习变换主轴转速 1~3 次（控制在低速，如 30r/min、95r/min、150r/min）。

3）按"起动"按钮，使主轴回转 3~5min。检查油窗，若有甩油现象证明液压泵工作正常。

4）停止主轴回转。重复以上练习。

3. 工作台机动进给操作练习

（1）检查铣床

1）检查各进给方向的紧固螺钉、紧固手柄是否松开。

2）检查机动进给限位挡铁是否安装牢固和位置是否正确。

3）检查工作台在各进给方向是否处于中间位置。

（2）进给变速练习　在低速下进行 1～3 次进给速度练习（低速为 30～118r/min）。

（3）机动进给操作练习

1）按下主轴"起动"按钮，使主轴旋转；观察进给箱油窗是否甩油。

2）使工作台先后分别作纵向、横向、垂直方向的机动进给。

3）先停止工作台进给，后停止主轴旋转。

4. 训练时注意事项

1）严格遵守安全操作规程。

2）操作结束后，把工作台停在中间位置，各手柄恢复到原位，关闭机床电源开关。

五、X5032 型立式升降台铣床

X5032 型铣床是一种常见的立式升降台铣床，如图 3-9 所示。其规格、操纵机构、传动变速机构等与 X6132 型铣床基本相同，主要有以下不同：

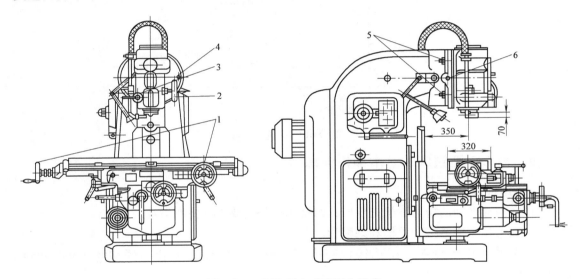

图 3-9　X5032 型立式升降台铣床

1—纵向手动进给手柄　2—主轴套筒升降手柄　3—主轴套筒锁紧手柄

4—定位销　5—铣头紧固螺钉　6—调转角度转动手柄

1）X5032 型铣床主轴回转轴线与工作台面垂直，安装在可以回转的铣头壳体内，立铣头可以沿主轴所在的垂直面内旋转 ±45°。

2）X5032 型铣床工作台在水平面内不能旋转。

3）主轴套筒带动主轴做垂直运动，移动范围 70mm。

4）X5032 立式铣床的润滑如图 3-10 所示。

六、X5032 立式铣床的操作练习

1. 铣床的手动进给操作练习

1）在指导老师的指导下检查机床。

2）给铣床按规定要求加注润滑油（图 3-10）。

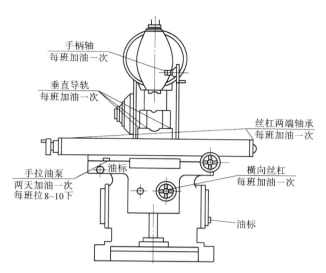

图 3-10　X5032 型立式铣床的润滑

3）熟悉各个进给方向刻度盘。

4）做手动进给练习。

5）使工作台在纵向、横向、垂直方向分别移动 2.5mm、4mm、7.5mm 等。

6）学会消除工作台丝杠和螺母间的传动间隙。

7）每分钟均匀地手动进给 30mm、45mm、60mm、75mm、95mm 等。

2. 铣床主轴的空运转操作练习

1）将电源开关转至"通"的位置。

2）练习在低速下变换主轴转速 1~3 次。

3）按"起动"按钮，使主轴旋转 3~5min。

4）检查油窗，有甩油现象则说明油泵、润滑系统工作正常。

5）停止主轴旋转，重复以上练习。

3. 工作台自动进给操作练习

1）检查各进给方向紧固手柄是否松开。

2）检查各进给方向自动进给停止挡铁是否在限位柱范围内。

3）使工作台在各进给方向处于中间位置。

4）在低速下变换进给速度。

5）按下主轴"起动"按钮，使主轴旋转。

6）使工作台先纵向、后横向、再垂直方向自动进给。

7）停止工作台进给，再停止主轴旋转。

8）重复以上练习。

七、注意事项

1）严格遵守安全操作规程；操作时按步骤进行。

2）不允许两个进给方向同时自动进给；自动进给时，进给方向紧固手柄应松开。

3）各个进给方向的自动进给停止挡铁应在限位柱范围内。

4）练习完毕认真擦拭机床，并使工作台处于中间位置，各手柄恢复原位。

八、铣床安全操作规程

1）操作前应对所使用机床作如下检查。

① 各手柄的原始位置是否正常。

② 用手摇动各手柄，检查进给运动和方向是否正常。

③ 检查自动进给停止挡铁是否在限位柱范围内，是否紧固。

④ 让主轴和工作台由低速到高速运动，检查运动和变速是否正常。

⑤ 开动机床使主轴回转，观察油窗是否甩油。

⑥ 上述各项检查完毕，若无异常，对机床各部分加注润滑油。

2）不准戴手套操作机床、测量工件、更换刀具、擦拭机床。

3）装卸工件、刀具，变换转速和进给量，测量工件，安装配换齿轮等，必须在停车状态下进行。

4）操作机床时，严禁离开岗位，不准做与操作内容无关的其他事情。

5）工作台自动进给时，应脱开手动进给离合器，以防手柄随轴旋转伤人。

6）不准两个进给方向同时起动自动进给。自动进给时，不准突然变换进给速度。自动进给完毕，应先停止进给，再停止主轴（刀具）旋转。

7）高速铣削或刃磨刀具时，必须戴防护眼镜。

8）操作中出现异常现象应及时停车检查，出现故障、事故应立即切断电源，及时报告指导教师，请专业维修人员检修，未修复好的机床不得使用。

9）机床不使用时，各手柄应置于空档位置，各方向进给紧固手柄应松开，工作台应处于各方向进给的中间位置，导轨面应适当涂刷润滑油。

任务二　铣刀及其安装

一、教学目的与要求

1）了解铣刀的材料、种类。

2）掌握铣刀的应用，会装卸铣刀刀轴和铣刀。

二、基本知识

1. 铣刀材料

1）高速工具钢具有较好的切削性能，其适宜的切削速度为 $16 \sim 35 \text{m/min}$。用于制造形状较复杂的铣刀，常用牌号有 W18Cr4V、W6Mo5Cr4V2 等。

2）硬质合金钢耐磨性好，低速时切削性能差；工艺性较差。切削速度比高速工具钢高 $4 \sim 7$ 倍。可用作高速切削和硬材料切削的刀具。通常是将硬质合金刀片以焊接或机械夹固的方法固定在铣刀刀体上。

常用的硬质合金有钨钴（YG）类，牌号有 YG8、YG6、YG3、YG8C，可切削铸铁、青铜等；钨钛钴（YT）类，牌号有 YT5、YT15、YT30 等，可切削碳钢等；钨钛钽（铌）钴类，常用牌号有 YW1、YW2 等，可切削高强度合金钢、不锈钢、耐热钢，也可切削一般钢材等。

2. 铣刀

铣刀实质上是一种由几把单刃刀具组成的多刃标准刀具，其主、副切削刃根据其类型与结构不同，分布在外圆柱面上或端面上。

铣刀分类方法很多。根据铣刀的安装方法不同，分为带孔铣刀和带柄铣刀两大类。

常用的带孔铣刀有圆柱铣刀、三面刃铣刀（整体式或镶齿式）、锯片铣刀、模数铣刀、角度铣刀和圆弧铣刀（凸圆弧或凹圆弧）等，如图 3-11 所示。带孔铣刀多用在卧式铣床上加工平面、直槽、切断、齿形和圆弧形槽（或圆弧形螺旋槽）等。

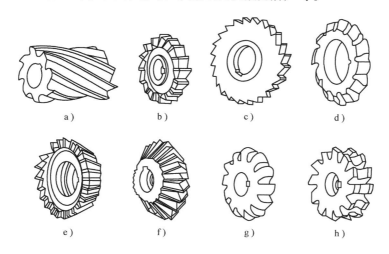

图 3-11　带孔铣刀

a）圆柱铣刀　b）三面刃铣刀　c）锯片铣刀　d）模数铣刀
e）单角度铣刀　f）双角度铣刀　g）凸圆弧铣刀　h）凹圆弧铣刀

带柄铣刀按刀柄形状不同分为直柄或锥柄两种。常用的有镶齿面（端）铣刀、立铣刀、键槽铣刀、T 形槽铣刀和燕尾槽铣刀等，如图 3-12 所示。带柄铣刀多用在立式铣床上加工平面、台阶面、沟槽与键槽、T 形槽或燕尾槽等。

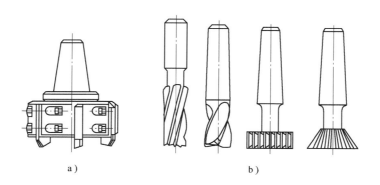

图 3-12　带柄铣刀

a）面铣刀　b）带柄整体铣刀

三、铣刀的安装

1. 带孔铣刀的安装

如图 3-13 所示，铣刀尽可能靠近主轴端面安装，以增加工艺系统刚性，减少振动。

安装时，先擦净定位套筒和铣刀，以减小安装后铣刀的端面跳动；将刀杆插入主轴锥孔中，并使刀杆上的键槽与主轴的键配合。拉杆与刀杆柄部螺纹旋合至少 5～6 个螺距；在拧紧刀杆上的压紧螺母前，需先装好挂架，最后使刀杆与主轴、铣刀与刀杆紧密配合。

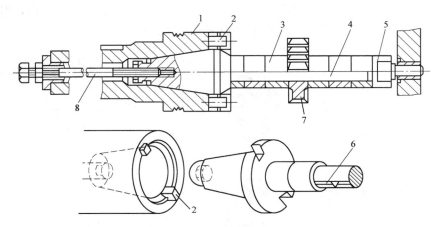

图 3-13　卧式铣床主轴结构

1—主轴　2—端面键　3—套筒　4—刀杆　5—压紧螺母
6—定位键　7—铣刀　8—拉杆

2. 带柄铣刀的安装

直柄铣刀通常为整体式，直径一般都小于 20mm，多用弹性夹头进行安装，如图 3-14a 所示。由于弹性夹头上沿轴向有三条开口，故用螺母压紧弹性夹头的端面，使其外锥面受压而孔径缩小，从而夹紧铣刀。弹性夹头有多种孔径，以适应安装不同直径的直柄铣刀。

锥柄铣刀有整体式和组装式两种。组装式主要安装铣刀头或硬质合金可转位刀片。锥柄铣刀安装时，先选用合适的过渡锥套，再用拉杆将铣刀及过渡锥套一起拉紧在主轴端部的锥孔内，如图 3-14b 所示。

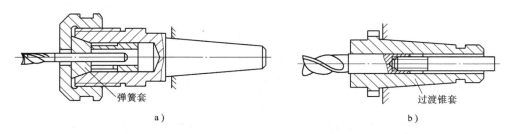

弹簧套　　　　　　　　　　　　　　　　　　　过渡锥套

a)　　　　　　　　　　　　　　　　　　b)

图 3-14　带柄铣刀的安装
a) 用弹性夹头安装铣刀　b) 过渡锥套安装铣刀

3. 铣刀安装操作

1) 在卧式铣床上安装圆柱铣刀或圆盘铣刀。在卧式铣床上安装圆柱铣刀的操作如

图3-15 所示。

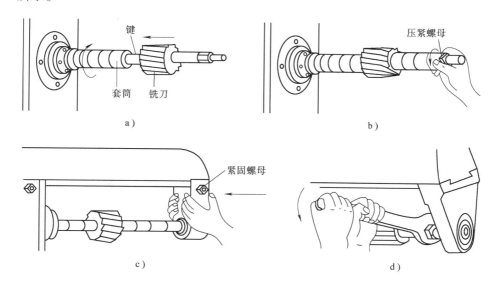

图 3-15　圆柱铣刀的安装

a）安装刀杆和铣刀　b）套上套筒拧上螺母　c）安装挂架　d）拧紧螺母

2）在立式铣床上安装面（端）铣刀。在立式铣床上安装面（端）铣刀的操作如图3-16 所示。

4. 铣刀装卸训练中的注意事项

1）安装圆柱形铣刀或其他带孔铣刀时，应先紧固挂架，后紧固铣刀。拆卸时应先松开铣刀，再松开挂架。

2）装卸铣刀时，圆柱形铣刀用手持两端面；装卸立铣刀时，手上应垫上棉纱握住圆周。

3）安装铣刀时，应擦净各接触表面，以防止接触面上附有脏物而影响安装精度。

4）拉紧螺杆上的螺纹长度应与铣刀杆或铣刀上的螺孔有足够的旋合长度。

5）挂架轴承孔与铣刀杆支承轴颈应保持足够的配合长度。

6）铣刀安装后应检查安装情况是否正确。

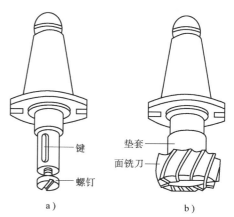

图 3-16　安装面（端）铣刀

a）短刀杆　b）短刀杆上安装面铣刀

任务三　工件的装夹

一、实训教学目的与要求

1）了解机用平口钳的结构。

2）掌握机用平口钳的安装及找正方法。

3）掌握压板装夹的方法。

二、基础知识

1. 机用平口钳的装夹

机用平口钳简称平口钳，是铣床上用来装夹工件的附件。铣削一般长方体工件的平面、台阶面、斜面和轴类工件的键槽时，都可以用平口钳来装夹。

（1）平口钳的结构　常用的平口钳有回转式和非回转式两种。图3-17所示为回转式平口钳，钳体能在底座上扳转任意角度。非回转式平口钳结构与回转式平口钳基本相同，只是底座没有转盘，钳体固定。回转式平口钳使用方便，适应性强，但由于多了一层转盘结构，高度增加，刚性相对降低。因此，在铣削平面、垂直面和平行面时，一般都采用非回转式平口钳。

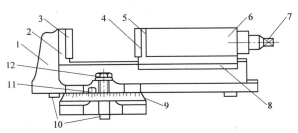

图3-17　机用平口钳
1—钳体　2—固定钳口　3—固定钳口铁　4—活动钳口铁
5—活动钳口　6—活动钳身　7—丝杠方头　8—压板
9—底座　10—定位键　11—钳体零线　12—螺栓

（2）平口钳的规格　普通平口钳按钳口宽度有125mm、136mm、160mm、200mm、250mm等规格。

（3）机用平口钳的安装和找正

1）平口钳的安装。安装平口钳时，应擦净钳座底面和工作台面。平口钳安装在工作台长度方向的中心偏左、宽度方向的中心，以方便操作。在粗铣和半精铣时，应使铣削力指向固定钳口，如图3-18所示。

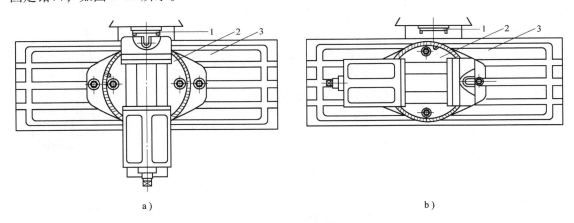

a）　　　　　　　　　　　　　　　　b）

图3-18　平口钳的安装位置
a）固定钳口与主轴轴线垂直　b）固定钳口与主轴轴线平行
1—铣床主轴　2—平口钳　3—工作台

加工一般的工件时，平口钳可用定位键安装。安装时，将平口钳底座上的定位键放入工作台中央T形槽内，双手推动钳体，使两定位键的同一侧面靠在中央T形槽的同一侧面上，然后固定钳座，再利用钳体上的零刻线与底座上的刻线相配合，转动钳体，使固定钳口与铣床主轴轴线垂直或平行，也可以按需要调整角度。

　　加工有较高相对位置精度要求的工件，如铣削沟槽，钳口与主轴轴线要求有较高的垂直度或平行度要求，这时应对固定钳口进行找正。

　　2）平钳口的找正。用百分表找正固定钳口，保证与铣床主轴轴线的垂直度或平行度，如图 3-19 所示。

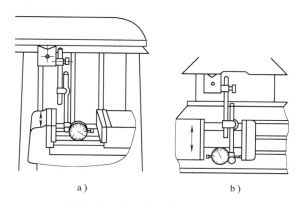

图 3-19　用百分表找正固定钳口
a）固定钳口与主轴轴线垂直
b）固定钳口与主轴轴线平行

　　① 找正固定钳口与铣床主轴轴线的垂直度（图 3-19a）。找正时，将磁力表座吸附在横梁导轨面上，安装百分表，使表的测量杆与固定钳口铁平面垂直。用钳口铁平面压缩测杆触头 0.1～0.2mm，纵向移动工作台，记录百分表读数，最大读数与最小读数之差的 1/2，是固定钳口需要向小值方向旋转的数值，旋转固定钳口，并复检，复检合格后，紧固钳体。

　　② 找正固定钳口与铣床主轴轴线平行度。找正固定钳口与铣床主轴轴线平行度时，可将磁性表座吸在床身垂直导轨面上，横向移动工作台，找正方法同上，如图 3-19b 所示。

　　（4）工件在平口钳上的装夹

　　1）毛坯件的装夹。选择毛坯件上一个大平面作粗基准面，将其靠在固定钳口上或导轨面上。在钳口或导轨面和工件毛坯面间应垫铜皮，以防损伤钳口。先轻夹工件，用划针盘找正毛坯上平面位置，基本平行后再夹紧工件，如图 3-20 所示。

　　2）经粗加工工件的装夹。选择工件上一个较大的粗加工表面作基准面，将其靠向固定钳口面或钳体导轨面上进行装夹。工件基准面靠向固定钳口面时，可在活动钳口与工件间放置一圆棒，其位置在钳口夹持工件部分高度的中间偏上。通过圆棒夹紧工件，能保证工件的基准面与固定钳口面很好地贴合，如图 3-21 所示。

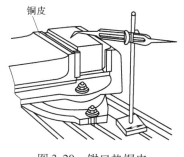

图 3-20　钳口垫铜皮
装夹找正毛坯件

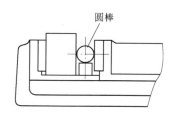

图 3-21　用圆棒夹持工件

　　工件的基准面靠向钳体导轨面时，在工件与导轨之间要垫一平行垫铁，为了使工件基准面与导轨面平行，夹紧后可用铜锤轻击工件上表面，并用手试移垫铁，以不松动为宜，说明工件与垫铁贴合良好，然后夹紧，如图 3-22 所示。

　　用平口钳装夹工件时，工件放置位置要适当，工件受的夹紧力要均匀，切除余量后的加工面要高出钳口上平面 5～10mm，如图 3-23 所示。

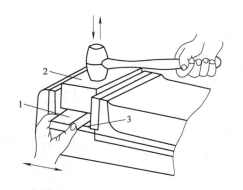

图 3-22　用平行垫铁装夹工件
1—平行垫铁　2—工件　3—钳体导轨面

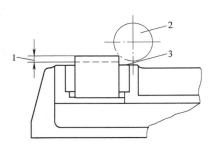

图 3-23　余量厚度高出钳口上平面
1—待切除余量层　2—铣刀　3—钳口上平面

2. 用压板装夹工件

形状、尺寸较大或不便于用平口钳装夹的工件，常用压板压紧在铣床工作台上进行加工。用压板装夹工件，在卧式铣床上用面铣刀铣削的方法应用广泛。

压板有很多种形状，可适应各种不同形状工件装夹的需要。在铣床上用压板装夹工件，主要有压板、垫铁、T 形螺栓（T 形螺母）及螺母等。用压板夹紧工件时，应选择两块以上的压板，压板的一端搭在工件上，另一端搭在垫铁上，垫铁的高度应等于或略高于工件被压紧部位的高度，螺栓与工件间的距离应尽量短点。用压板时，螺母和压板平面之间应垫有垫片，如图 3-24 所示。

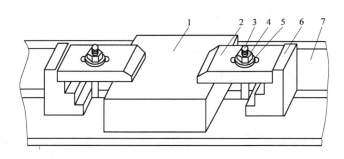

图 3-24　用压板装夹工件
1—工件　2—压板　3—T 形螺栓　4—螺母　5—垫圈　6—垫铁　7—工作台面

三、技能训练

1. 用百分表找正平口钳的方法与步骤

1）安装百分表。将磁性表座吸在横梁或床身的导轨面上，安装百分表。

2）用钳口铁平面压缩测量杆测头 0.1～0.2mm。

3）纵向移动工作台，记录百分表读数，读数的最大值与最小值之差的 1/2，是固定钳口需要旋转的数值。

4）轻轻用力夹紧钳体，进行复检合格后，将钳体紧固。

2. 装夹工件的方法与步骤

（1）用平口钳装夹工件

1）工件为 40mm×60mm×150mm 的已加工长方体。选择 20mm×50mm×180mm 的平行垫铁 1 块或 20mm×20mm×180mm 的平行垫铁 2 块。

2）放置垫铁。

3）安装工件，轻轻夹紧。

4）用铜锤轻击工件上表面，使工件与垫铁贴紧，夹紧工件。

5）检查垫铁松紧程度，以垫铁不松动为宜。

（2）用压板装夹工件

1）工件为 250mm×150mm×50mm 的已加工长方体。选择适用的压板、垫铁、螺栓、螺母。

2）安装螺栓、压板、垫圈、螺母。

3）用压板压紧工件。

四、注意事项

1. 在平口钳上装夹工件注意事项

1）安装平口钳时，应擦净钳座底面、工作台面；安装工件时，应擦净钳口铁平面、钳体导轨面及工件表面。

2）用平行垫铁装夹工件时，所选垫铁的平面度、平行度、相邻表面的垂直度应符合要求。垫铁表面应具有一定的硬度。

2. 用压板装夹工件时的注意事项

1）在铣床工作台面上，不允许拖拉表面粗糙的毛坯件，夹紧时应在毛坯件与工作台面间垫铜皮，以免损伤工作台面。

2）用压板夹紧已加工表面时，应在压板与工件表面间垫铜皮，以免夹伤已加工面。

3）压板的位置要放置正确，应压在工件刚性最好的部位，以防止工件产生变形。如果工件夹紧部位有悬空现象，应将工件垫实。

4）螺栓要拧紧，保证铣削时因夹紧力不够而使工件移动，损坏工件、刀具和机床。

任务四　铣削运动和铣削用量

一、实训教学目的与要求

1）了解铣削运动、铣削用量。

2）掌握铣削用量的选用。

二、基本知识

1. 铣削的基本运动

铣削时，工件与铣刀的相对运动称为铣削运动。它包括主运动和进给运动。

主运动是铣刀的旋转运动；进给运动是工件的移动或回转、铣刀的移动。

2. 铣削用量

铣削用量的主要有铣削速度 v_c、进给速度 v_f、背吃刀量 a_p 和侧吃刀量 a_e，如图 3-25 所示。

（1）铣削速度 v_c 铣削速度是指铣刀上选定点相对工件主运动的线速度。铣削速度与铣刀直径、铣刀转速有关，计算公式为

$$v_c = \pi d n / 1000 \qquad (3\text{-}1)$$

式中 v_c——铣削速度（m/min）；

d——铣刀直径（mm）；

n——铣刀或铣床主轴转速（r/min）。

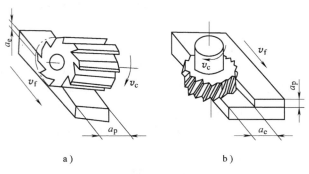

图 3-25 圆周铣与端铣的铣削用量
a）圆周铣 b）端铣

铣削时，根据铣削工件的材料、铣刀材料等因素确定铣削速度，然后根据所用铣刀规格（直径）按下式计算并确定铣床主轴的转速。

$$n = \frac{1000 v_c}{\pi d} \qquad (3\text{-}2)$$

（2）进给运动参数 铣削时的进给量根据具体情况，有三种表述和度量的方法。

1）每转进给量 f。铣刀每转一周在进给运动方向相对工件的位移量（mm/r）。

2）每齿进给量 f_z。铣刀每转一圈，一个刀齿在进给运动方向相对工件的位移量（mm/z）。

3）进给速度 v_f。铣刀每回转 1min，在进给运动方向相对工件的位移量（mm/min）。三种进给量的关系为

$$v_f = f n = f_z Z n \qquad (3\text{-}3)$$

式中 n——铣刀或铣床主轴转速（r/min）；

Z——铣刀齿数。

铣削时，根据加工性质先确定每齿进给量 f_z，然后根据铣刀的齿数 Z 和铣刀的转速 n 计算出进给速度 v_f，并以此对铣床进给量进行调整（铣床铭牌以每分钟进给量表示）。

（3）背吃刀量 a_p 指在平行于铣刀轴线方向上测得的铣削层尺寸（mm）。

（4）侧吃刀量 a_e 指在垂直于铣刀轴线方向上测得的铣削层尺寸（mm）。

铣削时，采用的铣削方法和选用的铣刀不同，背吃刀量 a_p 和侧吃刀量 a_e 的表示也不同。圆周铣时 a_p 和 a_e 如图 3-25a 所示；端铣时 a_p 和 a_e 如图 3-25b 所示。

3. 铣削用量的选择

选择铣削用量时，首先应选用较大的背吃刀量和侧吃刀量，再选较大的每齿进给量，然后确定铣削速度。

（1）切削深度 切削深度是根据工件的加工余量、加工表面质量和机床功率等来选定。当机床的功率和刚度允许时，通常以一次进给切除全部加工余量较为经济。

对于圆柱铣刀，切削深度就是侧吃刀量 a_e。对于面铣刀，切削深度就是背吃刀量 a_p，当加工余量小于 $5 \sim 6$mm 时，一次走刀就可铣去全部加工余量；若加工余量大于 5mm，尺寸精度要求较高或表面粗糙度值 $< Ra6.3 \mu m$ 时，可分粗、精两次走刀，第二次走刀取 $0.5 \sim 1$mm。

（2）进给量　进给量是根据工件的表面粗糙度、加工精度，以及刀具、机床、夹具的刚度等因素而决定的。通常可以采用下列数据：高速钢圆柱铣刀，加工普通钢材时可取 $f_z = 0.04 \sim 0.15\text{mm}$；加工铸铁时可取 $f_z = 0.06 \sim 0.5\text{mm}$。

高速钢面铣刀，加工普通钢材时，可取 $f_z = 0.04 \sim 0.3\text{mm}$；加工铸铁时，可取 $f_z = 0.06 \sim 0.5\text{mm}$。

硬质合金面铣刀及三面刃盘铣刀加工钢材和铸铁时，可取 $f_z = 0.08 \sim 0.3\text{mm}$。

f_z 值确定后，可按 $v_f = f_z Z n$ 计算出进给速度，并按铣床提供的数值选用近似值。

（3）切削速度　切削速度是根据工件和刀具的材料、切削用量、刀齿的几何形状、刀具的耐用度等因素来确定。通常可从手册中查出，或由经验公式计算求得。

用硬质合金铣刀铣削钢材时，铣削速度可取 $3 \sim 5\text{m/s}$；铣削铝件时，铣削速度可高达 $6 \sim 10\text{m/s}$；铣削铸铁时，提高铣削速度对加工表面质量改善不显著，故铣削速度取低些。用高速钢圆柱铣刀铣削时，铣削速度一般取 $0.3 \sim 1\text{m/s}$。

按照所选定的铣削速度 v_c，换算成相应的转数，再按机床上所标注的转速选取。

1. 什么是铣削？铣削的经济加工精度可达多少？

2. 说明 X6132 型、X5032 型铣床代号的含义。

3. 简述说明 X6132 型、X5032 型铣床的润滑部位。

4. 简述 X6132 型铣床各部件及手柄的名称及作用。

5. 如何进行 X6132 型铣床主轴转速的变换？变速操作中应注意什么问题？

6. 如何理解并严格执行铣床安全操作规程？

7. 铣刀按其用途可分成哪几类？如何装卸铣刀？装卸铣刀时应注意什么？

8. 铣削的主运动是什么？进给运动有哪些？切削过程中，工件上形成哪三种表面？

9. 装夹工件有哪些基本要求？

10. 安装平口钳时，如何校正平口钳的位置？

11. 什么是铣削用量？铣削用量的要素有哪些？铣削中进给速度 v_f 有哪三种表述方法？它们之间的关系是什么？什么是背吃刀量 a_p？什么是侧吃刀量 a_e？在圆周铣和端铣中如何表示？

12. 用锤击法使工件与平口钳水平导轨或与垫铁贴合时应注意什么？

13. 用平口钳装夹工件时为什么要垫圆棒？使用压板、螺栓装夹工件时应注意什么？

14. 简述图 3-26 所示工件铣削时的装夹方法、步骤和注意事项。

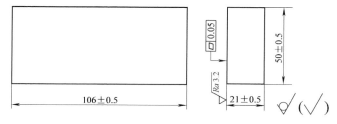

图 3-26　14 题图

课题二　铣削平面、垂直面和平行面

任务一　铣　平　面

一、实训教学目的与要求

1）掌握铣刀和切削用量的选择方法。
2）了解顺铣和逆铣的特点。
3）掌握铣削平面的方法、步骤和检测方法。
4）了解铣削平面时产生废品的原因和预防措施。

二、基本知识

铣平面的技术要求主要有平面度和表面粗糙度。

（一）平面的铣削加工方法

1. 圆周铣

圆周铣（简称周铣）是利用分布在圆柱面上的切削刃来铣削并形成平面。因铣刀切削刃较多，加工平面有微小的波纹，要想获得较小的表面粗糙度值，工件的进给速度要慢，而铣刀的旋转速度应快，如图 3-25a 所示。

用圆周铣铣出的平面，其平面度误差的大小主要取决于铣刀的圆柱度精度。精铣时，要求铣刀的圆柱度误差比工件的平面度公差要小。

2. 端铣

端铣是利用分布在铣刀端面上的切削刃来铣削并形成平面。用面铣刀在立式铣床上进行端铣，铣出的平面与铣床工作台台面平行，如图 3-27 所示。端铣也可以在卧式铣床上进行，铣出的平面与铣床工作台台面垂直，如图 3-28 所示。

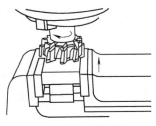

图 3-27　立式铣床上
用面铣刀铣平面

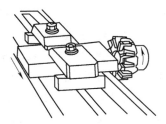

图 3-28　卧式铣床上
用面铣刀铣平面

用端铣方法铣出的平面，也有一条条刀纹，刀纹的粗细（影响表面粗糙度值的大小）同样与工件进给速度的快慢和铣刀转速的高低等因素有关。

用端铣方法铣出的平面，其平面度误差的大小主要取决于铣床主轴轴线与进给方向的垂直度。若垂直，铣出表面分布网状的刀纹，如图 3-29 所示。若不垂直，铣出的表面呈凹面并有弧形刀纹，如图 3-30 所示。如果铣削时进给方向是从刀尖高的一端移向刀尖低的一端，还会产生"拖刀"现象。因此，端铣平面时，应找正铣床主轴轴线与进给方向的垂直度。

3. 找正铣床主轴轴线与工作台进给方向的垂直度

（1）立铣头主轴轴线与工作台台面垂直度的找正　先断开主轴电源开关，主轴转速挂

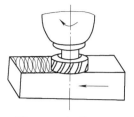

图 3-29 网状刀纹

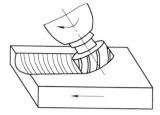

图 3-30 表面呈凹面

在高速档位置。安装百分表,测量触头与工作台台面接触,测杆压缩 0.2～0.3mm,记下百分表的读数,然后用手转动立铣头主轴 180°,并记录读数,其读数差值在 300mm 长度上应不大于 0.02mm,如图 3-31 所示。

（2）卧式铣床主轴轴线与工作台纵向进给方向垂直度的找正

1）用回转盘刻度找正。找正操作简单,但精度不高,适于一般要求的工件铣削。找正时,只需将回转盘的"零"刻线对准鞍座上的基准线。

2）用百分表进行找正。找正精度较高。如图 3-32 所示,先安装百分表,将主轴转速置高速挡,在工作台侧面一端压表 0.2～0.3mm 后,百分表调"零";主轴转 180°并读数,读数在 300mm 长度小于 0.03mm。如超差,则用木锤轻击工作台端部调整,并紧固工作台。

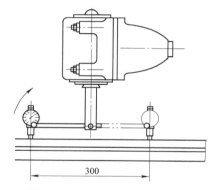

图 3-31 百分表找正主轴轴线
与工作台面垂直

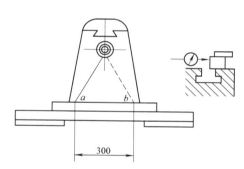

图 3-32 找正主轴轴线与工作台
纵向进给方向垂直

4. 圆周铣与端铣的比较

1）面铣刀的刀杆短,刚性好,参与切削的刀齿数多,因此振动小,铣削平稳,效率高。

2）面铣刀的直径可以做得很大,能一次铣出较宽的表面而不需要接刀。圆周铣时,工件加工表面的宽度受圆柱形铣刀宽度的限制不能太宽。

3）面铣刀的刀片装夹方便、刚性好,适宜进行高速铣削和强力铣削,可提高生产率和减小表面粗糙度值。

4）面铣刀每个刀齿所切下的切削厚度变化较小,因此端铣时铣削力变化小。

5）在铣削层宽度、深度和每齿进给量相同的条件下,面铣刀不采用修光刃和高速铣削等措施,就能进行铣削,但端铣比圆周铣加工出的表面粗糙度值大。

6）圆周铣削能一次切除较大的侧吃刀量 a_e。

端铣平面有较多优点,铣床用圆柱铣刀铣平面在许多场合被面铣刀铣平面所取代。

（二）顺铣与逆铣

1. 铣削方式

铣削有顺铣和逆铣两种铣削方式，如图 3-33 所示。顺铣时，铣刀对工件的作用力在进给方向上的分力与工件进给方向相同。逆铣时则方向相反。

2. 圆周铣顺铣的优缺点

顺铣时，铣刀对工件作用力 F_c 的分力压紧零件，铣削较平稳，适于不易夹紧的工件及细长的薄板零件铣削；切削刃切入工件时的切削厚度最大，并逐渐减小到零，这样切削刃切入容易，且切削刃与已加工表面的挤压、摩擦小，加工表面质量较高；消耗功率较小。但是，顺铣时，切削刃切入工件时，工件表面的硬皮和杂质易加速刀具磨损和损坏；铣削分力 F_f 与工件进给方向相同，当工作台进给丝杠与螺母的间隙较大及轴承的轴向间隙较大时，工作台会产生间断性窜动，导致刀齿损坏、刀杆弯曲、工件与夹具会产生位移，如图 3-34a 所示。

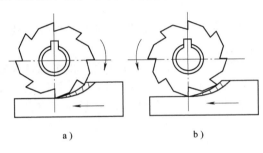

图 3-33　圆周铣时的顺铣和逆铣
a）顺铣　b）逆铣

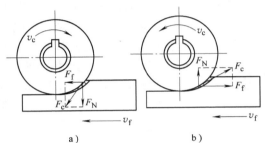

图 3-34　圆周铣时的切削力及其分力
a）顺铣　b）逆铣

3. 圆周铣逆铣的优缺点

逆铣时，切削刃沿已加工表面切入工件，零件表面硬皮对切削刃损坏的影响小；F_f 与工件进给方向相反而不会出现工作台窜动现象；但 F_N 始终向上（图 3-34b），需要更大的夹紧力；在铣刀中心进入工件端面后，切削刃切入工件时的切屑厚度为零，并逐渐增到最大，切削刃与工件表面的挤压、摩擦严重，加速切削刃磨损，降低铣刀寿命，工件加工表面产生硬化层，降低工件表面的加工质量；消耗在进给运动方面的功率较大。

在铣床上进行圆周铣时，一般采用逆铣。当丝杠、螺母传动副的轴向间隙为 0.03 ～ 0.05mm 时，F_f 小于工作台导轨间的摩擦力时，铣削不易夹牢和薄而细长的工件时，也可选用顺铣。

4. 端铣时的顺铣与逆铣

端铣时，根据铣刀与工件之间的相对位置不同，分为对称铣削与非对称铣削两种。端铣同样存在着顺铣和逆铣。

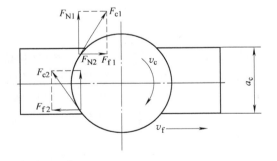

图 3-35　端铣对称顺铣

（1）对称铣削　端铣时，工件的中心处于铣刀中心。对称铣时，一半为逆铣，一半为顺铣。对称铣削在侧吃刀量 a_e 接近铣刀直径时采用，如图 3-35 所示。

（2）非对称铣削　按切入边和切出边所占侧吃刀量 a_e 比例分为非对称顺铣和非对称逆铣，如图 3-36 所示。非对称顺铣的顺铣部分占的比例较大，端铣时一般不采用此法；在铣削塑性和韧性好、加工硬化严重的材料，如不锈钢、耐热合金钢等时，采用该法；非对称逆铣的逆铣部分占的比例较大，端铣时一般采用该法。

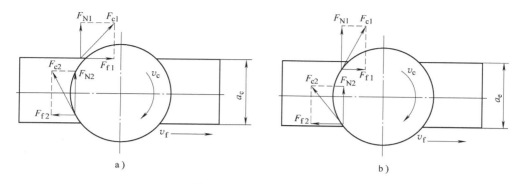

图 3-36　端铣非对称铣削

a）非对称顺铣　b）非对称逆铣

三、技能训练

1）分析图 3-37 所示零件图，测量毛坯尺寸。

2）安装平口钳，找正固定钳口与铣床主轴线垂直度（立铣）。

3）选用 YG8，$\phi80mm$ 的普通机械夹固式面铣刀，安装并找正零件。

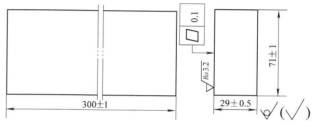

图 3-37　铣平面工件

4）选择切削用量：$n = 118r/min$、$v_f = 47.5mm/min$、$a_p = 2mm$。

5）对刀试切

① 用手转动刀盘，使刀头处在工件正上方。

② 上升工作台，目测刀尖与工件的距离为 2mm 左右。

③ 起动机床，慢慢上升工作台使刀尖与工件轻轻擦上，停车待铣刀停稳后，用手转动刀盘使刀头在工件的外面，退出工作台使刀盘的最大直径与工件的端面有 5～10mm 距离。

④ 上升工作台 1.5～2mm，起动机床打自动走刀，进行铣削。

6）铣削完毕后，停车、降落工作台并退出工件。

7）卸下工件并检测加工平面的平面度。

四、平面铣削的质量分析

1. 影响平面度的因素

1）圆周铣削时圆柱形铣刀的圆柱度误差；端铣时铣床主轴轴线与进给方向的垂直度。

2）工件在夹紧力和铣削力作用下的变形；工件存在内应力，使铣削后零件变形；铣削热引起工件的热变形。

3）铣床工作台进给运动的直线度误差；铣床主轴轴承的轴向和径向间隙大。

4）铣削时，圆柱铣刀的宽度或面铣刀的直径小于被加工面的宽度而接刀，产生接刀痕。

2. 影响表面粗糙度的因素

1）铣刀磨损，刀具切削刃变钝。

2）进给量、背吃刀量太大。

3）铣刀的几何参数选择不当；铣削时振动过大；铣削时有拖刀现象。

4）铣削时，切削液选择不当；铣削时有积屑瘤产生或切屑粘刀现象。

5）铣削中进给停顿，使铣刀下沉，在工件加工面上切出凹坑（俗称"深啃"）。

五、注意事项

1）铣削前先检查铣刀盘、铣刀头、工件装夹是否牢固，安装位置是否正确。

2）开机前应注意铣刀盘和刀头是否与工件、平口钳相撞。

3）铣刀旋转后，应检查铣刀旋转方向是否正确。

4）应开机对刀调整背吃刀量；若手柄摇过头，要消除丝杠和螺母间隙，以免铣错尺寸。

5）铣削过程中不准用手摸工件和铣刀，不准测量工件，不准变换进给量。

6）铣削过程中不准停止铣刀旋转和工作台自动进给，以免损坏刀具、啃伤工件。

7）进给结束，工件不能立即在旋转的铣刀下面退回，应先降落工作台，然后退出工件。

8）不使用的进给机构应紧固，工作完毕，再松开。

9）平口钳装夹工件时，平口钳扳手取下后再自动进给铣削工件。

10）切屑应飞向床身一侧，以免烫伤操作者。

11）对刀试切，调整安装铣刀头时，注意不要损伤刀片刃口。

12）如采用四把铣刀头，可将刀头安装成台阶状切削工件。

任务二　铣垂直面和平行面

一、实训教学目的与要求

1）了解铣垂直面、平行面的加工顺序和基准面的选择方法。

2）掌握铣垂直面、平行面的加工方法与步骤。

二、基本知识

1. 圆周铣削垂直面

垂直面是指与基准面垂直的平面。用圆周铣刀铣垂直面的方法有以下三种。

（1）在卧式铣床上用平口钳装夹进行铣削

用平口钳装夹铣垂直面，适于铣削较小的工件，如图 3-38 所示。影响垂直度的主要因素有下列几点：固定钳口面与工作台面的垂直度误差；基准面没有与固定钳口贴合紧密；圆柱形铣刀的圆柱度误差大；基准面的平面度误差大；夹紧力过大等。

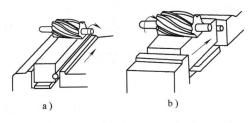

a)　　　　　　　b)

图 3-38　用平口钳装夹铣垂直面

a）固定钳口与轴线垂直　b）固定钳口与轴线平行

（2）在卧式铣床上用角铁装夹进行铣削

适用于基准面较宽而加工面比较窄的工件铣削，如图 3-39 所示。

（3）在立式铣床上用立铣刀进行铣削　对基准面宽而长、加工面较窄的工件，可以在

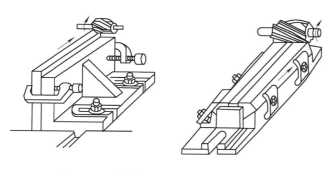

图 3-39　卧式铣床上用角铁装夹铣平面

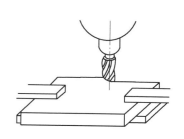

图 3-40　用立铣刀铣垂直面

立式铣床上用立铣刀加工，如图 3-40 所示。

影响垂直度的主要因素有：①纵向进给时，立铣刀的圆柱度误差大；②横向进给时，立铣刀的圆柱度误差大，立铣头主轴轴线与纵向进给方向的垂直度误差大。

2. 用圆周铣刀铣削平行面

平行面是指与基准面平行的平面。用圆周铣刀铣削平行面，一般在卧式铣床上用平口钳装夹进行铣削。影响平行度的主要因素有：①基准面与平口钳钳体导轨面不平行；②平口钳钳体导轨面与铣床工作台台面不平行；③圆柱形铣刀的圆柱度误差大等。

3. 用面铣刀铣垂直面和平行面

（1）垂直面铣削

1）用平口钳装夹，端铣垂直面。

2）在卧式铣床工作台台面上装夹，端铣垂直面，如图 3-41 所示。

（2）平行面铣削

1）在立式铣床上端铣平行面，如图 3-42 所示。

2）在卧式铣床上端铣平行面，如图 3-43 所示。

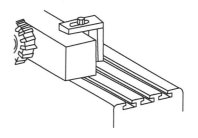

图 3-41　卧式铣床上用面铣刀铣垂直面

三、技能训练

在立式铣床上用面铣刀铣削图 3-44 所示长方体的方法与步骤如下。

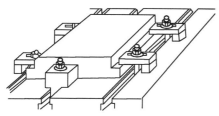

图 3-42　立式铣床上用面铣刀铣平行面

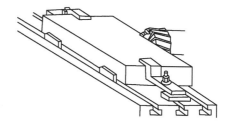

图 3-43　卧式铣床上用面铣刀铣平行面

1）读图 3-44 所示零件图。

2）检查毛坯。注意实际加工余量，选择图上的设计基准面或大平面作定位基准。首先加工基准面，并作为加工其余各面的基准。加工过程中，基准面应靠向平口钳的固定钳口或钳体导轨面，以保证其余各加工面对这个基准面的垂直度、平行度要求。

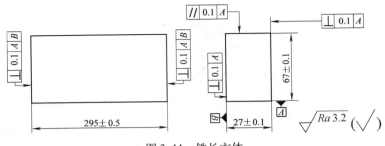

图 3-44　铣长方体

3）确定加工步骤，如图 3-45 所示。

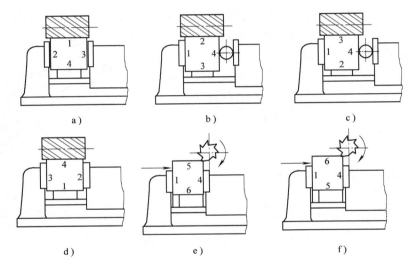

图 3-45　铣长方体的顺序

a）面 2 为粗基准　　b）、c）面 1 为精基准

d）面 3 为基准　　e）、f）面 1 为基准

4）用百分表找正固定钳口对铣床主轴轴线垂直度误差，导轨面对工作台两个方向的平行度误差。

5）选用 $\phi150$mm 普通机械夹固面铣刀盘，刃磨并安装铣刀头，单刀头铣削。

6）选取切削用量：$n = 150 \sim 300$r/min；$v_f = 37 \sim 75$mm/min；粗铣 $a_p = 1 \sim 2$mm，精铣 $a_p = 0.2 \sim 0.5$mm。

7）装夹工件并铣削至尺寸；停车，卸下工件并测量。

四、操作中的注意事项

1）调整侧吃刀量时，若手柄摇过头，应注意消除丝杠与螺母间的间隙，以免尺寸出错。

2）铣削时不使用的进给机构应紧固，工作完毕再松开。

3）铣削过程中每次重新装夹工件前，应及时用锉刀修整工件上的锐边和去除毛刺，但

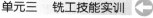

不要锉伤工件的已加工表面。

4）用铜锤、木锤轻击工件，以防砸伤工件已加工表面；或垫一木块，再用锤子敲击。

5）精铣时，工件的夹紧力要适当，以防止工件变形。

1. 什么是圆周铣？什么是端铣？

2. 铣平面时，影响平面度的因素有很多，圆周铣时主要有哪些？端铣时主要有哪些？

3. 在铣床上用刻度盘调整工作台的移动距离时，如何保证移动距离的准确性？

4. 什么是顺铣？什么是逆铣？各有哪些优缺点？圆周铣时，一般采用哪种？为什么？

5. 端铣时，顺铣与逆铣如何判断？一般采用哪种？为什么？

6. 铣削过程中，中途停止铣刀旋转和工作台自动进给，会造成什么影响？

7. 为什么当进给结束，工件不能在回转的铣刀下直接退回？正确的操作要领是什么？

8. 在卧式铣床上，用平口钳装夹工件，圆周铣铣垂直面时，铣出的平面与基准面不垂直的原因有哪些？怎样防止？

9. 在卧式铣床上用平口钳装夹工件，圆周铣铣削平行面时，铣出的平面与基准面不平行的原因有哪些？怎样防止？

10. 简述铣削图 3-46 所示工件的方法、步骤和注意事项。

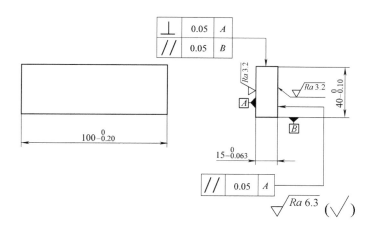

图 3-46　10 题图

课题三　切断和铣斜面

任务一　切　断

一、实训教学目的与要求

1）掌握锯片铣刀的选用及安装。

2）掌握切断的方法及步骤。

二、基本知识

（1）选取切断铣刀　切断工件时要选取合适厚度和直径的铣刀片，以保证顺利切断工件，如图3-47、图3-48所示。

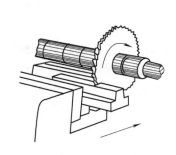

图3-47　用铣刀切断

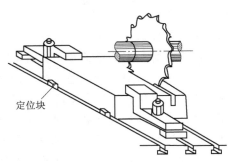

图3-48　厚板料的切断

铣刀厚度可根据下式计算：

$$B \leq \frac{L - ln}{n - 1} \tag{3-4}$$

式中　B——铣刀厚度（mm）；

　　　L——毛坯总长（mm）；

　　　l——每段长度（mm）；

　　　n——段数。

铣刀的直径可按下式计算：

$$D > 2a_p + d \tag{3-5}$$

式中　D——铣刀直径（mm）；

　　　a_p——工件厚度（切断捧料时为直径，mm）；

　　　d——刀轴垫圈外径（mm）。

锯片铣刀的中心处刀片最厚，由中心向外逐渐变薄。

（2）安装铣刀　由于切断时，铣刀受力并不太大，所以在刀轴与铣刀之间一般不装键，靠摩擦力传递转矩，还能起到过载保护作用。铣刀安装后，应用百分表检测端面圆跳动。

（3）工作的装夹　工件必须装夹牢固，因为在切断时，由于工件的松动会导致工件报废、铣刀折断等事故。

1）条形工件切断时，一般用平口钳装夹，铣刀端面与钳口端面之间应有5mm左右距离。

2）切断大工件时，用压板直接压紧工件。

3）批量生产时，用夹具装夹工件。

三、技能训练

1）读图、检查工件尺寸、确定基准面 A，如图3-49所示。

2）选择切断铣刀并安装。铣刀厚度可根据式（3-4）计算：已知 $L = 290\text{mm}$，$l = 40\text{mm}$，$n = 6$ 段；

由 $B \leqslant (L - ln)/(n - 1) \leqslant (290\text{mm} - 40\text{mm} \times 6)/(6 - 1) = 10\text{mm}$ 可知，铣刀厚度不大于10mm，实取 $B = 3\text{mm}$（铣刀直径、厚度以0.5mm为一个规格）。

铣刀的直径根据式（3-5）选取，由 $D > 2a_\text{p} + d = 2 \times 26 + 50 = 102\text{mm}$。

查铣刀直径的规格，选 $D = 105\text{mm}$。

故选用 105mm×3mm×27mm 的高速钢锯片铣刀。

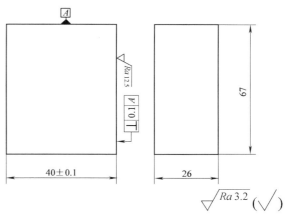

图3-49　切断工件

3）找正平口钳与主轴平行度并安装。

4）确定铣削用量。由于铣刀较薄，不能承受大的铣削力，铣削层深度又较深，故采用手动进给，$v = 24\text{m/min}$，$n = \dfrac{1000v}{\pi D} = \dfrac{1000 \times 24}{3.14 \times 105}\text{r/min} \approx 80\text{r/min}$；在X6132铣床上铣削，取 $n = 75\text{r/min}$。

5）装夹工件。取工件伸出的长度为 40mm + 5mm = 45mm 左右。

6）划线并对刀。以工件切断端为基准，在工件上面划出两条线，一条40mm、一条43.05mm + 刀具端面摆动量（mm）的线。用贴纸法进行对刀，要切断的一端贴一层0.05mm的试纸，尽量靠近工件下部，调整机床使铣刀中心与试纸基本重合并使铣刀低于工件0.2~0.5mm。起动机床，使工件端面缓慢靠近铣刀侧面，与试纸接触时，说明铣刀与工件只有0.05mm距离。退出纵向工作台，横向工作台移动量 = 40mm + 0.05mm + 3mm + 刀具端面摆动量（mm）。目测铣刀是否被两条线包容，若不包容，重新检查划线、对刀，直至铣刀被两条线包容，纵向退出3~5mm。

7）切断。锁紧横向工作台，采用逆铣进行试切，当切进2~3mm后，关闭机床，退出纵向工作台并用游标卡尺检测，若不合格微量调整，直至合格，然后进行切断。

8）卸下工件并检测。

四、质量分析

1. 影响尺寸的因素

对刀误差太大；看错刻度或摇错手柄转数；没有消除丝杠螺母副之间的间隙；测量不准，工件有松动现象等。

2. 影响表面粗糙度的因素

进给不均匀；铣刀不锋利；机床、夹具刚性差，铣削中有振动；间断铣削而啃伤表面。

五、注意事项

铣刀应锋利且端面摆动要小；铣刀和工件装夹牢固、铣削处离夹紧点要近；工作台纵向进给方向与主轴要垂直；铣刀不能低于工件上表面太多；手动进给中要均匀、平稳；铣刀最大直径应能切出整个工件；当铣刀切入工件时速度要慢，以免打刀。

任务二 铣 斜 面

一、实训教学目的与要求

1）掌握斜面的铣削方法。

2）掌握斜面的测量方法。

二、基本知识

1. 斜面在图样上的表示方法

零件上与基准面成任意倾斜角度的平面，称为斜面。斜面相对基准面倾斜的程度用斜度来衡量，在图样上有两种表示方法。

（1）用倾斜角度 β（°）表示　主要用于倾斜度大的斜面。图 3-50a 所示为斜面与基准面倾斜角 $\beta = 30°$。

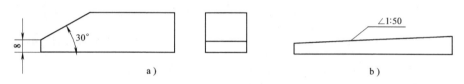

图 3-50　斜面在图样上的表示方法
a）用角度标注斜面　b）用斜度标注斜面

（2）用斜度 S 表示　主要用于倾斜程度小的斜面。图 3-50b 所示为在 50mm 长度上，斜面两端至基准面的距离相差 1mm，用 "$\angle 1:50$" 表示。

两种表示方法的相互关系为

$$S = \tan\beta \tag{3-6}$$

式中　S——斜度；

　　　　β——斜面与基准面之间的夹角（°）。

2. 斜面的铣削方法

在铣床上铣斜面的方法有工件倾斜法、铣刀倾斜法和用角度铣刀铣斜面等。

（1）工件倾斜法　在卧式铣床或立式铣床铣斜面时，可将工件倾斜所需角度后装夹、铣削。常用的方法有以下几种。

1）根据划线装夹工件铣斜面。单件生产时，先划出斜面的加工线，然后用平口钳装夹，再用划针盘找正加工线的水平位置，用圆柱形铣刀或面铣刀铣出斜面，如图 3-51 所示。

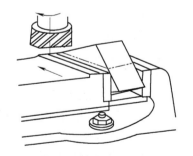

图 3-51　按划线装夹铣斜面

2）扳转平口钳装夹工件铣斜面。安装平口钳，先找正固定钳口与铣床主轴轴线垂直或平行后，并将钳体扳转到所需的角度，然后装夹工件并铣削，如图 3-52 所示。

3）用倾斜垫铁装夹工件铣斜面。使用倾斜垫铁使工件基准面倾斜，如图 3-53 所示。所用斜铁的倾斜度等于斜面的倾斜度，垫铁的宽度应小于工件宽度。

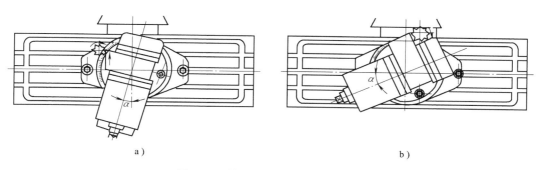

a）　　　　　　　　　　　　　b）

图 3-52　转动钳体装夹工件铣斜面

a）斜面与横向进给方向平行　b）斜面与纵向进给方向平行

（2）铣刀倾斜法　在立式铣床上，安装立铣刀或面铣刀，用平口钳或压板装夹工件，铣削斜面。常用的方法有以下两种。

1）工件基准面与工作台台面平行装夹。用面铣刀或用立铣刀的端面刃铣削斜面时，立铣头应扳转的角度 $\alpha = \theta$，如图 3-54 所示；用立铣刀的圆周刃铣削斜面时，立铣头应扳转的角度 $\alpha = 90° - \theta$，如图 3-55 所示。

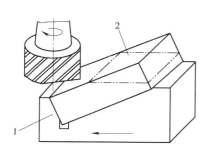

图 3-53　用倾斜垫铁装夹铣斜面

1—倾斜垫铁　2—工件

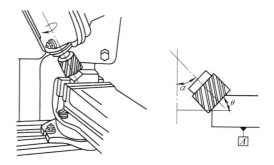

图 3-54　工件基准面与工作台面平行
用面铣刀铣斜面

2）工件基准面与工作台台面垂直装夹。用立铣刀的圆周刃铣削斜面时，立铣头应扳转的角度 $\alpha = \theta$，如图 3-56 所示；用端铣刀或用立铣刀的端面刃铣削斜面时，立铣头应扳转的角度 $\alpha = 90° - \theta$，如图 3-57 所示。

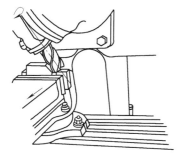

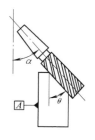

图 3-55　工件基准面与工作台面平行
用圆周刃铣刀铣斜面

图 3-56　基准面与台面垂直用圆周刃铣斜面

（3）用角度铣刀铣斜面　宽度较窄的斜面，可在卧式铣床上用角度铣刀铣削，如图 3-58 所示。选择角度铣刀的角度时应根据工件斜面的角度，所铣斜面的宽度应小于角度铣刀的切削刃宽度。铣削对称的双斜面时，应选择两把直径和角度相同、切削刃相反的角度铣刀同时进行铣削，铣刀安装时应将两把铣刀的刃齿错开，以减小铣削力和振动，如图 3-58b 所示。由于角度铣刀的刀齿强度较弱，刀齿排列较密，铣削时排屑较困难，所以铣削用量应比圆柱形铣刀低 20% 左右，尤其是每齿进给量 f_z 更要适当减小。铣削碳素钢等工件时，应施以充足的切削液。

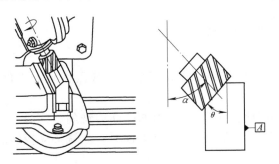

图 3-57　基准面与台面垂直用面铣刀铣斜面

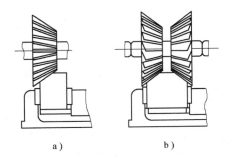

图 3-58　用角度铣刀铣斜面
a）铣单斜面　b）铣双斜面

三、技能训练

1）读图 3-59，检查工件尺寸、确定基准面。

2）找正平口钳固定钳口与铣床主轴轴线垂直度与纵向平行度。

3）选择 ϕ80mm 面铣刀；划线并装夹工件。

4）扳转立铣头。松开立铣头紧固螺母并逆时针扳转 $\alpha = 30°$，紧固螺母。

5）调整铣削用量：取 $n = 150r/min$，$v_f = 60mm/min$，a_p 分次铣削。

6）对刀并试铣；检测角度，角度正确后，分数次走刀铣出 30° 斜面，并保证尺寸 12mm。

7）卸下工件并检测。

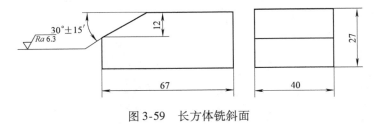

图 3-59　长方体铣斜面

四、质量分析

1）影响斜面倾斜角度的因素有立铣头板转动角度不准，工件、钳口、钳体导轨面不清洁。

2）影响斜面尺寸的因素有：看错刻度或摇错手柄转数；丝杠螺母副之间的间隙未消

除；测量误差大；工件松动；划线不准确等。

3）影响表面粗糙度的因素有：进给量过大；铣刀不锋利；机床、夹具刚性差；铣削过程中，工作台进给或主轴旋转时突然停止，啃伤工件表面。

五、注意事项

1）铣削时要注意铣刀的旋转方向是否正确，开车前检查刀齿和工件的位置。

2）装夹工件时，不要夹伤已加工工件表面；铣刀不要铣到平口钳。

1. 铣削斜面时，工件、刀具、机床之间应满足哪两个条件？

2. 铣斜面有哪几种方法？各适用于何种场合？

3. 什么情况下用角度铣刀铣斜面？

4. 倾斜铣刀铣斜面时，其角度值如何确定？

5. 铣斜面时，造成倾斜度超差的原因有哪些？

6. 简述图3-60所示工件铣斜面的方法、步骤和注意事项。

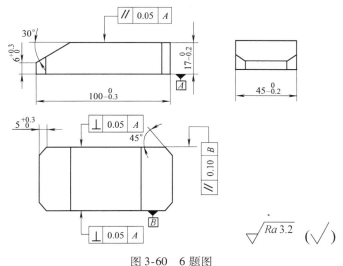

图3-60 6题图

课题四 铣台阶、直角沟槽和键槽

任务一 铣 台 阶

一、实训教学目的与要求

1）掌握铣台阶用铣刀的选择方法。

2）掌握台阶的铣削方法和测量方法。

二、基本知识

台阶、直角沟槽的技术要求有尺寸精度、平行度、垂直度、对称度和倾斜度等。

1. 台阶的铣削方法

台阶通常可在卧式铣床上用三面刃铣刀或在立式铣床上用面铣刀、立铣刀进行加工。

（1）用三面刃铣刀铣台阶 三面刃铣刀有直齿和错齿两种（图3-61）。直径大的错齿三面刃铣刀，大多为镶齿式结构，当某一刀齿损坏后，更换一个刀齿即可。三面刃铣刀的直径和刀齿尺寸都比较大，刀齿的强度就大，排屑、冷却较好，生产效率较高，因此，一般都采用三面刃铣刀铣台阶。

铣削时，三面刃铣刀的圆柱面切削刃主要起切削作用，两个侧面切削刃起修光作用。

1）用一把三面刃铣刀铣台阶（图3-62）

① 铣刀选择。宽度应大于台阶宽度，即 $L > B$，直径应按下式计算。

$$D > d + 2t$$

式中　　D——三面刃铣刀直径（mm）；

d——铣刀杆垫圈外径（mm）；

t——台阶深度（mm）。

图3-61　三面刃铣刀

a）直齿三面刃铣刀　b）错齿三面刃铣刀

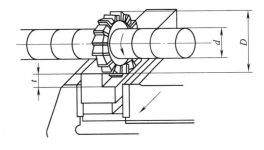

图3-62　一把三面刃铣刀铣台阶

在满足使用要求的前提下，应选用直径较小的三面刃铣刀。

② 工件的装夹和找正。一般工件可用平口钳装夹，尺寸较大的工件可用压板装夹，形状复杂的工件或大批量生产时可用专用夹具装夹。

③ 铣削方法。工件装夹后，采用切纸法对刀。一般铣削方法如图3-63所示。

台阶深度较深时，采用多次铣削，如图3-64所示。最后一次进给时，可将台阶底面和侧面同时精铣到技术要求。

④ 用一把三面刃铣刀铣双面台阶。如图3-65所示，先粗、精铣一侧的台阶至尺寸要求，然后退出工件，将工作台横向进给一个距离A，紧固横向进给机构后粗、精铣另一侧台阶；或将一侧的台阶粗铣后，松开平口钳，工件调转180°后重新装夹，精铣另一侧台阶，然后工件调转180°精铣出另一侧台阶。这种铣削方法能获得较高的对称度。

2）组合三面刃铣刀铣台阶适于成批生产，如图3-66所示。本法不仅可提高生产效率，而且操作简单，并能保证工件质量。但两把三面刃铣刀的直径应相同，用铣刀杆垫圈调整两

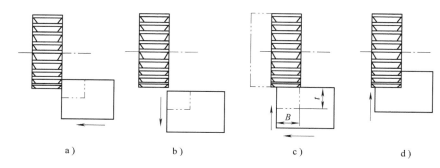

图 3-63　台阶的铣削方法

a) 对刀　b) 下降工作台　c) 向左进给　d) 向上进给

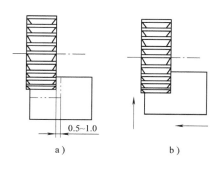

图 3-64　铣削较深的台阶

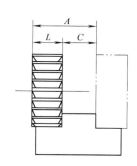

图 3-65　三面刃铣刀铣双面台阶

把三面刃铣刀内侧切削刃间的距离，装刀时，两把铣刀应错开半个齿，以减小铣削中的振动。

（2）面铣刀铣阶台　如图 3-67 所示，宽度较宽且深度较浅的台阶，常使用面铣刀在立式铣床上加工。面铣刀刀杆强度大，铣削时，切屑厚度变化小，切削平稳，加工表面质量好，生产率较高。面铣刀的直径一般取 $(1.4 \sim 1.6)B$。

（3）用立铣刀铣台阶　深度较深的台阶或多级台阶，可用立铣刀在立式铣床上加工，如图 3-68 所示。

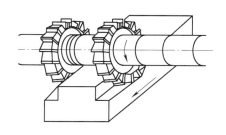

图 3-66　两把三面刃铣刀铣台阶

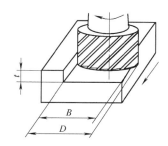

图 3-67　用面铣刀铣台阶

2. 台阶的测量

一般用游标卡尺、深度游标卡尺测量。尺寸精度要求较高时，用外径千分尺或深度千分尺测量。批量较大时可用极限量规检测，如图 3-69 所示。

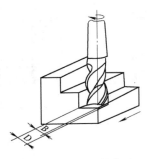

图 3-68　立铣刀铣台阶

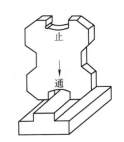

图 3-69　极限量规测量台阶

三、技能训练

在卧式铣床上用三面刃铣刀铣削台阶的方法与步骤如下。

1）读图 3-70，检查工件尺寸。

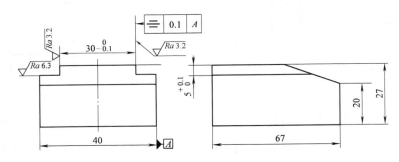

图 3-70　铣台阶工件

2）调整平口钳，保证固定钳口与铣床主轴轴线的垂直度公差与纵向平行度公差。

3）选择并安装整体三面刃铣刀（80mm × 12mm × 27mm）。

4）铣削用量 $n = 100 \text{r/min}$，$v_f = 47.5 \text{mm/min}$，$a_e = 4.5 \text{mm}$。

5）安装工件并对刀。

6）调转工件粗精铣台阶两侧及深度。

7）卸下工件并测量。

四、加工质量分析

1. 影响台阶尺寸的因素

工作台调整、测量不准；铣刀受力不均而出现"让刀"现象；铣刀摆动太大；工作台零位不准时，用三面刃铣刀铣台阶，会出现上窄下宽的现象等。

2. 影响台阶形状、位置精度的因素

平口钳未找正、压板装夹未找正；工作台零位不准，用三面刃铣刀铣削时，台阶上窄下宽，台阶侧面中凹；立铣头零位不准，用立铣刀纵向进给铣削时，台阶底面会产生凹面等。

3. 影响台阶表面粗糙度的因素

铣刀变钝；铣刀摆动太大；铣削用量选择不当，尤其是进给量过大；铣削钢件时未加注切削液或切削液选用不当；铣削时振动太大，未用进给机构没有紧固，工作台产生窜动现象等。

五、注意事项

为确保工件的尺寸精度，加工时，可以先铣去一些余量，然后根据测量的数据，调整铣削层宽度和深度，再铣去工件全部余量；在铣台阶时，若因机床动力不足或台阶尺寸太大，不能一次进给时，可分两次或数次进给来铣削；对精密工件的加工，应分多次进给调整尺寸，多次铣削，且最后一刀不要留下接刀痕迹。

任务二　铣直角沟槽

一、实训教学目的与要求

1）掌握选择铣直角沟槽用铣刀的方法。
2）掌握直角沟槽的铣削方法和测量方法。

二、基本知识

直角沟槽有三种，如图 3-71 所示。直角通槽主要用三面刃铣刀铣削，也可用立铣刀、键槽铣刀来铣削。半通槽和封闭槽则采用立铣刀或键槽铣刀铣削。

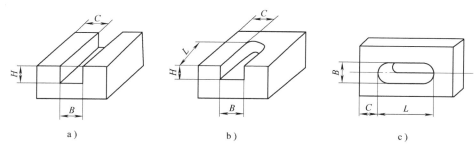

a）　　　　　　　　　b）　　　　　　　　　c）

图 3-71　直角沟槽的种类
a）通槽　b）半通槽　c）封闭槽

1. 用三面刃铣刀铣直角通槽（图 3-72）

（1）铣刀的选择　铣刀的宽度 $L \leqslant B$；铣刀的直径 $D > d + 2H$。其中，B 是需加工的槽宽度；d 是铣刀杆垫圈直径；H 是沟槽深度，D、L 是铣刀的直径和宽度，如图 3-73 所示。

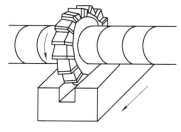

图 3-72　用三面刃铣刀
铣直角通槽

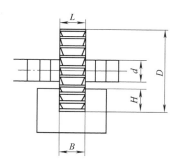

图 3-73　铣刀的选择

（2）工件的装夹与找正　一般情况下采用平口钳装夹工件。铣通槽时，平口钳的固定钳口应与铣床主轴轴线垂直。

（3）常用的对刀方法

1）划线对刀法。在工件的加工部位划出直角通槽的尺寸线、位置线，装夹找正后加工。

2）贴纸对刀法如图3-74所示。

在实际生产中两方法配合使用。

2. 立铣刀铣半通槽和封闭槽（图3-75）

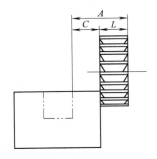

图3-74　侧面对刀铣通槽

（贴纸对刀法）

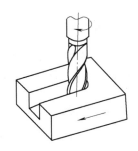

图3-75　立铣刀铣半通槽

立铣刀铣半通槽时，选择的立铣刀直径应等于或小于槽的宽度。由于立铣刀刚性较差，铣削时容易产生"偏让"现象，加工深度较深的槽时，应分数次铣至要求深度；铣到深度后，再将槽两侧扩铣到尺寸。扩铣时应避免顺铣，防止损坏铣刀和啃伤工件。

立铣刀铣封闭不通槽，如图3-76a所示。铣前应在槽的一端预钻一个落刀孔（直径略小于立铣刀直径），从落刀孔开始铣削。

3. 用键槽铣刀铣半通槽和封闭通槽（图3-76b）

精度较高、深度较浅的半通槽和封闭通槽，可用键槽铣刀铣削。键槽铣刀的端面切削刃能在垂直进给时切削工件，因此，用键槽铣刀铣削穿通的封闭槽，可不必预钻落刀孔。

4. 直角沟槽的测量

直角沟槽的长度、宽度和深度的测量一般使用游标卡尺、深度游标卡尺；槽宽也可用极限量规（键槽塞规）检查。槽的对称度用游标卡尺或百分表检验，如图3-77所示。

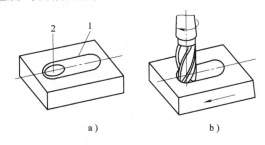

图3-76　立铣封闭槽

a）立铣封闭不通槽　b）立铣封闭通槽

1—封闭槽加工线　2—落刀孔

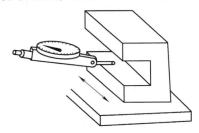

图3-77　用百分表测量对称度

三、技能训练

1. 用三面刃铣刀铣直角通槽的加工方法与步骤

1）读图 3-78，检查工件尺寸。

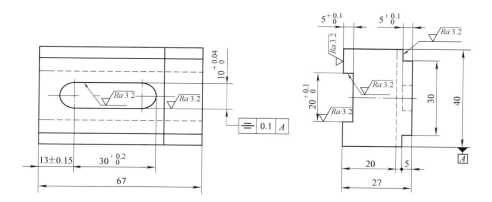

图 3-78 铣直角通槽和封闭槽

2）安装平口钳，找正至固定钳口与铣床主轴轴线垂直，并与纵向平行。

3）选择 80mm × 12mm × 27mm 的三面刃铣刀，并安装。

4）在工件上划出各槽尺寸位置线；安装并找正工件。

5）确定铣削用量：$n = 100 r/min$，$v_f = 47.5 mm/min$，$a_e = 4.5 mm$。

6）对刀，试铣后，用调转工件法粗精铣。

7）停车；检测合格后，卸下工件。

2. 在立式铣床上铣封闭槽练习

1）读图 3-78，检查工件尺寸。

2）安装平口钳并找正。

3）选择 $\phi 10 mm$ 键槽铣刀，并安装。

4）在工件上划出加工槽的尺寸、位置线。

5）安装工件并找正。

6）选取铣削用量 $n = 375 r/min$，$v_f = 47.5 mm/min$，$a_p = 5 mm$。

7）对刀后紧固横向进给机构。

8）多次进给铣出封闭槽。先控制好侧面尺寸，再控制长度尺寸，最后控制槽深。

9）测量，卸下工件。

四、直角沟槽铣削的质量分析

1）影响沟槽尺寸的因素：铣刀选择不正确；铣刀圆跳动和端面圆跳动过大；立铣刀铣削时产生"让刀"现象；测量不精确或摇错刻度盘数值等。

2）影响沟槽形状、位置精度的因素：平口钳未找正；平行垫铁不平行；工件装夹后未找正；工作台"零位"不准；对刀、测量不准。

3）影响表面粗糙度的因素：影响沟槽表面粗糙度的因素与铣削阶台时相同。

五、注意事项

1）在铣沟槽时，工件台应和纵进给方向平行，否则铣出的沟槽与工件侧面不平行。

2）在试铣过程中，若沟槽尺寸大于图样要求，应检查铣刀摆动量，并进行调整；如果沟槽尺寸小于图样要求，可在铣刀柄与弹簧夹套之间垫上铜皮，利用铣刀的摆动来增加沟槽的宽度，若尺寸相差较大，则需要调换铣刀。

任务三 铣 键 槽

一、实训教学的目的与要求

1）掌握选择键槽铣刀的方法。

2）掌握键槽的铣削方法和测量方法。

二、基本知识

键连接中，平键连接应用广泛。平键是标准件，它的两侧面是工作面，用以传递转矩。连接时，平键置于轴和轴上零件的键槽内。轴上的键槽简称轴槽，用铣床加工；轮类零件的键槽简称轮毂槽，用拉床加工。

1. 轴槽的主要技术要求

轴槽是直角沟槽，其技术要求与直角沟槽的技术要求基本一致。但轴槽的两侧面与平键两侧面相配合，是主要工作面，其表面粗糙度值 $Ra3.2\mu m$，宽度尺寸公差 IT9。对轴槽的深度、长度、槽底面表面粗糙度要求并不高。

2. 轴上键槽的铣削方法

轴上键槽有三种，如图 3-79 所示。通槽和圆弧形的半通槽，一般选用盘形槽铣刀铣削，轴槽的宽度由铣刀宽度保证，半通槽一端的槽底圆弧半径由铣刀半径保证。轴上的封闭槽和槽底一端是直角的半通槽，用键槽铣刀铣削，并按轴槽的宽度尺寸来确定键槽铣刀的直径。

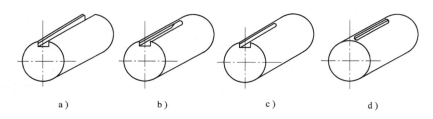

图 3-79　轴槽的种类

a）通槽　b）圆弧形半通槽　c）半通槽　d）封闭槽

（1）工件的装夹与找正　为保证工件的轴槽对称度，常用的装夹方法如下。

1）图 3-80 所示为用平口钳装夹铣轴槽，加工精度较低，一般适用于单件生产。

2）图 3-81 所示为用 V 形块装夹铣轴槽，是铣削轴上键槽的常用装夹方法。加工后，轴槽的对称度要求较高。对直径在 20～60mm 的长轴，可用工作台的 T 形槽定位，压板压紧铣削，如图 3-82 所示。

安装 V 形块时，用量棒找正上素线、侧素线与工作台面和进给方向的平行度，如图 3-83 所示。

3）用分度头装夹。用分度头主轴和尾座的顶尖或用自定心卡盘和尾座顶尖的一夹一顶方法装夹工件，如图 3-84 所示。其轴槽的对称度容易保证。

安装分度头和尾座时，应用标准量棒在两顶尖间或一夹一顶装夹，用百分表找正轴上的素线与工作台台面平行度、素线与工作台纵向进给方向平行度。

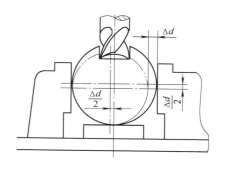

图 3-80 平口钳装夹铣轴槽

在成批生产中，采用一次调整、定距铣削轴上键槽。其工件直径的变化为

$$\Delta d = d_{\max} - d_{\min}$$

式中　$d_{\max}$——一批工件最大实际尺寸；

$d_{\min}$——一批工件最小实际尺寸。

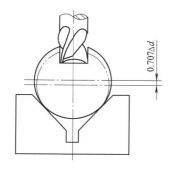

图 3-81 V 形块装夹铣轴槽

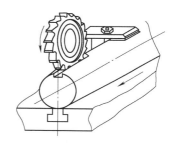

图 3-82 T 形槽装夹铣轴槽

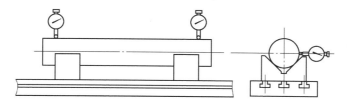

图 3-83 百分表找正 V 形块的平行度

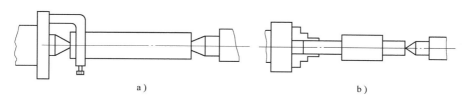

图 3-84 分度头装夹铣轴槽

a）两顶尖装夹 b）一夹一顶装夹

上述三种装夹方法对轴上键槽误差的影响见表 3-3。

表 3-3　装夹方法对轴上键槽误差的影响

装夹方法	平口钳装夹	V 形块装夹	分度头、尾座装夹
工件轴线位置	上下、左右变动	上下变动，左右不变	不变动
轴槽深度最大误差	Δd	$0.707\Delta d$	$0.5\Delta d$
轴槽对称度最大误差	Δd	0	0

（2）铣刀切削位置的调整（称对中心又称对刀）　为保证轴槽的对称度，必须调整铣刀的位置，使键槽铣刀的轴线或盘形槽铣刀的对称平面通过工件的轴线。常用的调整方法有：

1）按切痕对刀。该法对中精度不高，但使用简便，是常用的一种对中方法。

① 盘形槽铣刀切痕对刀方法（图 3-85a）。把工件大致调整到盘形槽铣刀的对称中心位置上，开动机床，在工件表面上铣出一个接近铣刀宽度的椭圆形切痕，然后移动工作台，使铣刀宽度落在椭圆的中间位置；若切出的椭圆不对称，则需调整再试切，如图 3-85c 所示。

② 键槽铣刀切痕对刀方法（图 3-85b）。键槽铣刀切痕对刀方法与盘形槽铣刀切痕对刀法基本相同，要使立铣刀处在小平面的中间位置，若试切出的小平面两边不对称则需调整后再试切，如图 3-85d 所示。

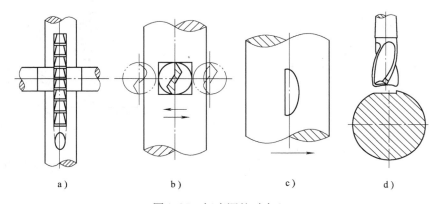

a)　　　　　　b)　　　　　　c)　　　　　　d)

图 3-85　切痕调整对中心

a）盘形槽铣刀切痕对刀　b）键槽铣刀切痕对刀　c）盘形槽铣刀切痕偏移　d）键槽铣刀切痕偏移

2）擦侧面调整对中心。此方法对中精度较高，适用于盘形槽铣刀直径较大或键槽铣刀较长的场合，如图 3-86 所示。

用盘形槽铣刀

$$A = [(D+L)/2] + \delta$$

用键槽铣刀

$$A = [(D+d)/2] + \delta$$

式中　A——工作台横向移动距离；

D——工件直径（mm）；

L——盘形槽铣刀宽度（mm）；

d——键槽铣刀直径（mm）；

δ——纸厚（mm）。

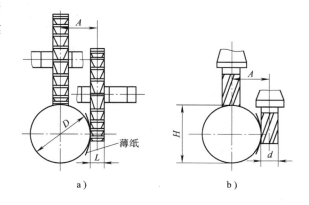

a)　　　　　　　　b)

图 3-86　擦侧面调整对中心

a）盘形槽铣刀擦侧面对刀　b）键槽铣刀擦侧面对刀

3）用杠杆百分表调整对中心。这种方法对中精度高，适合在立式铣床上采用，用分度头装夹的工件、平口钳装夹的工件、V形块对中心调整，如图3-87所示。

调整时，将百分表固定在立铣头主轴上，用手微量转动主轴，观察百分表在工件两侧（图3-87a）、钳口两侧（图3-87b）、V形块两侧（图3-87c）的读数。横向移动工作台使两侧读数相同。

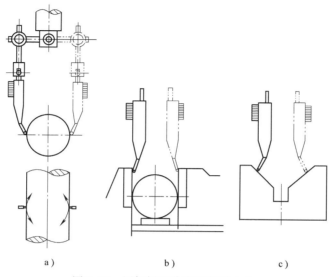

a)　　　　　　　　b)　　　　　　　　c)

图3-87　用杠杆百分表调整对中心

（3）轴上键槽的铣削方法

1）铣轴上通键槽。轴槽为通槽或一端为圆弧形半通槽，一般都采用盘形槽铣刀来铣削。若零件较长且外圆已经磨削准确，则可采用平口钳装夹进行铣削。为避免因工件伸出钳口过长而产生振动和弯曲，可在伸出端用千斤顶支承，如图3-88所示。若工件直径只经过粗加工，则采用自定心卡盘和尾座顶尖来装夹，且中间需用千斤顶支承。工件装夹完毕并调整对中心，调整侧吃刀量 a_e（即铣削层深度）。

调整时先使回转的铣刀切削刃和工件圆柱面（上素线）接触，然后退出工件，再将工作台上升 a_e 到轴槽的深度，即可开始铣削。当铣刀开始切到工件时，应手动缓慢移动工作台，并仔细观察。在背吃刀量 a_p（即铣削层宽度）接近铣刀宽度时，若轴的一侧出现台阶

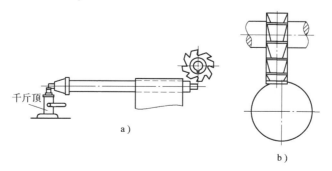

千斤顶

a)

b)

图3-88　铣轴上通槽

a）平口钳装夹铣轴槽　b）调整对中心

现象（图 3-88b），说明铣刀还未对准工件中心，应将工件有台阶一侧向铣刀一侧横向移动，调整到中心。工件采用 V 形块或工作台中央 T 形槽压板装夹时，可先将压板压在工件端部，由工件端部向里铣出一段槽长，然后停车，将压板移到工件端部，垫上铜皮重新压紧工件，如图 3-89 所示，观察确认铣刀不会碰到压板后，再起动主轴，铣削全长。

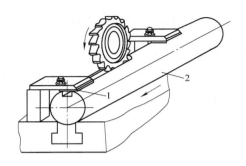

图 3-89　移动压板夹紧工件铣轴槽

2）铣轴上封闭键槽。用键槽铣刀铣削轴上封闭槽，常用的方法如下：

① 分层铣削法。用符合键槽宽度尺寸的铣刀分层铣削，如图 3-90 所示。分层铣削法在铣刀用钝后，只需刃磨端面，铣刀直径不受影响，也不会产生明显的"让刀"现象。但在普通铣床上加工时，生产效率低。分层铣削法主要适用于轴槽长度尺寸较短、单件或小批量轴槽的铣削。

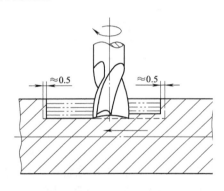

图 3-90　分层铣削轴上键槽

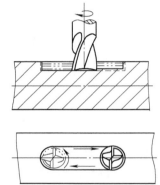

图 3-91　扩刀铣削轴槽

② 扩刀铣削法。先用直径小于槽宽度 1mm 左右的键槽铣刀进行分层粗铣至槽深，槽两端各留余量 0.2 ~ 0.5mm，然后用尺寸精确的键槽铣刀精铣，如图 3-91 所示。

3. 轴槽的检测方法

1）轴槽宽度的检测。常用塞规或塞块检测，如图 3-92 所示。

2）轴槽的长度和深度的检测，如图 3-93 所示。

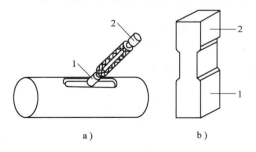

a）　　　　　　　b）

图 3-92　轴槽宽度的检测
a）塞规　b）塞块
1—通端　2—止端

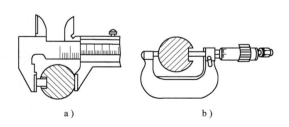

a）　　　　　　　b）

图 3-93　游标卡尺、千分尺测量槽深
a）游标卡尺测量槽深　b）千分尺测量槽深

3）轴槽中心平面对轴线对称度误差的检测。如图 3-94 所示，将工件置于 V 形架内，选择一块与轴槽宽度尺寸相同的量块放入轴槽内，并使量块的平面处于水平位置，用百分表检测量块的 A 面与平板平面并读数，然后将工件转动 180°，用百分表测量量块 B 面与平板基准面并读数，两次读数之差值的一半，就是轴上键槽的对称度误差。

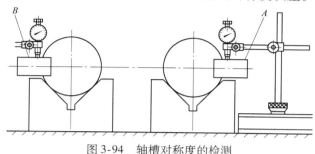

图 3-94　轴槽对称度的检测

三、技能训练

1. 读图 3-95 所示零件图

材料 45 钢，坯料为圆棒料经精车或磨削。单件加工，采用平口钳装夹。轴槽宽度尺寸公差 IT9，表面粗糙度值 $Ra3.2\mu m$。封闭槽选用键槽铣刀 $\phi10mm$、$\phi12mm$ 各 1 把，在立式铣床上加工；半通槽选用盘形槽铣刀 80mm×12mm×27mm 或相同的三面刃铣刀在卧式铣床上加工。

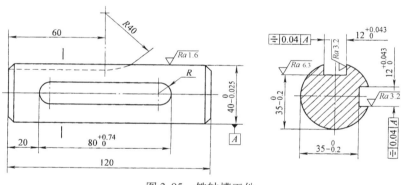

图 3-95　铣轴槽工件

2. 在立式铣床上铣封闭键槽

1）安装、找正平口钳；安装键槽铣刀。

2）调整铣削用量，取 $n=475r/min$，一次背吃刀量 $a_p=2\sim3mm$，手动进给铣削。

3）试铣检查铣刀尺寸。

4）用杠杆百分表调整对中心，找正工件。

5）铣削封闭槽，先用 $\phi10mm$ 键槽铣刀分层粗铣，槽深留余量 0.2mm，槽两端各留 0.5mm 余量。换 $\phi12mm$ 键槽铣刀，精铣至要求尺寸。

6）测量，卸下工件。

3. 在卧式铣床上铣轴上半通键槽

1）安装、找正平口钳。

2）安装 80mm×12mm×27mm 的盘形槽铣刀或三面刃铣刀。

3）调整切削用量，取 $n = 95\mathrm{r/min}$，$v_f = 47.5\mathrm{mm/min}$，$a_e$ = 槽深（一次铣到深度）。

4）安装工件和铣刀，试铣检查尺寸。

5）用擦侧面调整对中找正工件；铣槽。

6）测量，卸下工件。

四、轴上键槽的质量分析

1）轴槽宽度尺寸不合格的影响因素：铣刀尺寸不合适；铣刀摆动大；铣削时，背吃刀量过大，进给量过大，产生"让刀"现象等。

2）轴槽两侧与工件轴线不对称度的影响因素：铣刀对中不准；铣刀让刀量大；成批生产时，工件外圆尺寸公差过大；轴槽两侧扩铣余量不一致等。

3）轴槽两侧与工件轴线不平行的影响因素：工件外圆直径不一致，有大小头；用平口钳或 V 形块装夹工件时，没有找正平口钳或 V 形块。

4）轴槽槽底与工件轴线不平行的影响因素：工件的上素线未找准水平或选用的垫铁不平行、两 V 形块不等高。

1. 台阶和直角沟槽有哪些技术要求？铣削台阶的方法有哪几种？各有何特点？

2. 用三面刃铣刀和用立铣刀铣直角沟槽有哪些特点？

3. 铣台阶和直角沟槽时为什么要精确地找正夹具？怎样找正？

4. 装夹轴类工件的方法有哪几种？各有何特点？

5. 铣轴槽时，常用的对中方法有哪几种？如何选用？

6. 轴槽槽宽的对称度如何检测？

7. 铣出的轴槽槽宽尺寸超差，原因有哪些？

8. 分析图 3-96 中两个工件出现质量问题的原因，并提出预防措施。

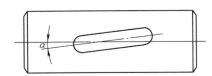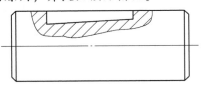

a）　　　　　　　　　　　　　　　　b）

图 3-96　轴槽不对称、槽底不平

a）轴槽与轴线不对称　b）槽底与工件轴线不平行

课题五　铣特形沟槽

任务一　铣 V 形 槽

一、实训教学目的与要求

1）掌握选择 V 形槽铣刀的方法。

2）掌握 V 形槽的加工方法和检验方法。

二、基本知识

常见的特形沟槽有 V 形、T 形和燕尾形等。特形沟槽一般用刃口形状相应的铣刀铣削。

1. V 形槽应用

V 形槽广泛应用于机床夹具，如机床导轨、工件划线、装夹测量等。V 形槽两侧面间的夹角一般为 90°或 60°，常用的是 90°的 V 形槽。

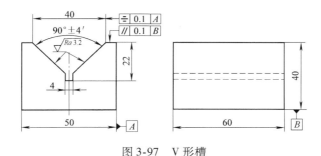

图 3-97　V 形槽

2. V 形槽的主要技术要求（图 3-97）

V 形槽中心平面对工件中心平面的对称度，V 形块的上平面对底平面平行度，V 形槽的中心平面对底平面的垂直度等。

3. V 形槽的铣削方法

（1）用立铣刀铣 V 形槽　夹角大于或等于 90°的 V 形槽，可在立铣头上装夹立铣刀铣削，如图 3-98 所示。铣削前应先铣出窄槽，然后调转立铣头，用立铣刀铣削 V 形槽。铣完一侧 V 形面后，将立铣头转动角度后铣另一侧 V 形面；或将工件松开平转 180°后夹紧，再铣另一侧 V 形面。铣削时，夹具或工件的基准面应与工作台横向进给方向平行。

图 3-98　调整立铣头

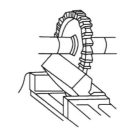

图 3-99　调转工件铣 V 形槽

（2）调整工件铣 V 形槽　夹角大于 90°、精度要求不高的 V 形槽，可按划线找正 V 形槽的一个侧面，使之与工作台台面平行并装夹，铣完一侧后，重新找正装夹另一侧，再铣削成形，当夹角等于 90°，尺寸不大的 V 形槽，可一次装夹铣削成形，如图 3-99 所示。

（3）用角度铣刀铣 V 形槽　夹角小于 90°的 V 形槽，采用与其角度相同的对称双角铣刀在卧式铣床上铣削。铣削时，先用锯片铣刀铣出窄槽，夹具或工件的基准面应与工作台纵向进给方向平行，如图 3-100 所示。若无合适对称双角铣刀，可用两把刃口相反、规格相同的单角铣刀组合起来铣削。

4. V 形槽的检测方法

V 形槽的检测项目有 V 形槽的宽度
B、槽角 α 和对称度。

（1）V 形槽宽度 B 的检测

1）用游标卡尺直接测量槽宽 B，但
检测精度差。

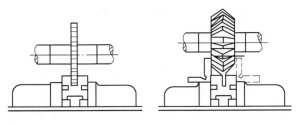

图 3-100　用对称双角度铣刀铣 V 形槽

2）用标准量棒间接测量宽 B，测量精度较高，如图 3-101 所示。测量时，先间接测得
尺寸 h，然后根据公式计算：

$$B = 2\tan\frac{\alpha}{2}\left[\frac{R}{\sin\frac{\alpha}{2}} + (R - h)\right] \tag{3-7}$$

式中　R——标准量棒半径（mm）；

　　　α——V 形槽槽角（°）；

　　　h——标准量棒上素线至 V 形槽上平面的距离（mm）。

（2）V 形槽槽角 α 的检测

1）用角度样板测量。通过观察工件与样板间的缝隙判断 V 形槽槽角 α 是否合格。

2）用游标万能角度尺测量。图 3-102 所示为测量角度 A 或 B，间接测出 V 形槽半槽角 $\alpha/2$。

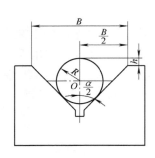

图 3-101　测量 V 形槽宽度 B

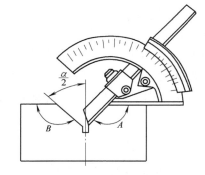

图 3-102　游标万能角度尺测量 V 形槽槽角

3）用标准量棒间接测量槽角 α　此法测量精度较高，如图 3-103 所示。测量时，先后
用两根不同直径的标准量棒进行间接测量，分别测得尺寸 H 和 h，然后根据下式计算出槽角
α 的实际值为

$$\sin\frac{\alpha}{2} = \frac{R - r}{(H - R) - (h - r)} \tag{3-8}$$

式中　R——大标准量棒的半径（mm）；

　　　r——小标准量棒的半径（mm）；

　　　H——大标准量棒上素线至 V 形架底面的距离（mm）；

　　　h——小标准量棒上素线至 V 形架底面的距离（mm）。

（3）V 形槽对称度误差的检测　测量时，V 形槽内放一标准量棒，分别以 V 形架两侧面
为基准，放在平板基准平面上，用杠杆百分表测量量棒最高点，两次测量读数之差的一半，

即为对称度误差，若两次测量的读数相同，说明 V 形槽的中心平面与 V 形架中心平面重合，如图 3-104 所示。

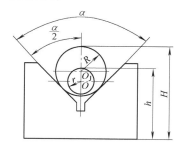

图 3-103　V 形槽槽角的测量计算

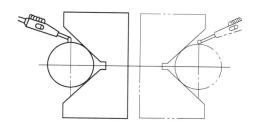

图 3-104　V 形槽对称度误差的检测

三、技能训练（铣 V 形槽工件）

加工方法与步骤如下。

1）分析图 3-97 所示工件形状、尺寸和技术要求。

2）选择铣刀。选择 80mm × 3mm × 22mm 锯片铣刀和直径为 $\phi25mm$ 的锥柄立铣刀各 1 把。

3）划线。将工件竖起放在平板上，用高度游标卡尺测出尺寸 50mm 的真值。在铣 V 形槽的端面上用真值的 1/2 划出 V 形槽中心线，然后划 V 形槽两边缘线。

4）铣窄槽。在卧式铣床上用平口钳装夹工件，$n = 118r/min$，用 80mm × 3mm × 22mm 锯片铣刀手动进给铣出窄槽至要求。

5）铣 V 形槽。在立式铣床上用立铣刀铣削。

① 工件用平口钳装夹，找正固定钳口与工作台纵向进给方向平行，工件底面与平口钳导轨贴实、侧面与固定钳口贴实并夹紧。

② 调转立铣头 45°。用 $\phi25mm$ 立铣刀，$n = 118r/min$，$v_f = 37.5mm/min$ 进行分层铣削。

③ 按划线粗铣 V 形槽　先铣一个侧面后，将工件转 180°铣另一侧面，留余量约 1mm。

④ 精铣 V 形槽一侧面。然后将工件转 180°装夹，精铣削 V 形槽的另一侧面。

⑤ 卸下工件并测量。

四、铣 V 形槽的质量分析

1）V 形槽尺寸超差的原因：铣刀尺寸不准；铣 V 形槽时，深度不准；工作台移距不准。

2）V 形槽形状、位置公差超差的原因：铣刀的形状不准确；立铣刀、角度铣刀铣削时，立铣头倾斜角度不准确等。

3）V 形槽表面粗糙度值太大的原因：铣刀已钝；排屑不畅，有阻塞；铣削用量选择不当；铣削时有振动等。

五、注意事项

1）铣长方体：为了使铣 V 形槽时能有准确的定位面，需要把六个面加工平整，保证两面的平行度误差小于 0.02mm。

2）在铣窄槽时，应以某一个侧面为基准铣出二条窄槽。

3）窄槽槽底应略超出 V 形槽两侧面的延长交线。

<h2 style="text-align:center">任务二　铣 T 形 槽</h2>

一、实训教学的目的与要求

1）掌握 T 形槽铣削时铣刀的选择。

2）掌握 T 形槽的加工方法及检验方法。

3）分析 T 形槽铣削时出现的质量问题。

二、基本知识

1. T 形槽的用途和主要技术要求

T 形槽（图 3-105）多用于机床（如铣床、牛头刨床等）工作台、机床附件、配套夹具的定位和固定。

T 形槽由直槽和底槽组成，根据使用要求分基准槽和固定槽。基准槽的尺寸精度和形状、位置精度比固定槽高。其形状、尺寸等已经标准化，T 形槽的主要技术要求有：

1）直槽宽度尺寸公差，基准槽 IT8，固定槽 IT12。

2）基准槽的直槽两侧面平行或垂直于工件的基准面。

3）底槽的两侧面与直槽的中心平面对称。

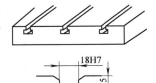

图 3-105　T 形槽工件

2. T 形槽的铣削方法与步骤

T 形槽的加工如图 3-106 所示。T 形槽的铣削，一般先用三面刃铣刀或立铣刀铣出直槽，槽底留 1mm 左右的余量，然后在立式铣床上用 T 形槽铣刀铣底槽至深度，最后用角度铣刀在槽口倒角；T 形槽铣刀应按直槽宽度尺寸选择。铣刀的直径尺寸即为 T 形槽的基本尺寸（直槽宽度）；两端不穿通的 T 形槽，铣削前应先在槽的一端钻落刀孔，如图 3-107 所示，落刀孔的直径应大于 T 形槽铣刀切削部分的直径，深度应大于 T 形槽底槽的深度；铣完直槽后，在落刀孔处对中，用 T 形槽铣刀铣出底槽。

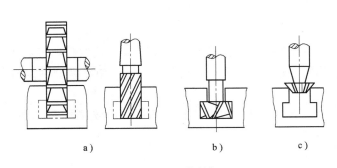

图 3-106　T 形槽的加工
a）铣直槽　b）铣底槽　c）槽口倒角

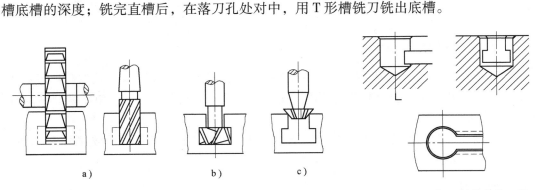

图 3-107　不穿 T 形槽的落刀孔

3. T形槽的检测方法

T形槽可用游标卡尺、杠杆百分表检测。

三、技能训练

1）读图3-108所示零件图，检查工件尺寸，确定基准。

2）选用ϕ14mm的锥柄立铣刀，ϕ16mm的T形槽铣刀，45°的倒角铣刀。

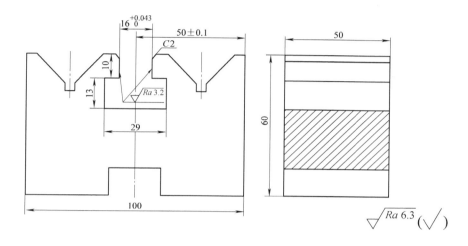

图3-108　铣T形槽工件

3）安装、找正平口钳，装夹工件。

4）用立铣刀粗、精铣直槽，保证宽度$16^{+0.043}_{0}$mm，深度至22mm。

5）用T形槽铣刀铣底槽至尺寸，铣削用量$n = 118$r/min，$v_f = 47.5$mm/min。

6）用角度铣刀倒角。

7）卸下工件并测量。

四、铣T形槽的质量分析

1）T形槽尺寸超差的原因：铣刀尺寸不准；铣T形槽时，深度不准使T形槽尺寸不准；工作台移动距离精确度差等。

2）T形槽形位置公差超差的原因：铣刀的形状不准确；对中不准等。

3）T形槽表面粗糙度值太大的原因与V形槽相同。

五、实作注意的事项

1）T形槽铣刀切削时，切削部分埋在工件内，切屑不易排出，容易把容屑槽填满（塞刀）而使铣刀失去切削能力，甚至使铣刀折断，因此应经常退刀，及时清除切屑。

2）T形槽铣刀切削时，切削热因排屑不畅，不易散发，容易使铣刀产生退火而丧失切削能力，因而在铣削钢件时，应充分加注切削液。在铣削铸铁时，用吹气法进行冷却。

3）T形槽铣刀切削时，切削条件差，所以应选用较小的进给量和较低的铣削速度。

任务三 铣 燕 尾 槽

一、实训教学目的与要求

1）掌握燕尾槽铣刀的选择方法。
2）掌握燕尾槽的加工方法和检测方法。
3）分析燕尾槽铣削时的质量问题。

二、基本知识

1. 燕尾槽的用途和主要技术要求

燕尾槽与燕尾配合使用，如图 3-109 所示。常采用燕尾结构作为直线运动的引导件或紧固件，如燕尾导轨的燕尾槽和燕尾之间有相对直线运动，因此，对角度、宽度、深度应具有较高的精度要求，斜面的平面度要求较高，且表面粗糙度值 Ra 要小。燕尾的角度 α 有 45°、50°、55°、60°等多种，一般采用 55°燕尾。

燕尾槽与燕尾在配合时，在中间有一块镶条，用以调整配合间隙。为便于间隙的调整，也有将燕尾槽一侧的燕尾侧面制成带斜度（图 3-110）与具有相同斜度的镶条相配，只要移动镶条的位置，就可方便、准确地调整间隙和补偿磨损。

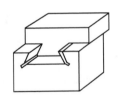

图 3-109　燕尾槽和燕尾

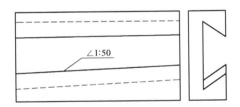

图 3-110　带斜度的燕尾槽

2. 燕尾槽和燕尾的铣削方法

铣削燕尾槽和燕尾时，先在立式铣床上用立铣刀或面铣刀铣直角槽或台阶，然后用燕尾槽铣刀铣出燕尾槽或燕尾，如图 3-111 所示。燕尾槽铣刀应根据燕尾的角度选取，铣刀锥面的宽度应大于工件燕尾槽斜面的宽度。

单件生产时，可用单角度铣刀来铣削燕尾槽、燕尾，如图 3-111c 所示。

铣削带有斜度的燕尾槽，在铣削完直槽后，先用燕尾槽铣刀铣削无斜度的一侧，铣好后松开压板，将工件按规定斜度调整到要求并夹紧，然后铣削。

3. 燕尾槽的检测方法

1）燕尾槽、燕尾的槽角 α 可用游标万能角度尺测量。
2）燕尾槽的槽深、燕尾的高度可用深度、高度游标卡尺测量。
3）燕尾槽、燕尾的宽度由于工件有空刀槽和倒角，要用两个标准量棒间接测量，如图 3-112 所示。用游标卡尺测得两标准量棒之间距离尺寸 M 或 M_1，可计算出燕尾槽的宽度 A 或燕尾的宽度 a。燕尾槽宽度的计算公式为

$$A = M + d\left(1 + \cot\frac{\alpha}{2}\right) - 2H\cot\alpha \tag{3-9}$$

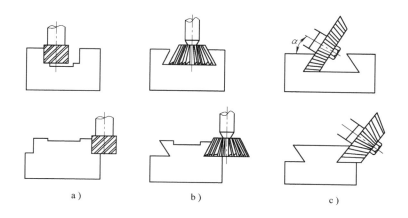

a) b) c)

图 3-111 铣燕尾槽、燕尾

a) 铣直槽、台阶 b) 铣燕尾槽、燕尾 c) 单角度铣刀铣燕尾

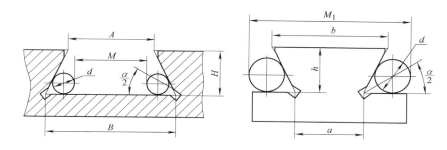

图 3-112 测量燕尾槽、燕尾

$$B = M + d\left(1 + \cot\frac{\alpha}{2}\right) \tag{3-10}$$

式中 A——燕尾槽最小宽度（mm）；

      B——燕尾槽最大宽度（mm）；

      M——两标准量棒内侧距离（mm）；

      d——标准量棒直径（mm）；

      α——燕尾槽槽角（°）；

      H——燕尾槽槽深（mm）。

燕尾宽度的计算公式为

$$a = M_1 - d\left(1 + \cot\frac{\alpha}{2}\right) \tag{3-11}$$

$$b = M_1 + 2h\cot\alpha - d\left(1 + \cot\frac{\alpha}{2}\right) = a + 2h\cot\alpha \tag{3-12}$$

式中 a——燕尾最小宽度（mm）；

      b——燕尾最大宽度（mm）；

    M_1——两标准量棒外侧距离（mm）；

      d——标准量棒直径（mm）；

      α——燕尾角度（°）；

h——燕尾高度（mm）。

三、技能训练

1）读图 3-113 所示零件图，检查工件尺寸，确定基准。

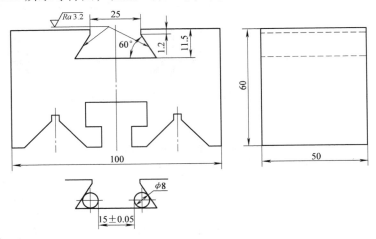

图 3-113 燕尾槽工件

2）选择直径为 22mm 的锥柄立铣刀，直径为 32mm、角度为 60°的燕尾槽铣刀。

3）安装、找正平口钳，装夹工件。

4）用锥柄立铣刀，铣直槽至尺寸 25mm，深 11mm。

5）用 60°燕尾槽铣刀铣燕尾槽 $n = 190r/min$，$v_f = 37.5mm/min$，至尺寸 15mm ± 0.05mm，深 11.5mm。

6）卸下工件并测量。

四、燕尾槽铣削的质量分析及注意事项

1）燕尾槽尺寸公差超差的原因：铣刀尺寸不准；铣燕尾槽深度不准；工作台移距不准等。

2）燕尾槽几何公差超差的原因：铣刀的形状不准确；用通用铣刀（如立铣刀、角铣刀等）铣削燕尾槽时，立铣头倾斜角度不准确等。

3）燕尾槽表面粗糙度值太大的原因与 V 形槽相同。

4）铣燕尾槽、燕尾时，转速不能过高，背吃刀量、进给量不能过大，充分加注切削液。

5）铣直槽时槽深可留 0.5～1mm 的余量，留待在铣燕尾槽时同时铣至槽深。

6）燕尾槽应分粗铣、精铣，以提高燕尾斜面的表面质量。

1. V 形槽的铣削方法有几种？试述铣 T 形槽的方法和质量问题及注意事项。

2. 测量 90°的 V 形槽，用直径 25mm 和 40mm 的标准量棒测得 $H = 55mm$，$h = 26.38mm$。

试计算 V 形槽实际槽角（参考图 3-103）。

3. 测量 120°的 V 形槽，用直径 30mm 标准量棒测得量棒上素线到 V 形槽上平面的距离是 17.87mm。试计算 V 形槽宽度 B（参考图 3-101）。

4. 测量 55°燕尾槽，已测得槽深 $H = 10.05$mm，用直径为 8mm 的标准量棒间接测量，两量棒内侧距离 $M = 20.75$mm。求燕尾槽槽宽度 A（参考图 3-112）。

课题六　分度方法

任务一　万能分度头

一、实训教学目的与要求

1）了解万能分度头的作用及其装夹工件的方法。
2）掌握简单分度和铣多面体零件的方法。
3）能够分析铣削中出现的质量问题。

二、基本知识

万能分度头是铣床的重要精密附件之一。例如，铣削螺旋槽、斜齿圆柱齿轮时，可以用分度头把工件等分或转动一定的角度。

1. 万能分度头的结构和传动系统

（1）万能分度头的型号及功用

1）型号。万能分度头的型号由大写的汉语拼音字母和数字两部分组成。

例如，FW250　F—分度头；W—万能型；250—夹持工件的最大直径为 250mm。

常用的万能分度头有 FW200、FW250 和 FW320 三种。其中，FW250 型最普遍和常用。

2）万能分度头的主要功用：①能使工件作任意圆周等分或直线移距分度；②可把工件的轴线放置成水平、垂直或任意角度的倾斜位置；③通过交换齿轮，可使分度头主轴随铣床工作台的纵向进给运动而连续旋转，铣削出螺旋面和等速凸轮等。

（2）万能分度头的结构（图 3-114）。

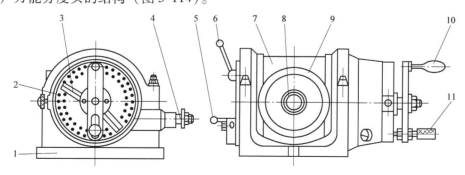

图 3-114　万能分度头的结构

1—基座　2—分度盘　3—分度叉　4—侧轴　5—蜗杆脱落手柄　6—主轴锁紧手柄
7—回转体　8—主轴　9—刻度盘　10—分度手柄　11—定位插销

1）基座。基座是分度头的本体。基座底面槽内装有两块定位键，可与铣床工作台面上的中央 T 形槽相配合，实现精确定位。

2）分度盘（又称孔盘）。套装在分度手柄轴上，盘上（正、反面）有若干圈在圆周上均布的定位孔，作为各种分度计算和实施分度的依据。分度盘配合分度手柄完成不是整圈数的分度。不同型号的分度头都配有 1 块或 2 块分度盘，FW250 型万能分度头有 2 块分度盘。分度盘上孔圈的孔数，见表 3-4。

表 3-4　FW250 型万能分度头分度盘孔圈的孔数

分度头型式	分度盘的孔数
带一块分度盘	正面：24、25、28、30、34、37、38、39、41、42、43 反面：46、47、49、51、53、54、57、58、59、62、66
带二块分度盘	第一块　正面：24、25、28、30、34、37 反面：38、39、41、42、43 第二块　正面：46、47、49、51、53、54 反面：57、58、59、62、66

分度盘左侧有一紧固螺钉，一般工作情况下分度盘由紧固螺钉固定；松开紧固螺钉，可使分度手柄随分度盘一起做微量的转动调整，或完成差动分度、螺旋面加工等。

3）分度叉。由两个叉脚组成，其开合角度的大小，按分度手柄所需转过的孔距数予以调整并固定。分度叉的功用是防止分度差错和方便分度。

4）侧轴。用于与分度头主轴间或铣床工作台纵向丝杠间安装交换齿轮，进行差动分度或铣削螺旋面或直线移距分度。

5）蜗杆脱落手柄。用以脱开蜗杆与蜗轮的啮合非啮合状态，用刻度盘 9 直接分度。

6）主轴轴锁紧手柄。通常用于在分度后锁紧主轴，使铣削力不致直接作用在分度头的蜗杆、蜗轮上，减少铣削时的振动，保持分度头的分度精度。

7）回转体。安装分度头主轴等的壳体形零件，主轴随回转体可沿基座 1 的环形导轨转动，使主轴轴线在 -6°~90° 范围内做不同仰角的调整。调整时，应先松开基座上靠近主轴后端的两个螺母，调整后再予以紧固。

8）主轴。分度头主轴是一空心轴，前后两端均为莫氏锥度 4 号锥孔（FW250 型），前锥孔用来安装顶尖或锥度心轴，后锥孔安装交换齿轮轴，在交换齿轮轴上安装交换齿轮。主轴前端的外部有一段定位锥体（短圆锥），用来安装自定心卡盘的法兰盘。

9）刻度盘。固定在主轴的前端，与主轴一起转动。其圆周面上有 0°~360° 的刻线，在直接分度时用来确定主轴转过的角度。

10）分度手柄。分度时，摇动分度手柄，主轴按一定传动比回转。

11）定位插销。在分度手柄的曲柄的一端，可沿曲柄径向移动到所选孔数的孔圈圆周，与分度叉配合准确分度。

2. 万能分度头的附件及其功用

（1）尾座（图 3-115）　　配合分度头使用，装夹带中心孔的工件。转动手轮 1 可使顶尖 3 进退，以便装卸工件；松开紧固螺钉 4、5，用调整螺钉 6 可调节顶尖升降或倾斜角度；定位键 7 使尾座顶尖轴线与分度头主轴轴线保持同轴。

（2）顶尖、拨叉、鸡心夹（图3-116）　用来装夹带中心孔的轴类零件。使用时，将顶尖装在分度头主轴前锥孔内，将拨叉（又称拨盘）装在分度头主轴前端端面上，然后用内

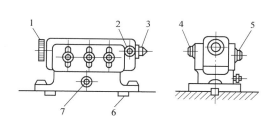

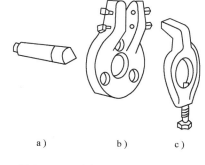

图3-115　尾座
1—手轮　2、4、5—紧固螺钉　3—顶尖
6—调整螺钉　7—定位键

图3-116　顶尖、拨叉、鸡心夹头
a）顶尖　b）拨叉
c）鸡心夹头

六角圆柱头螺钉紧固。用鸡心夹头将工件夹紧放在分度头与尾座两顶尖间，同时将鸡心夹的弯头放入拨叉的开口内，工件顶紧后，拧紧拨叉开口上的紧固螺钉，使拨叉与鸡心夹连接。

（3）交换齿轮轴、交换齿轮架（图3-117）　用来安装交换齿轮。交换齿轮架1安装在分度头的侧轴上，交换齿轮轴套3用来安装交换齿轮，它的另一端安装在交换齿轮架的长槽内，调整好交换齿轮后紧固在交换齿轮架上。支承板4通过螺钉轴5，安装在分度头基座后方的螺孔上，用来支承交换齿轮架。锥度交换齿轮轴6安装在分度头主轴后锥孔内，另一端安装交换齿轮。

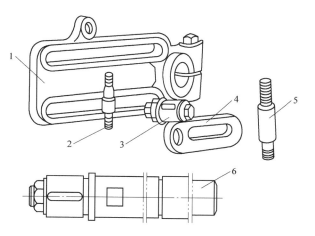

图3-117　交换齿轮架和交换齿轮轴
1—交换齿轮架　2、5—螺钉轴　3—交换齿轮轴套
4—支承板　6—锥度交换齿轮轴

（4）交换齿轮（俗称挂轮）　FW250型万能分度头配有交换齿轮13个，其齿数是5的整倍数，分别是25（2个）、30、35、40、45、50、55、60、70、80、90、100。

（5）自定心卡盘（见车工部分）　自定心卡盘通过法兰盘安装在分度头主轴上，用来夹持工件。

3. 用万能分度头及附件装夹工件的方法

（1）用自定心卡盘装夹工件　加工轴套类工件，可直接用自定心卡盘装夹。用百分表找正工件，如图3-118所示。用百分表找正时，用铜棒轻轻敲击高点，使端面

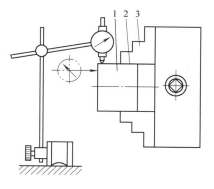

图3-118　找正自定心卡盘装夹工件
1—工件　2—铜皮　3—卡爪

圆跳动或径向圆跳动符合规定要求。

（2）用两顶尖装夹工件　适用于装夹两端有中心孔的工件。装夹工件前，应先找正分度头和尾座，如图 3-119 所示。然后，调整分度头，以保证主轴侧素线与工作台纵向进给方向的平行度公差，如图 3-120 所示。分度头找正完毕，再顶上尾座顶尖检测，如不符合要求，则仅需找正尾座，找正方法如图 3-121 和图 3-122 所示。

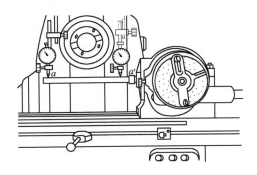

图 3-119　找正分度头主轴上素线

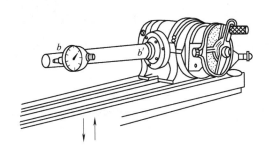

图 3-120　找正分度头主轴侧素线

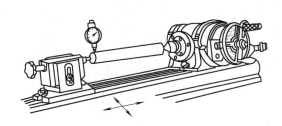

图 3-121　找正尾座上素线

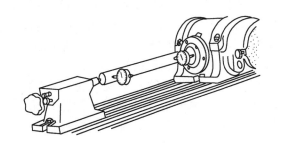

图 3-122　找正尾座侧素线

（3）一夹一顶装夹工件（图 3-123）　适用于装夹较长的轴类工件。装夹工件前，应先找正分度头和尾座。

（4）心轴装夹工件　适用于装夹套类工件。心轴有锥度心轴和圆柱心轴两种。装夹前，应先保证心轴轴线与分度头主轴轴线的同轴度公差。

4. 万能分头的正确使用和维护

1）分度头蜗杆和蜗轮的啮合间隙为 0.02 ~ 0.04mm，不得随意调整，以免间隙过大影响分度精度，间隙过小增加磨损。

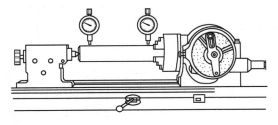

图 3-123　一夹一顶装夹找正工件

2）在装卸、搬运分度头时，要保护好主轴和锥孔以及基座底面，以免损坏。

3）在分度头上夹持工件时，最好先锁紧分度头主轴，切忌使用加长杆在扳手上施力。

4）分度前松开主轴锁紧手柄，分度后锁紧分度头主轴；铣螺旋槽时主轴锁紧手柄应松开。

5）分度时，应顺时针转动分度手柄，如手柄摇错孔位，应将手柄逆时针转动半圈后再顺时针转动到规定孔位。分度定位插销应缓慢插入分度盘的孔内，切勿突然将定位插销插入孔内，以免损坏分度盘的孔眼和定位插销。

6）调整分度头主轴的仰角时，不应将基座上部靠近主轴前端的两个内六角螺钉松开，否则会使主轴的"零位"位置变动。

7）使用前和使用后应清除表面脏物，并将主轴锥孔和基座底面擦拭干净。

8）分度头各部分应按说明书规定，定期加注润滑油，分度头存放时应涂防锈油。

三、技能训练

用两顶尖装夹工件的找正练习

1）用长度300mm的莫氏4号锥度检验棒插入分度头主轴锥孔内，找正分度头主轴上素线及侧素线，在300mm长度上百分表读数差值在0.03mm内。

2）取下锥度检验棒，安装分度头顶尖和尾座顶尖。

3）将标准心轴顶在两顶尖间。

4）找正标准心轴上素线及侧素线符合要求。

四、注意事项

1）找正用的标准心轴，其尺寸精度以及形状、位置精度应符合要求。

2）使用锥度心轴时，应将分度头主轴锥孔及心轴锥柄擦拭干净，以免影响找正精度。

3）找正时，百分表测量杆应垂直指向标准心轴轴线，测头压紧量不能太大或太小，以免误读或测量不准确。

4）找正时，不准用锤子敲击心轴、分度头和尾座。

任务二 等 分 工 件

一、实训教学的目的与要求

1）掌握简单分度和铣多面体零件的方法。

2）能够分析铣削中出现质量问题的原因。

二、基本知识

1. 简单分度法

分度时，先将分度盘固定，然后摇动分度手柄，使蜗杆带动蜗轮旋转，带动主轴和工件转过要求的角度。

（1）分度 FW250型万能分度头的传动比为1:40，"40"称为分度头的定数，即摇转分度手柄40圈，分度头主轴则只转1圈。

例1 要把工件圆周2等分，摇转分度手柄20圈，分度头主轴转了半圈；如把圆周5等分，摇分度手柄转过8圈，分度头主轴要转过1/5圈。由此可知分度手柄的转数与工件等分数的关系为

$$40:1 = n:(1/z) \tag{3-13}$$

公式经移项后
$$n = 40/z$$

式中 n——分度手柄的转数；

40——分度头的定数；

    z——工件的等分数。

上式为简单分度的计算公式。当计算得到的转数不是整数而是分数时，可利用分度盘上相应孔圈进行分度。具体方法是选择分度盘上某孔数的孔圈，其孔数为分母的整倍数，然后将该真分数的分子、分母同时增大到整数倍，利用分度叉实现非整转数部分的分度。

例2 在 FW250 型万能分度头上铣削一个正八边形工件，求每铣一边后分度手柄的转数？

解： 以 $z=8$ 代入式（3-13）后得：$n=40/z=80/4=5$ 圈

答： 每铣完一边后，分度手柄应转过 5 圈。

例3 用 FW250 型万能分度头铣削一六角螺栓，铣完一面后，分度手柄应转过多少圈？

解： 以 $z=6$ 代入式（3-13）得：$n=40/z=40/6=6+2/3=6+44/66$ 圈

答： 分度手柄应转 6 圈，加分度盘孔数为 66 的孔圈上转过 44 个孔距。

（2）分度盘和分度叉的使用　当按式（3-13）计算出分度手柄转数为分数时，其非整转数部分的分度需要用分度盘和分度叉进行。使用分度盘和分度叉时应注意以下几点。

1）选择孔圈时，在满足孔数是分母的整倍数条件下，一般选择孔数较多的孔圈。例如，$n=6+2/3=6+16/24=6+20/30=6+44/66$，可选择的孔圈有 24、30、…、66 共 8 种，一般选择孔数多的孔圈，选 66 在分度盘的反面（表 3-6）。因为，分度盘上孔数多的孔圈离轴心较远，操作方便，更重要的是分度误差较小。

2）分度叉两叉脚间夹角的调整。调整的方法是使两叉脚间的孔数比需摇的孔数应多一个，如 $2/3=28/42=44/66$，选择孔数为 42 的孔圈时，分度叉脚间应有 $28+1=29$ 个孔；选择孔数为 66 的孔圈时，则应有 45 个孔，因为，45 个孔包含有 44 个孔距。

2. 角度分度法

角度分度法是简单分度的另一种形式，只是计算的依据不同，简单分度是以工件的等分数 z 作为计算分度的依据，而角度分度法是以工件所需转过的角度 θ 作为计算的依据。由于分度手柄转过 40 转，分度头主轴带动工件转过 1 圈，即 360°。因此，分度手柄每转 1 圈，工件转过 9° 或 540′。因此，可得出角度分度法的计算公式为

    工件角度 θ 的单位为（°）时：$n=\theta/9$ （3-14）

    工件角度 θ 的单位为（′）时：$n=\theta/540$ （3-15）

式中　n——分度手柄的转数（r）；

    θ——工件所需转过的角度（°）或（′）。

例4 图 3-124 中圆柱形工件上铣两条槽，其所夹圆心角 $\theta=38°10'$，求分度手柄应转的转数。

解： $\theta=38°10'=2290'$ 代入式（3-15），$n=2290/540=4+13/54$ 圈，分度手柄在孔数为在 54 的孔圈上转 4 圈又 13 个孔距。

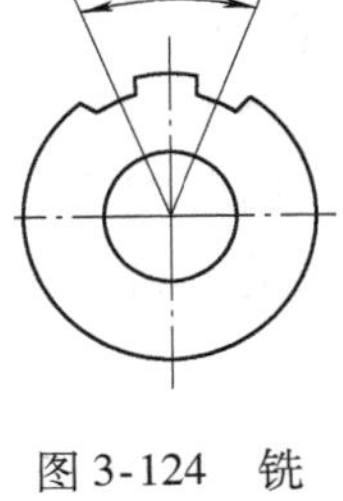

三、技能训练

铣削六方头工件的方法与步骤如下。

1）读图 3-125 所示零件图，检查工件尺寸。

2）工件的装夹。由于此工件短且要求不高，可直接用三爪夹紧。

图 3-124　铣两个槽工件

3）计算圈数。$n = 40/z = 40/6 = 6 + 44/66$（圈）。铣好一面后，分度手柄应在 66 孔圈上转过 6 圈又 44 个孔距。所以选择有 66 孔数的分度盘。调整分度叉，使分度叉内的孔距数为 44。

4）选择铣刀并安装。根据工件尺寸选 $\phi35\text{mm}$ 硬质合金立铣刀，在立式铣床上装夹工件。

5）确定铣削用量 $n = 175\text{r/min}$，$v_f = 37.5\text{mm/min}$。

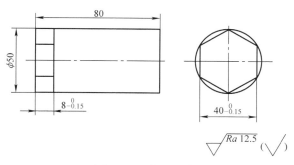

图 3-125　铣六方体

6）检查工件、分度头、铣刀安装和铣削速度手柄及进给量手柄的位置。

7）调整背吃刀量或侧吃刀量。让铣刀旋转，并上升工作台，使工件上面靠近铣刀端面，直到铣刀端面轻轻擦到工件上表面为止。移动横向工作台，再摇动上升手柄，使工作台上升 4.5mm，并紧固升降手柄。

8）进行铣削。起动机床使工作台作横向进给进行铣削，一面铣完后，关掉机床。铣另一面时，铣削层深度不变。松开分度头主轴锁紧手柄，拔出分度定位销，将分度手柄旋转 6 圈又 44 个孔距使分度定孔位销插入第 45 个孔，然后拨动分度叉使一侧紧靠定位销即可，锁紧主轴锁紧手柄，再铣第二面。用同样方法铣完其余各面。

9）检测零件。

四、质量分析

1）等分误差：看图不仔细，分度头调整不当；孔圈选错，分度算错或分度头使用不当；未消除分度头间隙等。

2）尺寸误差：背吃刀量过大或过小。工件侧素线与进给方向不平行；工件装夹不牢，在加工过程中工件转动等。

3）表面粗糙度超差：铣刀变钝，进给量太大；工件装夹不牢固，铣刀心轴摆动；在工件没有离开铣刀的情况下退回等。

五、注意事项

1）应选择逆铣进行铣削。
2）用手动进给时，必须连续和均匀，在余量较大的地方，进给速度适当减慢。
3）铣削时铣刀应慢慢地切入，以免突然撞击而损坏铣刀。
4）铣削时，必须使铣刀最大直径切出整个工件为止。

任务三　铣矩形离合器

一、实训教学的目的与要求

1）了解离合器的种类。
2）掌握离合器的铣削方法与万能分度头的使用。

二、基本知识

在机械传动中，矩形齿离合器的齿顶面和槽底面相互平行且均垂直于工件轴线，沿圆周展开齿形为矩形，按齿数不同分为奇数齿和偶数齿两种。

1. 奇数矩形齿离合器的铣削

奇数矩形齿离合器用三面刃铣刀或立铣刀加工。铣削时，铣刀可穿过离合器整个端面，一次进给铣削两个齿侧面，进给次数与离合器齿数相等。

（1）铣刀选择　选用三面刃铣刀或立铣刀。铣刀宽度 L 或立铣刀直径应等于或小于齿槽的最小宽度 b，如图 3-126 所示。铣刀宽度计算公式为

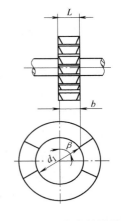

$$L \leq b = \frac{d_1 \sin\beta}{2} = \frac{d_1 \sin\left(\dfrac{180°}{z}\right)}{2} \tag{3-16}$$

式中　L——铣刀宽度；

$\quad\quad d_1$——离合器齿圈内径（mm）；

$\quad\quad \beta$——离合器齿槽角（°）；

$\quad\quad z$——离合器的齿数。

（2）工件的装夹和找正　工件装夹在分度头自定心卡盘上，装夹时应找正工件的径向圆跳动和端面圆跳动。

图 3-126　刀宽度的计算

（3）对刀　铣削时，应使三面刃铣刀的侧面切削刃或立铣刀的圆周切削刃通过工件中心。调整的方法：让旋转的三面刃铣刀的侧面切削刃或立铣刀的圆周切削刃与工件圆柱表面接触，下降工作台，使工件向铣刀横向移动工件半径的距离。铣刀对中后，按齿槽深度调整工作台的垂直距离，并将横向和升降进给机构锁紧，同时，将对刀时工件上切伤的部分转到齿槽位置。

（4）铣削　如图 3-127 所示，铣刀每次进给可以穿过离合器整个端面，一次铣出两个齿的各一个侧面。每次进给结束，退出工件后用分度头分度，使工件转到新的切削位置，然后继续下一次进给，直至铣削结束，而铣削的总进给次数等于离合器的齿数。

（5）铣齿侧间隙　采取将离合器的齿侧多铣去一些，来增大齿槽宽度。齿侧间隙的铣法有：

1）偏移中心法如图 3-128a 所示，铣刀对中后，使三面刃铣刀的侧面切削刃或立铣刀的圆周刀刃向齿侧方向偏移 0.2～0.3mm。由于齿侧面不通过工件轴线，工作时齿侧接触面减小，会影响承载能力。因此，这种方法只用于精度要求不高的离合器。

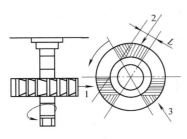

图 3-127　奇数矩形离合器
的铣削顺序

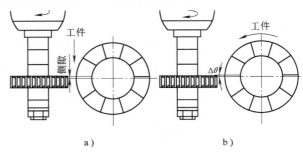

a）　　　　　　　　　　b）

图 3-128　铣齿侧间隙

a）偏移中心法　b）偏转角度法

2）偏转角度法如图 3-128b 所示，铣刀对中后，依次将全部齿槽铣完，然后将工件转过一个角度 $\Delta\theta$（$2°\sim4°$或按图样规定要求），再对各齿侧面铣一次。因为齿面中心仍通过工件轴线，因此，适用于精度要求较高的离合器。

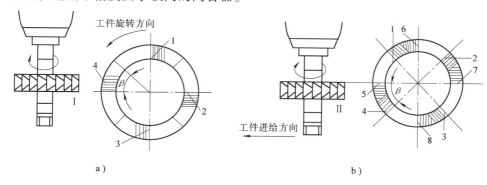

图 3-129　偶数矩形齿离合器的铣削顺序

2. 偶数矩形齿离合器的铣削（图 3-129）

用三面刃铣刀或立铣刀加工偶数矩形齿离合器。铣削时，铣刀不能穿过离合器整个端面，以免对面的齿被铣刀切伤，同时，进给时铣刀轴轴线应超过离合器齿圈内圆，以保证加工出的齿侧平面的完整和槽底是平面。一次进给只能加工一个齿侧面。

（1）铣刀选择　三面刃铣刀的宽度 L 或立铣刀的直径，按式（3-16）计算，三面刃铣刀的直径 D 按下式计算：

$$D \leqslant \frac{T^2 + d_1^2 - 4L^2}{T} \qquad (3-17)$$

式中　D——三面刃铣刀允许最大直径（mm）；

T——离合器齿槽深（mm）；

d_1——离合器齿圈内径（mm）；

L——三面刃铣刀宽度（mm）。

>> **注意**　铣削小直径的偶数矩形齿离合器，当三面刃铣刀直径 D 无法满足式（3-17）的要求时，用立铣刀在立式铣床上铣削；铣齿槽宽度大于 25mm 矩形齿离合器时，用立铣刀。

（2）铣削方法　偶数矩形齿离合器的铣削，要经过两次调整才能铣出准确的齿形。图 3-129 所示为齿数为 4 的离合器的铣削顺序。第一次调整使三面刃铣刀侧面刀刃Ⅰ对准工件中心，通过分度依次铣出各齿的同侧齿侧面 1、2、3、4，如图 3-129a 所示；然后进行第二次调整，将工作台上升一个铣刀的宽度 L，使三面刃铣刀的侧面切削刃Ⅱ对准工件中心，同时使工件转过一个齿槽角 $180°/z$，通过分度依次铣出各齿的另一侧侧面 5、6、7、8，如图 3-129b 所示。

为了得到一定的齿侧间隙，在第二次调整时可将工件转过的角度增大 $2°\sim4°$。

两种矩形齿离合器的工艺性分析：奇数矩形齿离合器铣削时，铣刀进给次数少；用三面刃铣刀铣削时，铣刀直径不受离合器尺寸大小的限制；生产效率高；此外，铣削过程中铣床工作台不需偏移，分度头不需偏转，加工简便。偶数矩形齿离合器铣削时，在各齿一侧侧面铣削完成后，必须将工作台升降一个距离（三面刃铣刀宽度 L 或立铣刀直径），并需将分度头绕其主轴偏转一个角度（齿槽中心角 $\beta=180°/z$）后才能铣削各齿的另一侧侧面，铣刀进给次数多。因此奇数矩形齿离合器的工艺性比偶数矩形齿离合器好，应用更为广泛。

三、技能训练（铣矩形齿离合器）

1）读图 3-130 所示零件图，检测工件尺寸。

2）工件的装夹。在装夹工件之前，应先安装和调整分度头，在卧式铣床上用盘形铣刀加工，分度头主轴要垂直放置；而在立式铣床上用立铣刀加工，则分度头水平放置，必要时检测工件径向圆跳动误差和端面圆跳动误差。

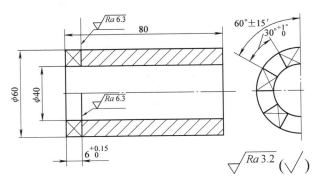

图 3-130　铣削矩形离合器

3）铣刀选择。$L \leqslant (d_1/2)\sin\beta = (d_1/2)\sin(180°/z) = 40/2 \times \sin(180°/6)\,\text{mm} \leqslant 10\,\text{mm}$。$D \leqslant (T^2 + d_1 - 4L^2)/T = (6^2 + 40^2 - 4 \times 10^2)/6\,\text{mm} = 206\,\text{mm}$。选 $80\,\text{mm} \times 10\,\text{mm} \times 27\,\text{mm}$ 的错齿三面刃铣刀。

4）对刀。使铣刀侧面切削刃的回转平面通过工件轴线，采用侧面对刀法，使铣刀侧面切削刃擦到工件外圆（$\phi 60\,\text{mm}$）后，工件向铣刀方向横向移动 30mm。

5）铣削用量选择。$a_p = L = 10\,\text{mm}$；$a_e = T = 6\,\text{mm}$；$v_f = 47.5\,\text{mm/min}$；$n = 95\,\text{r/min}$。

6）铣削齿的一侧。调整侧吃刀量（即 $a_e = 6\,\text{mm}$）后，分度依次铣削各齿的同侧侧面，分度头调整手柄转数 $n = 40/z = 40/6 = 6 + 36/54$ 圈。铣削时，注意不能损伤对面的齿。

7）铣削齿的另一侧前，应进行调整：使分度头旋转一个齿槽中心角 $\beta = 31°$，分度手柄应转 $n = \beta/9° = 31/9 = 3 + 24/54$ 圈；工作台横向移动距离 $S = L = 10\,\text{mm}$，使三面刃铣刀另一侧面切削刃回转平面通过工件轴线。然后，依次铣削各齿的另一侧面。

8）卸下工件并测量。

四、离合器的质量分析

1）齿侧工作面表面质量差：铣刀不锋利；工件装夹不稳固；进给量太大；传动系统间隙过大；切削液不充分。

2）槽底未接平：盘铣刀柱面齿刃口缺陷；立铣刀端刃缺陷或立铣刀轴线与工作台面不垂直；分度头主轴与工作台面不垂直。升降工作台走动，刀轴松动或刚性差等。

3）各齿外圆弦长不等：分度不均匀；分度装置精度太低；工件装夹时不同轴等。

4）嵌合后接触齿数太少：分度错误；齿槽角铣得太小；工件装夹不同轴；对刀不准等。

5）一对离合器接合后贴合面积过少：工件装夹不同轴；对刀不准等。

五、注意事项

1）为了保证偶数齿离合器的齿侧留有一定的间隙，一般齿槽角比齿面角铣大 2°～4°。

2）铣削偶数齿离合器时，常用立铣刀加工，因为用三面刃盘铣刀会切伤相对的另一个齿。

1. 万能分度头的主要功用有哪些？如何找正万能分度头的主轴？

2. 用万能分度头及附件装夹工件的方法有哪些？各适用于哪类工件的装夹？

3. 如何正确使用和维护万能分度头？

4. 在铣床上用万能分度头可进行哪几种分度方法？各用在什么分度场合？

5. 什么叫分度头的定数？常用分度头的定数是多少？

6. 试作下列等分数在 FW250 型万能分度头上的简单分度计算。

（1）$z=18$；（2）$z=35$；（3）$z=64$。

7. 用 FW250 型万能分度头铣削齿数 $z=73$ 的直齿圆柱齿轮，应如何分度？

8. 差动分度时，如何选择假定等分数？为什么通常选择的假定等分数都小于实际等分数（即 $z_0 < z$）？

9. 铣削矩形齿离合器的三面刃铣刀的宽度或立铣刀的直径应如何确定？

10. 铣削奇数矩形齿离合器与铣削偶数矩形齿离合器的方法有何不同？

11. 获得矩形齿离合器齿侧间隙的方法有哪两种？各有何特点？

12. 简述图 3-131 所示离合器的分度计算和加工步骤。

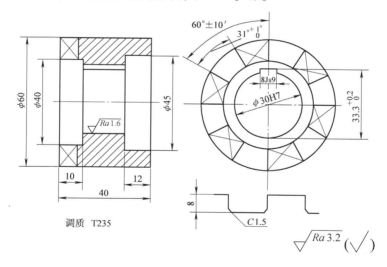

图 3-131　12 题图

课题七　铣齿条

一、实训教学目的与要求

1）了解齿条的主要参数与基本尺寸计算。

2）掌握直齿条加工的方法。

3）能够分析铣削中的质量问题。

二、基本知识

1. 齿条的基本参数和几何尺寸计算

齿条可视为齿数 z 趋于无穷多的圆柱齿轮。其分度圆、齿顶圆、齿根圆成为互相平行的直线，分别称为分度线、齿顶线、齿根线，如图 3-132 所示。主要计算公式见表 3-5。

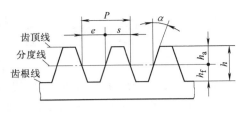

图 3-132 直齿条的几何要素

表 3-5 直齿条基本参数、代号和计算公式

名　称	代　号	计　算　公　式
模数	m	$m = p/\pi$，已经标准化，查表取标准值
压力角	α	$\alpha = 20°$
齿顶高	h_a	$h_a = m$
齿根高	h_f	$h_f = 1.25\,m$
齿高	h	$h = h_a + h_f = 2.25m$
齿距	p	$p = \pi m$
齿厚	s	$s = p/2 = \pi m/2$
齿槽宽	e	$e = p/2 = \pi m/2$

2. 直齿条的铣削

通常情况下，直齿条在卧式万能铣床上用盘形齿轮铣刀铣削，如图 3-133 所示。

（1）短齿条的铣削

1）铣刀选择。铣削齿条的铣刀一般选用 8 号齿轮铣刀。齿条精度要求较高时，可采用专用齿条铣刀。

2）工件的装夹。采用平口钳装夹或用压板压紧在工作台台面上，工件的齿顶面必须与工作台台面平行，定位用的侧面必须与工作台横向进给方向平行。

3）齿距的控制。常用的移距方法有：

① 刻度盘法。利用工作台横向进给手柄刻度盘转过一定格数实现移距。这种方法仅适用于精度要求不高，齿数不多的短齿条。刻度盘转过格数按下式计算：

$$n = \frac{\pi m}{F} \qquad (3\text{-}18)$$

式中　n——刻度盘应转过的格数（格）；

m——齿条的模数（mm）；

F——工作台每格移动的距离（mm/格）。

例如，加工模数 $m = 4$mm 的短齿条，刻度盘移距时转多少格？

解：X6132 铣床横向进给手柄刻度盘每转一格，工作台移动距离为 0.05mm，刻度盘要转 $n = \pi m/F = 3.1416 \times 4/0.05$ 格 $= 251.33$ 格。刻

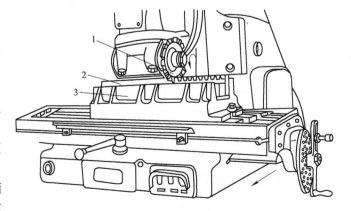

图 3-133 卧式万能铣床铣齿条
1—铣刀　2—齿条工件　3—夹具

度盘转动0.33格不易控制，故齿条精度低。

②分度盘法。将分度头的分度盘和分度手柄安装在工作台横向进给丝杠头部，如图3-134所示。每铣好一个齿后，用分度手柄转过一定转数，带动工作台横向移距，计算公式为

$$n = \frac{\pi m}{P_{丝}} \tag{3-19}$$

式中　　n——分度手柄应转过的转数（r）；

　　　　m——齿条的模数（mm）；

　　　　$P_{丝}$——工作台横向进给丝杠螺距（常用$P = 6$mm）。

参数代入式（3-19），$n = 3.1416 \times 4$mm$/6$mm$= 2.09 = 2 + 4/43$圈，即分度手柄应在孔数为43的孔圈上转过2圈又4个孔距。用分度盘法移距，移距精确，且调整和操作简便。

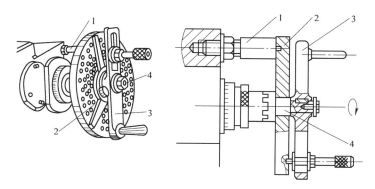

图3-134　分度盘安装在横向进给丝杠上
1—定位销　2—分度盘　3—分度手柄　4—离合器轴

③百分表移距法。当铣床精度不高时，可采用百分表控制移距值，磁力表座吸在横向导轨上，使百分表压在工作台侧面，数值大于齿距即可。然后横向向里、再向外移动齿距，卸下磁力表座，进行铣削，如图3-135所示。

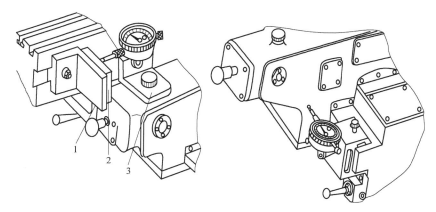

图3-135　用百分表、量块精确移动工作台
1—角铁　2—量块　3—百分表固定架

（2）长齿条的铣削

1）工件的装夹。加工长齿条时，由于铣床工作台横向移动距离不够，因此，工作台要

纵向移距分齿，即要求工件一侧的定位基准表面与工作台纵向进给方向平行。工件可直接压紧在工作台台面上或用专用夹具装夹。

2）铣刀的安装。加工长齿条时，齿距由工作台纵向丝杠控制，因此卧式铣床上原铣刀杆的方向不能满足加工要求，必须使铣削方向与工作台纵向进给方向平行，为此要对铣床主轴进行改装。

用横向刀架改变铣刀杆方向，如图 3-136 所示，安装了一个横向铣刀杆的托架，通过一对螺旋角 45° 的斜齿圆柱齿轮与铣床主轴连接，使铣刀的回转平面与齿条的齿槽一致。将万能铣头转过一个角度，使铣头主轴轴线平行于工作台纵向进给方向。由于万能铣头外形较大，影响铣削，因此，在万能铣头处再加一个专用铣头，专用铣头的轴线同样应平行工作台纵向进给方向，如图 3-137 所示。

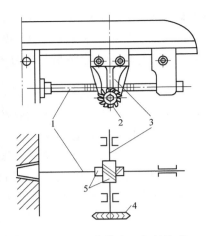

图 3-136　安装横向刀架铣齿条
1—主轴　2—铣刀　3—铣刀头
4—铣刀　5—螺旋齿轮

3. 齿条的测量

（1）齿厚的测量　用齿厚游标卡尺测量齿距。调整垂直游标尺高度 $h_a = m$，用水平游标尺检测齿厚 s。

（2）齿距 p 的测量

1）用齿厚游标卡尺测量，如图 3-138 所示，调整垂直游标尺高度 $h_a = m$，用水平游标尺测量两个齿形间的距离 $T = p + s$，齿距 $p = T - s$。

2）用齿距样板测量，如图 3-139 所示。

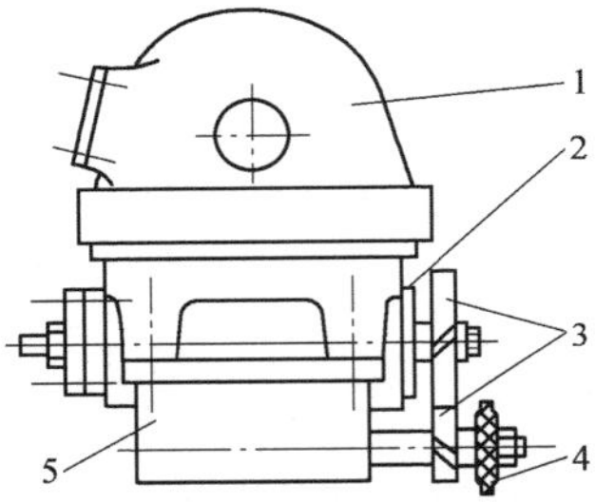

三、技能训练

1）读图并分析加工工艺。工件如图 3-140 所示，齿条模数 $m = 2\text{mm}$，齿数 $z = 10$ 个，总长 67mm，属短齿条。在卧式铣床上用平口钳装夹，用百分表移距法铣削。

图 3-137　改装万能铣头铣齿条
1—万能铣头　2—铣头
主轴　3—齿轮　4—铣刀
5—专用铣头

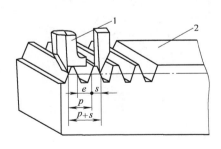

图 3-138　用齿厚游标卡尺测量齿距
1—齿厚游标卡尺　2—被测齿条

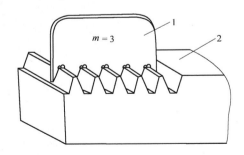

图 3-139　用样板测量齿距
1—齿距样板　2—被测齿条

2）选用 $m = 2\text{mm}$，$\alpha = 20°$的 8 号盘形齿轮铣刀，并安装。

3）用百分表找正固定钳口与铣床主轴轴线平行度，调整好后紧固。

4）使齿条长度方向与刀轴平行并夹紧。

5）选取铣削用量。$n = 95\text{r/min}$，$v_f = 47.5\text{mm/min}$。

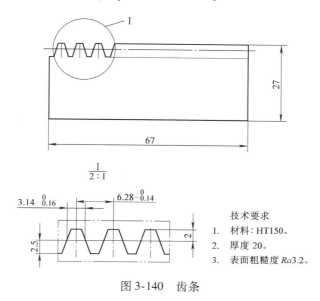

图 3-140　齿条

6）铣第一个齿。对刀，上升工作台，使铣刀与工件顶面轻微接触，退出工作台；使铣刀侧面与工件端面接触，并根据工件实际测量长度，移动一定的距离（理论值是 2.1mm），进刀用逆铣的铣削方式铣第一个齿的左侧面；铣完后，再横移 6.28mm，铣第一个齿的右侧面。

7）检测齿厚。铣出第一个齿，退出工作台，用齿厚游标卡尺检测第一齿齿厚 $s = 3.14_{-0.16}^{\ 0}\text{mm}$，齿顶高 $h_a = 2\text{mm}$，判断是否合格，根据测量结果对机床用百分表法进行微量调整，用同法铣第二个齿。当第二齿铣好后同时对齿距进行检测，检测合格后，进行下一齿的铣削，依此类推，直至铣出全部轮齿。

8）测量，卸下工件。

四、齿条的质量分析及注意事项

1）齿厚不相等、齿距误差超差、齿全高和齿形不正确：百分表未对好或看错；未消除丝杠间隙；铣削深度过大或过小；铣刀号数不对等。

2）齿面的表面粗糙度超差：进给太大或铣刀钝化；铣刀摆动误差太大，工件未装平稳；机床及工艺系统刚性差等。

3）分齿时应准确测量工件的实际长度。铣完两三个齿后必须检查齿厚及齿距。

4）齿条基本尺寸应计算准确，并正确选择铣刀，因齿条的形状完全依靠铣刀的形状保证。

5）为提高铣刀的装夹刚性，挂架与床身的距离应尽量短一点。

1. 什么是齿条？铣削齿条的铣刀如何选择？铣削齿条时，如何控制齿距？
2. 加工 $m=3\text{mm}$ 的直齿条，每铣完一个齿后，工作台横向或纵向应移动多少？
3. 简述图 3-141 所示齿条的加工步骤和分齿方法。

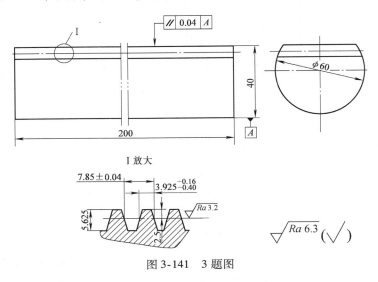

图 3-141　3 题图

课题八　综合训练及铣床的保养

任务一　综合训练

一、实训教学目的与要求

1）掌握综合零件铣削加工工艺及零件加工方法。
2）对学生实训的一次考核。

二、基本知识

1. 制订零件加工工艺规程的步骤

工艺规程是将比较合理的工艺过程确定下来，以表格形式写成工艺文件。根据生产过程的工艺性质不同，有毛坯制造、机械加工、热处理及装配等不同的工艺规程。其中，规定零件机械加工工艺过程和操作方法的工艺文件，称为机械加工工艺规程。

制订工艺规程是在一定的生产条件下，必须从产品优质、高产、低耗、环保等方面综合考虑，在保证加工质量的前提下，选择最经济、合理的加工方案，并注意以下原则：技术上的先进性、经济上的合理性、有良好的工作条件和有利环保。

制订工艺规程的原始资料有：产品图样和验收质量标准；产品的生产纲领（年产量）；

毛坯资料，包括毛坯制造方法及技术要求、毛坯图等；现有的生产条件；国内外同类产品的工艺技术资料等。

制订工艺规程的步骤如下：零件图的工艺分析→确定毛坯→拟定工艺路线→确定各工序的机床、夹具、量具和辅具→确定加工余量、工序尺寸及公差→确定切削用量和工时定额→确定鉴定、检验方法→填写工艺文件。

2. 平面和成形面加工工艺方案选择

1）加工精度要求不高的非配合面，只用粗铣或粗刨完成加工。

2）IT8～IT11，$Ra1.6～Ra6.3\mu m$，粗刨→精刨或粗铣→精铣；

3）导向平面和重要结合面，IT6～IT8，$Ra0.2～Ra0.8\mu m$，粗铣→精铣→高速细铣，粗铣→精铣→刮削或粗刨→精刨→宽刃细刨；淬火平面为粗铣（粗刨）→精铣（精刨）→磨削。

4）窄长精密平面，粗刨→精刨→宽刃精刨（或刮削）。

5）IT5～IT6，$<Ra0.1\mu m$ 的超精密平面，粗铣→精铣→磨削→研磨。

6）非铁金属平面的精加工：粗铣→精铣→高速精铣。

3. 刀具与工件的装夹

（1）刀具的装夹　在装夹各种刀具前，一定要把刀柄、刀杆、导套等擦抹干净；刀具装夹后，用对刀装置或试切等检查其装夹正确性。

（2）工件的装夹

1）在机床工作台上安装夹具时，要先擦净其定位基准面并要找正其与刀具的相对位置。

2）工件装夹前将其定位面、夹紧面、垫铁和夹具的定位夹紧面擦抹干净，不得有毛刺。

3）按工艺规程中规定的定位基准装夹，若工艺规程中未规定装夹方式，操作者可自行选择定位基准和装夹方法，选择定位基准应按以下原则。

① 尽可能使定位基准与设计基准重合。

② 尽可能使各加工面采用同一定位基准。

③ 粗加工定位基准应尽量选择不加工或加工余量比较小的平整表面，只能使用一次。

④ 精加工工序定位基准应是已加工表面。

⑤ 选择的定位基准必须使工件定位夹紧方便，加工时稳定可靠。

4）对不用夹具的工件，装夹时按以下原则进行找正。

① 工件划线。应按划线方法与步骤进行，并找正。

② 对不划线工件，在本工序后尚需继续加工的表面，找正精度应保证下道工序有足够的加工余量。

③ 在本工序加工到成品尺寸的表面，其找正精度应小于尺寸公差和位置公差的1/3；未注尺寸公差和位置公差的表面，其找正精度应高于未注尺寸公差、位置公差的要求。

5）装夹组合件时应注意检查结合面的定位情况。

6）夹紧工件时，夹紧力的作用点应通过支承点或支承面。对刚性较差的（或加工时有悬空部分的）工件，应在适当的位置增加辅助支承，以增强其刚性。

7）夹持精加工面和软材质工件时，应垫以软垫，如纯铜皮等。

8）用压板夹紧工件时，压板支承点略高于被压工件表面，并且压紧螺栓应尽量靠近工件，以保证压紧力。

4. 加工要求

1）为了保证加工质量和提高生产率，可根据工件材料、精度要求和机床、刀具、夹具等情况，合理选择铣削用量。加工铸件时，为了避免表面夹砂、硬化层等损坏刀具，在许可的条件下，背吃刀量应大于夹砂或硬化层深度。

2）对有公差要求的尺寸在加工时，应尽量按其中间公差加工。

3）工艺规程中未规定表面粗糙度要求的粗加工工序，加工后的表面粗糙度值≤Ra25μm。

4）下工道序需进行表面淬火，超声波探伤或滚压加工的工件表面，在本工序加工的表面粗糙度值≤Ra6.3μm。

5）应经常检查工件是否松动，以防因松动而影响加工质量或发生意外事故。

6）当粗、精加工在同一台机床上进行时，粗加工后应松开工件，待其冷却后重新装夹。

7）在铣削过程中，若发出不正常的声音或表面粗糙度突然变坏，应立即退刀停车检查。

8）在加工过程中，操作者必须对工件进行自检。

9）检查时应正确使用测量器具。使用后应擦净、放置到规定位置。

5. 加工后的处理

1）工件在加工后应做到无屑、无水、无脏物，并按规定摆放整齐，以免磕碰、划伤等。

2）对暂不进行下道工序加工的或精加工后的表面进行防锈处理。

3）凡相关零件成组配对加工的，加工后需做标记（或编号）。

6. 其他要求

1）工艺夹具用完后要擦拭干净（涂好防锈油），放到规定的位置或交还工具库。

2）产品图样、工艺规程和使用的其他技术文件，要注意保持整洁，严禁涂改。

三、技能训练

铣工实训综合考件一如图3-142所示。制订的零件加工工艺及加工方法，经指导教师审核、同意后方可进行加工。其评分标准见表3-6。

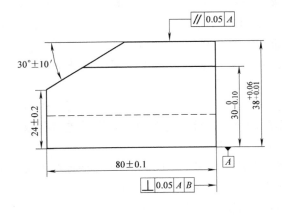
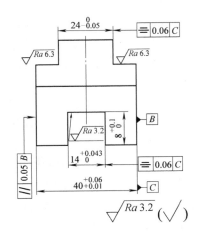

图3-142　综合考件一

表 3-6　综合考件一评分标准表

项目	技术要求	评分标准	配分	实测值	实得分
六面体	(80 ± 0.10) mm	超差 0.05mm 扣 1 分	5		
	$40^{+0.06}_{+0.01}$ mm	超差 0.01mm 扣 1 分	6		
	$38^{+0.06}_{+0.01}$ mm	超差 0.01mm 扣 1 分	6		
	// | 0.05 | A	超差 0.01mm 扣 1 分	5		
	// | 0.05 | B	超差 0.01mm 扣 1 分	5		
	⊥ | 0.05 | A | B	超差 0.01mm 扣 1 分	8		
斜面	$30° \pm 10'$	超差 2′ 扣 1 分	5		
	(24 ± 0.2) mm	超差 0.04mm 扣 1 分	4		
直槽	$14^{+0.043}_{0}$ mm	超差 0.01mm 扣 1 分	8		
	$8^{+0.1}_{0}$ mm	超差 0.02mm 扣 1 分	4		
	⚌ | 0.06 | C	超差 0.01mm 扣 1 分	6		
凸面	$24^{0}_{-0.05}$ mm	超差 0.01mm 扣 1 分	7		
	$30^{0}_{-0.10}$ mm	超差 0.02mm 扣 1 分	4		
	⚌ | 0.06 | C	超差 0.01mm 扣 1 分	6		
表面粗糙度	$Ra6.3\mu m$	每面超差一级扣 1 分	3		
	$Ra3.2\mu m$	每面超差一级扣 1 分	10		
安全文明生产	学生必须独立安装和调整工、夹、刀具，合理整齐摆放工、量具，穿戴好劳保用品，违反上述者视情节扣 2~4 分，发生设备、人身事故者视情节扣 3~6 分		8		
说明	1. 工件尺寸若超差 0.50mm 以上者扣总分 5 分 2. 工件有严重损伤者（伤痕在 0.50mm 以上）扣总分 5 分				

铣工实训综合考件二如图 3-143 所示，其评分标准见表 3-7。

制订的零件加工工艺及加工方法，经指导老师审核、同意后方可进行加工。

表 3-7　综合考件二评分标准

项目	技术要求	评分标准	配分	实测值	实得分
六面体	$70^{0}_{-0.074}$ mm	超差 0.01mm 扣 1 分	5		
	$70^{0}_{-0.074}$ mm	超差 0.01mm 扣 1 分	5		
	$18^{0}_{-0.043}$ mm	超差 0.01mm 扣 1 分	6		
	// | 0.05 | D	超差 0.01mm 扣 1 分	5		
	// | 0.05 | B	超差 0.01mm 扣 1 分	5		
	// | 0.05 | A	超差 0.01mm 扣 1 分	5		

项目	技术要求	评分标准	配分	实测值	实得分
键槽	$14 ^{+0.043}_{0}$ mm	超差 0.01mm 扣 2 分	5		
	$12 ^{+0.027}_{0}$ mm	超差 0.02mm 扣 2 分	5		
	$8 ^{+0.09}_{0}$ mm	超差 0.02mm 扣 1 分	4		
	$\boxed{\equiv\ \|\ 0.05\ \|\ C}$	超差 0.01mm 扣 1 分	5		
	(40 ± 0.2) mm	超差 0.04mm 扣 1 分	4		
凸台	$50 ^{0}_{-0.02}$ mm	超差 0.01mm 扣 1 分	5		
	$50 ^{0}_{-0.02}$ mm	超差 0.01mm 扣 1 分	5		
	$8 ^{+0.09}_{0}$ mm	超差 0.01mm 扣 1 分	5		
凹面	$40 ^{+0.1}_{0}$ mm	超差 0.02mm 扣 1 分	4		
	$40 ^{+0.1}_{0}$ mm	超差 0.02mm 扣 1 分	4		
	$8 ^{+0.09}_{0}$ mm	超差 0.02mm 扣 1 分	4		
表面粗糙度	$Ra6.3\mu m$	每面超差一级扣 1 分	3		
	$Ra3.2\mu m$	每面超差一级扣 1 分	8		
安全文明生产	学生必须独立安装和调整工、夹、刀具,合理整齐摆放工、量具,穿戴好劳保用品,违反上述者视情节扣 2~4 分,发生设备、人身事故者视情节扣 2~4 分		8		
说明	1. 工件尺寸若超差 0.50mm 以上者扣总分 5 分 2. 工件有严重损伤者(伤痕在 0.50mm 以上)扣总分 5 分				

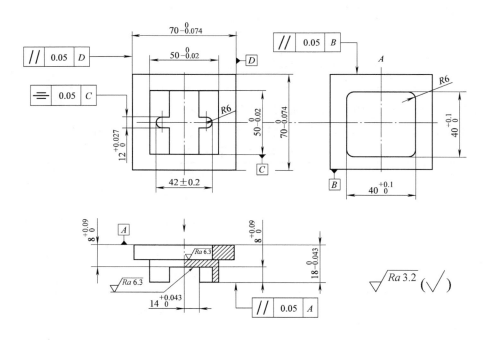

图 3-143　综合考件二

任务二　铣床的保养

一、实训教学的目的与要求

1）掌握铣床一级保养的方法。

2）使学生对机床结构更熟悉。

二、基本知识

铣床运转 500h 左右要进行一次一级保养。对铣床的一级保养必须在教师的指导下进行，必要时可请维修工人配合进行。

1. 铣床一级保养的内容及要求

铣床一级保养的部位、内容与要求见表 3-8。

表 3-8　铣床一级保养的部位、内容与要求

序号	部　位	内　容　与　要　求
1	床身及表面	（1）清洗机床表面及死角、直到漆见本色、铁见光 （2）消除导轨面的毛刺
2	主变速箱	各定位手柄应无松动
3	进给箱	（1）各变速手柄应无松动 （2）调整摩擦片间隙（由机修工进行）
4	工作台	（1）各部应清洗。台面应无毛刺，凸起处应刮平 （2）调整导轨斜铁的间隙在 0.04mm 左右 （3）调整丝杠、螺母母间隙，消除轴向窜动量
5	润滑	（1）清洗各油管、液压泵、油网。要求油路畅通，液压泵有效，油标及油窗醒目 （2）按规定加油
6	冷却系统	（1）冷却槽应无杂物和铁屑 （2）擦拭冷却泵的外表面
7	电器部分	（1）清理电器箱、电器盒内的积油和灰尘（由电工进行） （2）检查各电器触点和接线（由电工进行）

2. 一级保养的操作步骤

一级保养应在切断电源状态下进行。

1）擦净床身上部，包括横梁、挂架、挂架轴承、横梁燕尾槽、主轴孔、主轴的前端和尾部以及垂直导轨上部。

2）拆卸铣床工作台：首先快速向右进给到极限位置，拆下左撞块；拆卸左端手柄、刻度环、离合器、螺母及推力球轴承；拆卸左端的轴承架和塞铁。接着拆卸右端螺母、圆锥销、推力球轴承和轴承架。然后用手旋动丝杠，并取下丝杠，在取下丝杠时，要注意丝杠键槽向下，否则会碰落平键。最后取下工作台。

3）清洗拆下的各零件、部件，并修去毛刺。

4）检查和清洗工作台底座内的各零件，并检查手动油泵及油管是否正常。

5）安装工作台，安装步骤与拆卸顺序相反。

6）调整塞铁及推力球轴承的间隙。

7）调整丝杠与螺母之间的间隙。

8）拆卸横向工作台的油毡、夹板和塞铁，并清洗好。

9）摇动手柄，使横向工作台前后移动，擦净并检查横向导轨和横向丝杠，修光毛刺后，装上塞铁、油毡等。

10）工作台上下移动，清洗并检查垂向进给丝杠、导轨等，并相应调整好。同时还要检查润滑油的质量。

11）拆洗电动机罩，擦净电动机，清扫电器箱，并进行检查。

12）清洁整台铣床外表，检查润滑系统，清洗冷却系统。

1. 机床为什么要进行一级保养？简述一级保养的内容和步骤。
2. 简述图 3-144 所示工件铣削加工的方法和步骤。

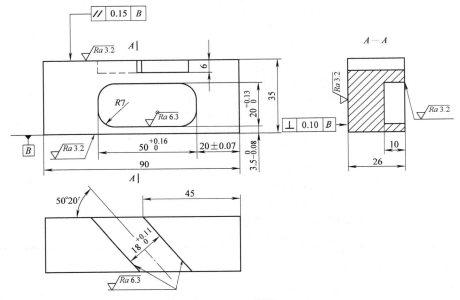

图 3-144　2 题图

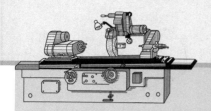

单元四

磨工技能实训

任务一　入门指导

一、实训教学目的与要求

1）了解磨床的种类、代号、加工特点及范围；了解外圆磨床各部分的名称和作用。

2）掌握外圆磨床的操作方法。

二、基本知识

1. 磨削加工的加工范围（图4-1）

磨削是在磨床上，用砂轮或其他磨具以较高的线速度，对工件表面进行切削加工的方法。它是一种精密加工方法，应用范围很广。其基本加工范围有磨外圆、磨内圆、磨平面、磨螺纹、磨齿轮、磨花键、磨导轨、磨成形面以及刃磨各种刀具等。

其中，外圆磨削、内圆磨削、平面磨削是最基本的磨削方式，也是磨工实训的主要内容。

2. 磨削加工的特点

1）磨削加工能获得很高的加工精度及较小的表面粗糙度值。通常尺寸公差为IT5～IT7，表面粗糙度值为 $Ra0.2～Ra0.8\mu m$。采用精密、超精密以及镜面磨削工艺时，表面粗糙度值 $Ra0.01～Ra0.1\mu m$。

2）磨削加工不仅能加工软材料（如未淬火的钢、铸铁和非铁金属等），而且还可加工硬度很高、用金属刀具很难切削或者根本不能切削加工的材料（如淬火钢、硬质合金等）。

3）磨削时径向分力较大。磨削时的径向力使工件产生弹性变形（让刀）形成腰鼓形。所以在加工细长工件时，一般用增加"光磨"（无横向进给）的次数，消除工件变形。

4）磨削温度高。由于砂轮的高速旋转，切削速度很高，砂轮与工件之间产生剧烈的摩擦。磨削区产生大量磨削热，磨削温度一般可达 $800～1000℃$。为了降低工件温度，磨削过程中要加注大量的切削液。

5）磨削加工余量很小。因此，在磨削之前，应先进行粗加工以及半精加工。近来由于毛坯制造技术的发展和高速强力磨削的应用，有些零件可以不经过粗加工，直接进行磨削加工。

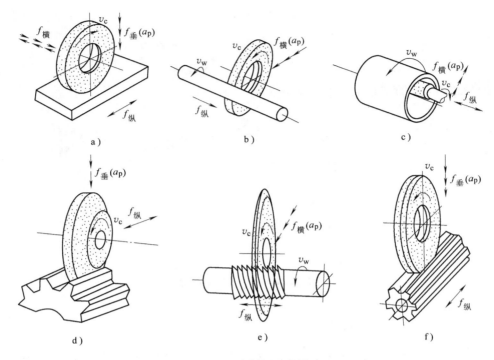

图 4-1   磨削加工范围

a）磨平面   b）磨外圆   c）磨内圆   d）磨齿轮齿形   e）磨螺纹   f）磨花键

3. 磨床型号识别

常用磨床组、系代号及主参数见表 4-1。

表 4-1   常用磨床组、系代号及主参数

类	组	系	名　　称	主　参　数	主参数的折算系数
磨床 M	1	0	无心外圆磨床	最大磨削直径	1
	1	3	外圆磨床	最大磨削直径	1/10
	1	4	万能外圆磨床	最大磨削直径	1/10
	2	1	内圆磨床	最大磨削孔径	1/10
	5	0	落地导轨磨床	最大磨削宽度	1/100
	5	2	龙门导轨磨床	最大磨削宽度	1/100
	6	0	万能工具磨床	最大回转直径	1/10
	7	1	卧轴矩台平面磨床	工作台宽度	1/10
	7	3	卧轴圆台平面磨床	工作台面直径	1/10
	7	4	立轴圆台平面磨床	工作台面直径	1/10

　　磨床型号由大写的汉语拼音字母和阿拉伯数字组成。标注形式：磨床类别 + 机床的结构特性 + 机床组别 + 机床型别 + 机床的主要规格 + 机床重大结构改进的顺序。

　　例如，M1432A "M" 磨床类别代号："1" 组别代号表示外圆磨床组；"4" 型别：万能型；"32" 主参数表示最大磨削直径 $32 \times 10 = 320$mm；"A" 重大改进顺序号，表示经过第

一次重大改进。

M6020A："M"磨床类别代号；"6"组别代号表示刀具刃具磨床组；"0"型别：万能型；"20"主参数表示最大磨削直径 20×10mm=200mm；"A"重大改进顺序号。

2M9120A："2M"机床类别代号：磨床的第二系列；"9"组别代号表示工具磨床组；"1"型别：多用型；"20"主参数表示最大磨削直径 20×10mm=200mm；"A"重大改进顺序号。

M7120A"M"磨床类别代号；"7"组别代号表示平面及端面磨床组；"1"型别代号表示卧轴矩台型；"20"主参数工作台宽度 20×10mm=200mm；"A"重大改进顺序号。

4. 磨工安全操作规程

1）操作机床时应穿工作服，不能穿高跟鞋、凉鞋、拖鞋进车间。

2）女同学要戴工作帽，长发或辫子应放入帽内。

3）必须正确安装和紧固砂轮，安装好砂轮的防护罩。

4）磨削前，砂轮必须经过 2min 空运转，确定运转正常后才能开始工作。

5）磨削时，操作者应站在砂轮右侧位置，避免砂轮因意外损坏而飞出伤人。

6）机床运转时，操作者必须集中精力，严禁擅离岗位，必须离开时要停机。

7）机床导轨上不准放物品，不准隔着正在运转的机床传递东西，操作时不准戴手套。

8）测量工件或调整机床时都应在砂轮退刀位置和磨床头架停转以后进行。严禁在旋转的工件上或在砂轮运转的周围做清洁工作，以免发生事故。

9）若发现设备有故障，应立即关掉"总开关"，并报告指导教师。

10）严禁两人同时操作一台机床，以免由于动作不协调而发生意外事故。

11）开机前，先检查各手柄位置，并使手柄处于"停止"或"0"位上。砂轮与工件不能接触。砂轮架有快速进退机构时（如 M1432A 机床），应先将砂轮放在"前进"位置，然后装夹工件，严禁吃刀开车。

12）用顶尖装夹工件时，顶尖必须顶在工件中心孔内，严禁顶在端面上，以免造成事故。

13）开机前，必须调整行程挡块的位置，并将其紧固，经手动检查可靠后，方可开机；防止工作台超越限程，致使砂轮碰撞夹头或尾座，引起砂轮破裂或工件弹出。

14）每班工作完毕停机后，工作台面应停在机床的中间位置；关掉电源、清除磨屑、切削液，进行机床维护保养；清扫场地卫生，做好交接班工作。

5. 文明生产条例

1）爱护图样和工艺文件，保持其整洁完好。

2）工具箱应分层放置量具、工具、工件等其他物品并保持整洁。

3）要爱护工、夹量具，使用以后要擦净涂油，安放妥当。

4）已加工过的零件表面不能划伤。工件加工完毕将表面擦净并涂机油。

5）工具或量具不许放在机床工作台上，工具、量具不得交叠混放。

三、技能训练

1. 外圆磨床主要部件的名称和作用（图 4-2）

（1）床身　用来支承其他部件。床身上有纵、横两条导轨，纵向导轨上装有上工作台和下工作台；在床身内部有液压传动装置、机械传动机构和电气控制系统等。

（2）砂轮架　砂轮架由壳体、主轴及滑鞍等组成，用来支承并传动砂轮主轴的高速旋转，起主切削作用。砂轮架装在滑鞍上，可在水平面内回转一定角度，磨削圆锥面。滑鞍安装在床身横导轨上，操纵横向进给手轮可实现砂轮的横向进给运动。

（3）头架（图 4-3）　用来装夹工件并带动工件转动。头架的变速机构，可使主轴获得不同的转速；头架转动一个角度，可磨削圆锥面。

（4）尾座　尾座的套筒内装有顶尖并和头架顶尖一起用来支承、装夹工件。尾座可沿着纵向工作台左右移动，在尾座套筒的后端，装有弹簧可调节对工件的压力。

（5）工作台　由上、下两个工作台组成。上工作台可绕下工作台转动一定的角度，可磨削圆锥面。上工作台上装有头架和尾座；工作台可沿纵向导轨作往复直线运动，工作台侧面上有 T 形槽，槽内装有两个可调行程挡块，用以控制工作台的自动换向。

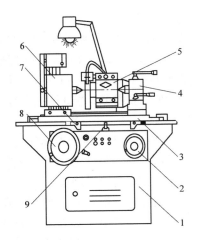

图 4-2　M6020A 万能工具磨床外形
1—床身　2—横向进给手轮　3—工作台
4—尾座　5—砂轮架　6—头架　7—换向撞块　8—纵向进给手轮　9—换向手柄

2. 外圆磨床的操作（以图 4-2 所示 M6020A 磨床为例）

（1）磨床的起动　接通电源开关，机床指示灯亮。

（2）头架调整（图 4-3）

1）箱体内有三对齿轮，调整变速手柄可获得 110r/min、200r/min、300r/min 三种转速。

2）将头架底盘螺钉松开，头架可逆时针回转 0°~90°。

3）将头架固定螺钉松开，头架可沿纵向导轨左右移动。

（3）尾座的调整（图 4-4）

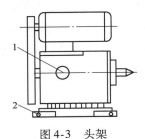

图 4-3　头架
1—头架变速手柄　2—头架固定螺钉

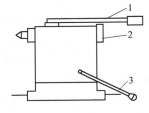

图 4-4　尾座
1—顶尖套移动手柄　2—调整套
3—尾座锁紧手柄

1）松开尾座锁紧手柄，可调整尾座纵向位置，适应不同长度零件的装夹。

2）顺时针扳动顶尖套移动手柄可使顶尖缩回，进行零件的装夹。

3）顺时针旋转调整套，顶尖顶紧力增大；反之，减小。

（4）工作台及行程挡块的调整及操作

1）工作台的调整（图 4-5）。上工作台相对下工作台可以进行回转。将台面固定螺钉松开，转动锥度调整旋钮，可使上工作台回转 −30°~+45°。加工外圆柱时调至零位。顺时针转动调整旋钮，上工作台逆时针转动；反之，工作台顺时针转动。

2）行程挡块调整（图4-6）。在下工作台T形槽内装有两个左、右行程挡块，调整行程挡块位置可控制工作台的行程。松开锁紧螺母，移动挡块调至合适位置后锁紧螺母。挡块侧面装有微调螺钉，调整螺钉可微调工作台行程；调整后应及时锁紧。

3）工作台的移动方式　（图4-7）

①　手动进给。拉出控制手柄，转动纵向手轮可进行手动纵向进给。顺时针转动手轮，工作台向右移动，逆时针转动手轮，工作台向左移动。

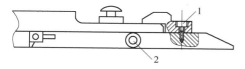

图4-5　工作台调整
1—台面固定螺钉
2—锥度调整旋钮

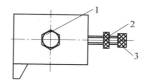

图4-6　行程挡块
1—锁紧螺母　2—微调锁紧螺母
3—微调螺钉

②　机动进给。推进控制手柄工作台机动纵向进给。变换变速手柄位置，工作台可获得六档纵向速度：0.20m/min、0.10m/min、0.44m/min、0.65m/min、0.32m/min、1.40m/min。

（5）砂轮架的操作（见图4-7）　横向进给：顺时针转动横向进给手轮，砂轮切削工件。手轮每进一小格，进给量为0.005mm，磨削量为0.01mm。手轮每转一圈，砂轮横向移动1mm，磨削量为2mm；反之，砂轮退刀。

（6）电气按钮的操纵（图4-8）　操纵时，交替按动砂轮起动和停止开关，进行砂轮点动，然后逐步进入高速旋转。按动头架起动开关，可使头架拨盘、拨杆转动。按动头架停止开关，头架停转。按纵向起动开关，可实现工作台的自动纵向走刀；按纵向停止开关，工作台停止移动。操作完毕，按下总停开关。

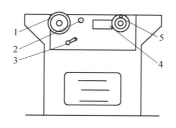

图4-7　砂轮架操作
1—纵向进给手轮　2—控制手柄　3—变
速手柄　4—按钮台　5—横向进给手柄

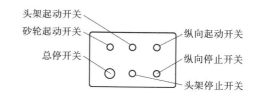

图4-8　电气按钮操纵

3. 外圆磨床的操作（以图4-9所示M1432A磨床为例）

（1）磨床的起动　接通电源开关，机床指示灯亮。

（2）头架调整（图4-10）

1）头架变速可以推拉变速捏手及改变双速电动机转速来实现。

2）将头架底盘螺钉松开，头架可逆时针回转0～90°。

3）将头架固定螺钉松开，头架可沿纵向导轨左右移动。

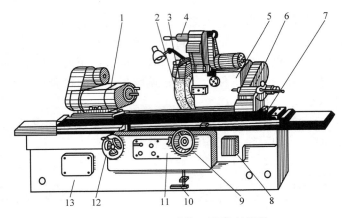

图 4-9　M1432A 万能工具磨床外形

1—头架　2—砂轮　3—切削液喷嘴　4—内圆磨具　5—砂轮架　6—尾座

7—工作台　8—电器开关　9—横向进给手轮　10—脚踏操纵板

11—操纵箱　12—纵向进给手轮　13—床身

（3）尾座的调整（图 4-11）

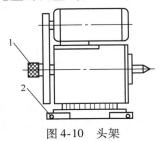

图 4-10　头架

1—头架变速捏手　2—头架固定螺钉

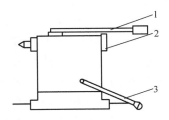

图 4-11　尾座

1—顶尖套移动手柄　2—调整套　3—尾座锁紧手柄

1）松开尾座锁紧手柄，可调整尾座纵向位置，适应不同长度零件的装夹。

2）顺时针扳动顶尖套移动手柄可使顶尖缩回，进行零件的装夹。

3）顺时针旋转调整套，顶尖顶紧力增大，反之，则减小。

（4）工作台及行程挡块的调整与操作

1）工作台的调整（图 4-12）。上工作台相对下工作台可以进行回转。将台面固定螺钉2 松开，转动锥度调整旋钮 1，可使上工作台回转 3°～6°。加工外圆柱时应将其调至零位。顺时针转动调整旋钮，上工作台逆时针转动，反之，工作台顺时针转动。

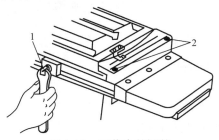

图 4-12　工作台的调整

1—螺杆　2—螺钉

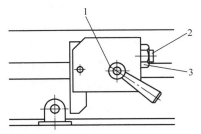

图 4-13　行程挡块的调整

1—紧固扳手　2—螺钉　3—螺母

2）行程挡块调整（图 4-13）。在下工作台 T 形槽内装有左、右行程挡块，调整行程挡块位置可控制工作台的行程。螺钉 2 可微调工作台行程，调整后用螺母锁紧。

3）工作台纵向往复运动的操纵。转动纵向手轮可进行手动纵向进给。

（5）电器按钮（图 4-14）

1）操纵时，先用右手两手指交替按动砂轮起动按钮，使砂轮点动，然后逐步进入高速旋转。操作时，人不要站在砂轮正前方，以防砂轮飞出伤人。

2）头架双速电动机旋钮（用于开停快慢选择）可与头架带轮调速组合，获得六级转速。

当冷却泵电动机选择旋钮处于停止位置时，只有头架转动，冷却泵才能开动；当旋钮处于开动位置时，头架停转，冷却泵也能工作。

3）总停按钮可在工作结束或紧急情况下使用。

（6）工作台液压传动操作步骤

1）调节并紧固挡块。

2）按液压泵启按钮（图 4-14），起动液压泵。

3）顺时针方向转动开停阀手柄至起动位置（图 4-15a）。

4）顺时针方向转动调速阀旋钮，使工作台作无级调速运动（图 4-15a）。

5）转动放气阀旋钮，排出工作缸内的空气，随后关闭放气阀（图 4-15b）。

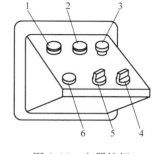

图 4-14 电器按钮
1—总停按钮 2—砂轮起动按钮 3—砂轮停止按钮 4—冷却泵电动机选择旋钮 5—头架双速电动机旋钮 6—液压泵起动按钮

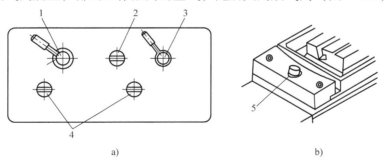

a)　　　　　　　　　b)

图 4-15 液压操纵箱及放气阀
a）液压操纵箱 b）放气阀
1—开停阀手柄 2—调整阀旋钮 3—砂轮架快速进退手柄 4—停留阀旋钮 5—放气阀旋钮

6）转动换向停留阀旋钮（图 4-15a），使工作台左停或右停，并调节工作台停留时间。

7）逆时针方向转动开停阀手柄至停止位置（图 4-15a），使工作台停止运动。

（7）砂轮架的操作（图 4-16）

1）砂轮架的手动进给（图 4-16）：转动横向进给手轮，砂轮架作横向进给。手轮顺时针方向旋转，砂轮架前进；反之，砂轮架后退。注意：当砂轮进给时，要先消除间隙。

拉出捏手即可横向细进给。手轮转一圈，砂轮架移动 0.5mm。

推进捏手，砂轮作横向粗进给。手轮转一圈，砂轮架移动 2mm。

拉出砂轮磨损补偿旋钮 4，转动刻度盘，可调整零位，使手轮撞块与砂轮架横向进给手轮定位块接触，调整完毕，将旋钮4推进。

2）砂轮架快速进退的操作（图4-15a）：在起动液压泵后，顺时针方向转动砂轮架快速进退手柄（图4-15a），砂轮架快速后退；反之，砂轮架快速引进。砂轮架快速进退行程为50mm。砂轮快速引进时，要注意安全，要防止砂轮与机床部件或工件相撞击。

（8）液压尾座的操纵（图4-17）　起动液压泵后，可脚踏操纵板，使尾座套筒退回；脚离开操纵板，尾座套筒伸出，顶尖顶住工件。操纵时，砂轮架快速进退手柄（图4-15a）应处在退出位置，否则脚踏操纵板不起作用。

4. 磨床的日常维护与保养

1）接班时，应检查磨床各部分有无异常现象，若有故障，应及时报告指导教师。

2）开机前，必须检查机床，各操作机构是否灵活，行程挡块是否可靠。

3）检查磨床的润滑。润滑的目的是减少导轨面、机构传动副的磨损，可以延长磨床的使用寿命，降低能耗和噪声。

4）操作者对设备负有保管责任，未经教师同意，严禁他人随意使动。

5）下班前，仔细擦净机床，并按机床说明书规定对磨床有关部位进行润滑。

例如，2M9120A、M6020A机床头架主轴、纵横向导轨尾架套筒等处的润滑。

M7120A机床操作时，可用手揿阀给立柱导轨、横向导轨、滚动螺母等处润滑。

M1432A机床滑鞍的导轨面和滚柱部分应润滑。

应重点检查砂轮主轴箱内的润滑油是否达到油标规定的位置。未达到油位应加注主轴润滑油，以免主轴高速旋转时产生"高烧"、"抱死"。还要注意检查纵、横、垂直导轨面上是否有足够的润滑油，以免导轨"拉毛"、"咬死"。

5. 外圆磨床的操纵训练

（1）机床的手动操作

1）操作者站在机床右侧，操作时，用左手转动纵向进给手轮，手臂用力要均匀，使工作台慢速均匀移动，并根据要求，正确地使工作台向左或向右移动，反应要同步。

2）用右手转动横向进给手轮，使砂轮架慢速均匀地横向进给，当砂轮接近工件时，可用双手顺时针均匀缓慢地转动横向进给手轮，使砂轮切入工件，并根据要求，准确地使砂轮架进刀或退刀，不要搞错方向。

（2）液压传动的操作

1）要熟悉各旋钮的位置、作用，并练习掌握使用方法。

2）调整并锁紧行程挡块，防止砂轮、头架、尾座等部件撞击。操纵开停阀手柄和调速阀旋钮，练习工作台的启动和调速。要求操纵熟练，动作自如。

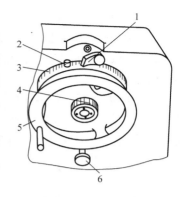

图4-16　横向进给手轮的调整
1—定位块　2—撞块　3—刻度盘
4—旋钮　5—手轮　6—捏手

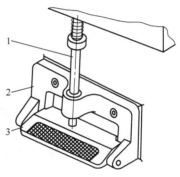

图4-17　脚踏操纵板
1—杠杆　2—支架　3—操纵板

3）操纵砂轮架快速进退手柄，练习砂轮架的快速行进和退出。要求操纵准确，动作规范。

注意：砂轮点动时，手指要自然用力，起动后需经两分钟空运转才能磨削；左手转动纵向手轮，使工作台缓慢均匀移动；用右手转动横向手轮，熟练掌握进退方向。

四、磨床操作成绩评定

磨床操作成绩评定见表4-2。

表4-2　磨床操作成绩评定

序号	检测项目	配分	评分标准	检测结果	得分
1	操作姿势	15 分	不正确扣 15 分		
2	横向进退刀操作	20 分	每错一次扣 10 分		
3	横向进给刻度识别	15 分	每错一次扣 5 分		
4	砂轮起动练习	10 分	起动时不点动无分		
5	挡块调整及工作台液压传动操作	15 分	走刀前不检查挡块位置无分		
6	砂轮架液压快速进退操作	15 分	每错一次扣 5 分		
7	安全文明生产	10 分	酌情扣分		

任务二　砂轮的安装、平衡和修整

一、实训教学目的与要求

1）了解磨削运动的概念及磨削用量的计算。
2）了解砂轮的特性及表示方法；能够识别砂轮的代号并合理选择砂轮。
3）掌握砂轮裂纹的鉴别、装卸、平衡、修整。

二、基本知识

1. 磨削运动及磨削用量

用外圆磨削为例说明磨削运动和磨削用量，如图4-18所示。

（1）砂轮的旋转运动　砂轮的旋转运动是主运动，主运动速度（砂轮的圆周速度）可用下式计算：

$$v_s = \frac{\pi d_s n_s}{1000 \times 60}$$

式中　v_s——砂轮圆周线速度（m/s）；

d_s——砂轮直径（mm）；

n_s——砂轮转速（r/min）。

砂轮的线速度很高，外圆磨削、平面磨削时 v_s 一般为 30～35m/s；内圆磨削时 v_s 一般为18～30m/s。磨削时，不能超过砂轮上标注的允许速度。

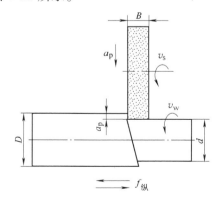

图4-18　磨削运动和磨削用量

（2）工件的旋转运动　工件的旋转运动是圆周进给运动，其线速度可用下式计算：

$$v_{\mathrm{w}} = \frac{\pi d_{\mathrm{w}} n_{\mathrm{w}}}{1000}$$

式中　v_{w}——工件圆周线速度（m/min）；

d_{w}——工件直径（mm）；

n_{w}——工件转速（r/min）。

工件的圆周速度，一般为 5～30m/min。在实际生产中，工件直径是已知的，只需确定工件的转速，为此可将上式变换为

$$n_{\mathrm{w}} = \frac{1000 v_{\mathrm{w}}}{\pi d_{\mathrm{w}}} \approx \frac{318 v_{\mathrm{w}}}{d_{\mathrm{w}}}$$

（3）工件的轴向往复运动　工件的轴向往复运动称为纵向进给运动，工件每转一圈相对砂轮在纵向进给运动方向所移动的距离，称为纵向进给量，用 $f_{纵}$ 表示：

$$f_{纵} = KB$$

式中　$f_{纵}$——纵向进给量（mm）；

K——进给系数，粗磨时取 0.4～0.8，精磨时取 0.2～0.4；

B——砂轮宽度（mm）。

在单位时间内，工件相对砂轮在轴向所移动的距离，称为纵向进给速度，用 $v_{纵}$ 表示：

$$v_{纵} = \frac{f_{纵} n_{\mathrm{w}}}{1000}$$

$v_{纵}$ 一般为 0.02～0.05m/min。

（4）砂轮的横向进给运动　每次磨削行程终了时，砂轮在垂直于工件表面方向切入工件的运动，称为横向进给运动，又称吃刀运动。砂轮在横向进给方向的移动量，称为背吃刀量，用 a_{P} 表示：

$$a_{\mathrm{P}} = \frac{D - d}{2}$$

式中　a_{P}——背吃刀量（mm）；

D——磨削前工件的直径（mm）；

d——磨削后工件的直径（mm）。

背吃刀量一般为 0.005～0.05mm，精磨时取较小数值。

在上述磨削用量中，v_{s} 一般固定不变，其他三项（工件圆周线速度 v_{w}、纵向进给量 $f_{纵}$、背吃刀量 a_{P}），应根据工件材料、加工精度和表面粗糙度的要求来选取。

2. 砂轮的特性

砂轮特性包括磨料、粒度、硬度、结合剂、组织、形状和尺寸、安全线速度等要素。

3. 选择砂轮的原则

各种砂轮均有不同的适用范围，应按照实际的磨削要求合理地选择和使用砂轮。

（1）磨料的选择　砂轮中磨粒的材料称为磨料。它在磨削过程中用来切削工件，所以磨料必须有很高的硬度、耐热性和一定的韧性，同时还要有比较锋利的几何形状，以便切入工件。磨料的选择主要与被磨削工件的材料及其热处理方法有关。一般选择原则见表4-3。

表 4-3　普通磨料的选择

磨料名称		代号	颜色	应 用 范 围
棕刚玉		A	棕褐色	碳钢、合金钢、铸铁、硬青铜、调质钢以及粗磨工件
白刚玉	Al₂O₃	WA	白色	淬火钢、合金钢、高碳钢、高速钢、薄壁易变形工件，自锐性好，切削性能好，应用广泛
铬刚玉		PA	玫瑰红色	合金钢、高速钢、精密量具等；也可用于成形磨削、刃磨刀具等
黑色碳化硅	SiC	C	黑色	铸铁、黄铜、铅、锌等抗拉强度较低的材料
绿色碳化硅		GC	绿色	硬质合金、光学玻璃以及宝石

注：自锐性是指在磨削过程中，钝化的磨粒自行脱落或崩碎并重新露出新的锋利磨粒的特性。

（2）粒度的选择　粒度是指磨料颗粒的大小。粒度号越大，磨粒就越细。粒度从粗到细的号数为 F4～F1200 等粒度。砂轮粒度的选择见表 4-4。

表 4-4　砂轮粒度的选择

粒度号	适用范围	工件表面粗糙度 Ra/μm	粒度号	适用范围	工件表面粗糙度 Ra/μm
F40～F60（旧代号为 40～60）	一般磨削	2.5～1.25	F240～F400（旧代号为 W50～W20）	超精密磨削	0.08～0.012
F60～F80（旧代号 60～80）	中精磨或精磨	0.63～0.20	F400～F600（旧代号为 W20～W10）	镜面磨削	0.04～0.008
F100～F220（旧代号为 100～200）	精密磨削	0.16～0.10			

（3）硬度　砂轮硬度是指结合剂粘接磨粒的牢固程度。磨粒不易脱落的砂轮，称为硬砂轮；反之，则称为软砂轮。注意不要把砂轮的硬度与磨粒自身的硬度混同起来。砂轮硬度分为 7 个大级，表示方法和选择见表 4-5。

表 4-5　砂轮硬度等级及选用

大级名称	超软			软			中软		中		中硬			硬		超硬
小级名称	超软			软₁	软₂	软₃	中软₁	中软₂	中₁	中₂	中硬₁	中硬₂	中硬₃	硬₁	硬₂	超硬
代号	D	E	F	G	H	J	K	L	M	N	P	Q	R	S	T	Y
选择	L～N 用于磨削一般硬度的材料；H～K 用于磨削淬硬材料，K、L 用于磨削表面质量要求高的材料，H、J 用于磨削硬质合金刀具，K、L 硬度使用较多。															

砂轮硬度是衡量砂轮自锐性的重要指标。磨硬材料工件时，磨粒容易钝化，应选用硬度较低的砂轮；磨软材料工件时，磨粒不易钝化，应选用硬度较高砂轮，以避免磨粒过早脱落损耗；磨削特别软而韧的材料时，砂轮容易堵塞可选用结构疏松的大气孔砂轮。一般常用硬度为 K、L。

（4）结合剂　结合剂是将磨料粘结成各种砂轮的材料。结合剂的种类见表 4-6。

表 4-6　结合剂的种类

名称	代号	性能	应用范围
陶瓷结合剂	V	耐热、耐水、耐油、耐酸碱、气孔率大、强度高，但韧性、弹性差	应用范围最广，除切断砂轮、高速砂轮外大多数砂轮都采用陶瓷结合剂
树脂结合剂	B	强度高、弹性好、耐冲击、有抛光作用，但耐热性差、耐蚀性差，结合性差	制造高速砂轮、薄片砂轮、荒磨、粗磨砂轮
橡胶结合剂	R	强度和弹性更好，有极好的抛光作用，但耐热性更差，不耐酸，易堵塞	无心磨床导轮、薄片砂轮、抛光砂轮等

（5）组织　组织是表示砂轮内部结构松紧程度的参数。砂轮组织的代号是以磨粒占砂轮体积的百分比来划分。砂轮所含磨料比例越大，组织越紧密；反之，空隙越大，砂轮组织越疏松。砂轮组织号见表4-7。组织的选择原则是，磨削时排屑较易，磨削余量少时，可采用结构组织紧密的砂轮；当背吃刀量和接触面大时，应采用结构组织疏松的砂轮。一般情况下都采用中等组织的砂轮，其中5号组织最为常用。

表4-7　砂轮组织号

组织类别	紧密					中等				疏松					
组织号	0	1	2	3	4	5	6	7	8	9	10	11	12	13	14
磨粒占砂轮体积（%）	62	60	58	56	54	52	50	48	46	44	42	40	38	36	34

（6）砂轮的形状、代号　见表4-8。

表4-8　常用砂轮的形状及其代号用途

砂轮名称	代号	断面图	主要用途
平形砂轮	1		磨外圆、内圆、平面、无心、刃磨、螺纹磨削
双斜边砂轮	4		磨外圆端面
薄片砂轮	41		用于切断和开槽等
筒形砂轮	2		用于立式平面磨床
杯形砂轮	6		刃磨铣刀、铰刀、拉刀等
碗形砂轮	11		刃磨铣刀、铰刀、拉刀、盘形车刀等
碟形一号砂轮	12a		适用于磨铣刀、铰刀和其他刀具等

4. 砂轮标注

砂轮各特性参数用符号和数字表示，内容包括"砂轮形状　外径×厚度×孔径　磨料　粒度　硬度　组织　结合剂　安全线速度"。

标注举例：1 300×40×127 WA 46 K 5 V 35。含义：1平形砂轮，外径 ϕ300mm，厚度40mm，内径 ϕ127mm，磨料白刚玉，粒度F46号，硬度中软，组织号5，结合剂陶瓷，安全线速度35m/s。

三、技能训练

1. 砂轮裂纹的鉴别

安装砂轮时，先检查砂轮。检验时，一手托住砂轮，用木锤轻敲听其声音。无裂纹的砂轮声音清脆，有裂纹的砂轮声音则嘶哑（严禁使用）。禁止用坚硬的物件敲击砂轮。

2. 砂轮的安装步骤

擦净法兰盘，在法兰盘底座上放一衬垫，并将法兰座垂直放置；装入砂轮；安放衬垫和法兰盖；用圆螺母扳手逆时针方向将螺母旋紧，如图 4-19 所示。

3. 砂轮的平衡

（1）平衡工具

1）平衡块。平衡块安装在法兰盖的环形槽内，形状如图 4-20 所示。其作用是改变砂轮不平衡的状况。数量将根据平衡需要确定。

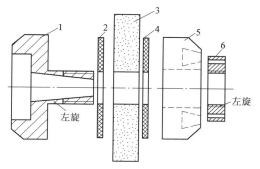

图 4-19　砂轮法兰盘结构
1—法兰盘　2、4—纸垫　3—砂轮　5—法兰盘　6—螺母

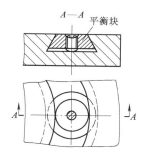

图 4-20　平衡块

2）平衡架主要由支架和轴轨组成。平衡架可通过三个螺钉支承在地基上（图 4-21）。

3）平衡心轴。心轴要求两端圆柱部分等直径，并且与外锥面同轴，外锥面与法兰座内锥面配合要求良好，如图 4-22 所示。

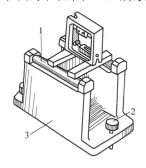

图 4-21　平衡架
1—轴轨　2—螺钉　3—支架

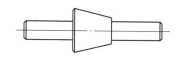

图 4-22　平衡心轴

4）水平仪。水平仪用来测量平衡架导轨水平位置。

（2）平衡架的调整方法与步骤

1）在平衡架圆柱导轨上安放两块等高的平板。

2）将水平仪放在平板上，方向与圆柱导轨垂直，调整平衡架的支承螺钉，使水平仪气泡处于中间位置。

3）再将水平仪转 90°，方向与圆柱导轨平行，调整平衡架螺钉使水平仪气泡处于中间位置（图 4-21）。

4）用 2）和 3）的方法反复检查和调整，直至圆柱导轨在纵向和横向都处于水平位置，允许误差在 0.02mm/1000mm 以内。

（3）砂轮的静平衡　砂轮的不平衡是指砂轮的重心与回转轴线不重合。砂轮高速旋转时，将产生较大的离心力，导致机床振动，磨削工件时产生振痕，机床轴承磨损加剧等，严重时会造成砂轮碎裂。砂轮必须经过两次静平衡后，才能使用。砂轮直径大于250mm采用三点平衡方法（图4-23）。

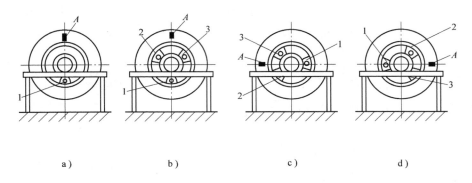

图4-23　砂轮的静平衡

1）砂轮平衡的方法与步骤。

① 将平衡心轴装入法兰座锥孔中，并用螺母锁紧。然后将砂轮轻放在平衡架圆柱导轨上，并使平衡心轴与圆柱导轨轴线垂直。

② 转动砂轮，若不平衡，砂轮会在最轻、最重连线的垂直方向来回摆动，当摆动停止时，砂轮较重部分在砂轮下方。可在砂轮上方作一记号，如图4-23a中的A点（A轻点）。

③ 在砂轮下方重点装上第一块平衡块1，并使记号A停留在原位不变，然后在对称于记号A点的左右两侧，装上另外两块平衡块2和3，如图4-23b所示，同样应保持A点位置不变，如有改变可上下同时移动两个平衡块2与3，直到轻点恢复到最初位置为止。

④ 将砂轮转90°，使A点处于水平位置，如图4-23c所示。若不平衡，可同时移动两边平衡块2和3，若A点较轻，则两平衡块同时向A靠拢，若A点较重，则两平衡块同时分开远离A点，直到轻点和重点左右平衡为止。

⑤ 然后将砂轮转180°使A点处于图4-23d所示的位置，检查砂轮平衡状况，若不平衡用④的方法移动平衡块2和3。

⑥ 将④、⑤结合起来反复调整，直至平衡。如果砂轮在其他任何位置都能静止，说明砂轮已平衡好。一般新安装的砂轮必须进行两次静平衡。第一次静平衡砂轮要到6对应点平衡。第二次静平衡必须达到8点以上。砂轮平衡后，平衡块应紧固。

>> **注意**　随时注意平衡心轴与平衡架圆柱导轨是否垂直；平衡时防止平衡架水平位置发生变化；移动平衡块时，移动量不能大，以防止重心发生变化。

2）砂轮的安装步骤。

① 打开砂轮罩壳盖，清理磨屑；擦净砂轮主轴锥面及法兰座内锥孔表面。

② 将砂轮法兰盘套在主轴上，用套筒扳手，逆时针方向拧紧螺母，并安上砂轮罩壳。

3）砂轮端面的修整。为了磨削工件的端面，需要将砂轮一侧端面修成凹斜面（图4-24a）或凹平面（图4-24b），并使端面留出2mm的切削刃参加工作，砂轮端面的其他部分应低于外端面。

① 首先修整砂轮左端面，松开砂轮架底座的锁紧螺母，逆时针转动砂轮架（1°~2°），

如图 4-24a 所示。

② 修整砂轮端面，应戴好眼镜，以防止砂粒飞入眼睛。

③ 安装砂轮修整器，摇动纵向手轮，使金刚刀对准砂轮端面（图 4-25），当砂轮与金刚刀尖接触，摇动横向手轮使金刚刀在砂轮端面上前后移动，经几次进给修整，将砂轮端面修成凹斜面，金刚刀轴线与砂轮端面倾斜，如图 4-24a 所示；或采用砂轮架横向移动，金刚刀轴线与砂轮端面垂直，保证 $H \approx 2mm$ 宽度的环形凹平面，如图 4-24b 所示。

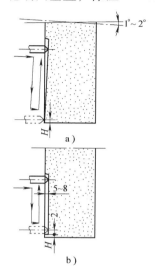

图 4-24　修整砂轮端面

a）修凹斜面　b）修凹平面

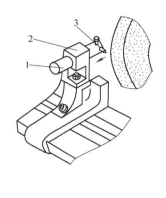

图 4-25　砂轮修整器

1—圆杆　2—支架　3—修整工具

④ 让砂轮架恢复零位，锁紧砂轮架底座螺母。再修整砂轮外圆。

>> **注意**　起动砂轮架快进时，修整工具要避开砂轮；修整砂轮端面时，控制好工作台纵向进给量，以免碰撞。

4）砂轮的拆卸。磨床的型号不同，砂轮的拆卸方法也不同。以 M6020 为例，用专用套筒扳手将主轴端部的固定螺母卸下（图 4-26 中已卸下），再将拆卸螺母旋入砂轮法兰盘螺纹孔内，然后用扳手旋转拆卸螺母上的螺杆，将法兰盘与砂轮一同卸下，如图 4-26 所示。

5）第二次静平衡。第一次平衡后，砂轮安装在机床上进行修整，由于存在砂轮外形或安装误差，经修整后，原先的平衡可能被破坏，必须进行砂轮的第二次平衡。一般砂轮要达到 8 对平衡点，平衡方法与步骤同前所述。

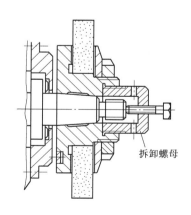

拆卸螺母

图 4-26　砂轮的拆卸方法

四、砂轮平衡训练成绩评定

砂轮平衡训练成绩见表 4-9。

表4-9　砂轮平衡成绩评定

序号	检测项目	配分	评分标准	检测结果	得分
1	砂轮的鉴别	20	基本掌握得10分，熟练掌握得20分		
2	平衡架调整（0.02±0.01）mm	40	超差0.005mm扣20分		
3	砂轮的静平衡点8~16个	40	16个平衡点得40分，少1点扣5分		

1. 解释下列磨床型号的含义：M1432A、M6020A、2M9120A、M7120A、M7130A。

2. 外圆磨削、内圆磨削、平面磨削各有哪些基本运动？

3. 外圆磨床分为几部分？各部分有什么作用？

4. 简述磨工的安全操作规程和机床维护保养项目。

5. 砂轮有哪些特性要素？什么是砂轮的自锐性？

6. 说明白刚玉的特性、应用和代号；试述陶瓷结合剂的特性、应用和代号。

7. 什么叫砂轮的硬度？硬度的选择原则是什么？

8. 解释下列砂轮代号的含义？

　1 250×25×75 WA 46 K 5 V 35；6 400×100×203 WA 80 L 6 B 35。

9. 砂轮为什么要做静平衡？砂轮要经过几次静平衡？简述平衡砂轮的方法与步骤？

10. 试述砂轮磨钝的原因和修整的方法。

11. 试述磨削加工的特点。

12. 磨削过程中，工件加工面材料会发生哪些变形？

13. 简述M6020磨床的操作步骤和注意事项。

14. 简述磨工实训时的安全操作规程。

课题二　外圆磨削

任务一　试磨轴的磨削

一、实训教学目的与要求

1）能够正确判断砂轮钝化的情况并及时修整。

2）掌握用前、后顶尖装夹、修研中心孔的方法。

3）掌握磨削用量的选择和外圆磨削的基本方法、检测方法。

4）了解切削液的作用并能正确使用。

二、加工前的准备

1. 砂轮的修整

（1）砂轮钝化的三种形式及判别方法

1）磨粒的微刃钝化。

2）砂轮表面被磨屑塞实。

以上两种形式属于砂轮正常磨损。

判别方法：表面光滑；砂轮表面发亮；磨削时有刺耳的噪声、火花细小、颜色为暗红。此时，磨削表面会出现螺旋线、烧伤、退火等现象。磨削质量和生产效率下降。

3）外形失真属砂轮非正常磨损。这是由于进给量太大造成磨粒崩掉、磨粒表面不均匀脱落，失去原来正确的几何形状。

判别方法：砂轮表面粗糙，磨削时有振动的声音。工件表面质量差、表面有直波形振纹。易发生工件飞出、砂轮碎裂事故。因此，砂轮钝化后，应及时修整外圆表面。

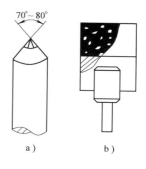

图4-27　修整工具（金刚刀）

（2）修整工具（金刚刀）

1）大颗粒金刚石的硬度高，寿命长，价格昂贵，其形状如图4-27a所示。

2）片状金刚石是采用较小颗粒金刚石，用粉末冶金烧结固定于基体上，如图4-27b所示。

（3）砂轮圆周面的修整（图4-28）

1）砂轮修整器的安装要求。

① 将金刚刀牢固地安装在修整器上，伸出长度尽量短。

② 金刚刀顶尖与砂轮的接触点，应低于砂轮轴线 $1 \sim 2mm$，与水平面夹角为 $10° \sim 15°$。

③ 修整用量如下：粗修时 $a_p = 0.02 \sim$

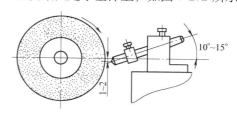

图4-28　砂轮修整

$0.04mm$，进给速度 $0.4m/min$；精修时 $a_p = 0.005 \sim 0.015mm$，进给速度 $0.2 \sim 0.05m/min$。精修完成后"光刀"（即无横向进给的"光磨"）以提高修整质量。加注充足的切削液，冲掉砂轮表面脱落的的磨粒。

2）修整步骤。

① 将砂轮修整器安装在工作台上，用螺钉紧固。

② 将金刚刀放入修整器的圆孔内，留出适当长度用螺钉紧固。

③ 起动砂轮，摇动横向进给手轮，使砂轮接触金刚石尖。

④ 摇动纵向进给手轮纵向进给，在一次行程终了后，作一次横向进给，这样反复几次。通常在直径上修去 $0.06 \sim 0.08mm$。

≫ 注意　安装金刚刀时，将棱角对准砂轮。当金刚刀磨钝后（前端呈平面），可将金刚刀转一角度，用棱角修整。金刚刀杆安装牢固，以防止修整时发生振动。

2. 顶尖的选择与安装

（1）顶尖的作用　顶尖是用来装夹、定位工件的，承受工件的重力和磨削时的切削力。

（2）顶尖的结构与种类

1）顶尖结构。顶尖的头部是60°圆锥体，与工件中心孔相配合，起着支承工件的作用。中间为过渡圆柱，尾部有莫氏圆锥体。与头架主轴锥孔或尾座套筒锥孔相配合，固定在头架或尾座上。

2）顶尖的种类。

① 全顶尖（图 4-29a）适用于一般工件的装夹。

② 半顶尖（图 4-29b）在磨削直径较小的工件时，作后顶尖用，便于砂轮越出工件端面时不受妨碍。

③ 大头顶尖（图 4-29c）用于大孔工件的装夹。

④ 阴顶尖（图 4-29d）用于装夹凸顶尖工件。

⑤ 硬质合金顶尖（图 4-29e、f）耐磨性好，不易产生"咬死"现象，但脆性较大，容易损伤，故在高精度磨削时，使用硬质合金顶尖。

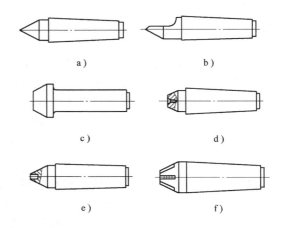

图 4-29　顶尖
a）全顶尖　b）半顶尖　c）大头顶尖　d）阴顶尖
e）硬质合金顶尖　f）硬质合金大头顶尖

（3）顶尖的装卸　安装时应先将顶尖的尾部及头架、尾座的锥孔表面擦干净，然后将顶尖放入锥孔内，用力推紧。拆卸时，右手握紧顶尖，左手将铜棒插入主轴孔内，用力冲击顶尖尾部，使顶尖从锥孔内脱出。

3. 中心孔的使用要求

中心孔的质量将直接影响工件磨削的质量。为确保工件的质量，在磨削前应检查中心孔的下列几项内容。

1）60°圆锥孔表面应光滑、无毛刺、划痕、碰伤等。

2）中心孔的大小应与工件直径大小相适应；圆锥孔顶角 60°要正确，并有足够深度，避免产生图 4-30 所示的缺陷。

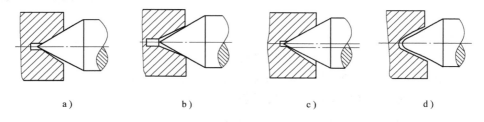

a）　　　　　　　　b）　　　　　　　　c）　　　　　　　　d）

图 4-30　工件中心孔与顶尖接触不良
a）锥孔角度不正确　b）锥孔角度不正确　c）锥孔轴线倾斜　d）锥孔太浅

4. 修研中心孔的方法

经过热处理的工件和有些工件的中心孔有较大磨损或变形。在磨削前，需要对中心孔进行修整。在卧式车床上修研中心孔的步骤如下。

（1）先修整磨石顶尖

1）用卡盘夹持磨石伸出 8mm；刀尖对准磨石中心，避免产生双曲线误差。

2）转动小滑板 30°，先进行试切削（随时加润滑油），再用 60°角度样板检验。

3）调整头架主轴转速为 720r/min，使头架高速旋转，修光表面。

（2）修研中心孔（图4-31）

1）尾座安装回转顶尖，调整头架、尾座同轴（图4-32）。

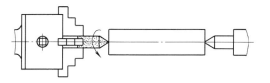
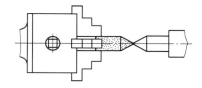

图4-31　用磨石修研中心孔　　　　　　　图4-32　找正头架、尾架中心

2）根据零件长度调整尾座距离，锁紧尾座螺母；调整头架转速为45～75r/min。

3）首先给中心孔加油，然后将工件顶在磨石顶尖和后顶尖之间（安装时要细心，以防磨石尖碰断）。

4）起动机床，磨石顶尖转动，左手握紧工件阻止工件转动，右手转动尾座顶尖移动手柄，使顶尖对工件有一定顶紧力（图4-33）。

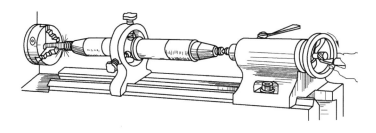

图4-33　修研中心孔的方法

5）修研1min，松开左手让工件转动一个角度，再握紧工件继续修研。

6）停机检查左端中心孔是否修整合格；给右端中心孔加油，掉头修整右端中心孔。

5. 夹头

夹头主要起传动作用。磨削时，将夹头套在工件的一端，用螺钉顶紧工件，并由拨盘带动工件旋转，如图4-34所示。

6. 外圆径向圆跳动检验

测量时将百分表架放在测量桥板上，使百分表量杆与被测工件轴线垂直，并使测头位于工件圆周最高点上。调整表头与工件之间的压力，使表针逆时针转动0.30～0.50mm当指针转过一格，测量杆产生的位移是0.01mm。转动工件，观察百分表指针的摆动，如果摆动量在0.01mm之内，说明外圆的径向圆跳动公差为0.01mm（图4-35）。

7. 用前后顶尖装夹工件的方法

把工件支承在前顶尖、后顶尖之间，由拨盘、拨杆通过夹头带动工件旋转，其旋转方向与砂轮方向相同。磨床采用的固定顶尖可以消除磨床头架顶尖及主轴轴线因旋转而产生的精度误差，避免工件产生不圆或多角形。只要中心孔和顶尖的形状和位置正确，装夹合理，可以使工件的旋转轴线始终固定不变，从而获得很高的圆度和同轴度。其特点是装夹调整，迅速方便，定位精度高，适用范围广。

（1）装夹步骤（图4-34）

1）在工件直径较小的一端装夹夹头，位置靠近工件端面。若夹头夹紧处为光面，则应在螺钉夹紧处垫上铜皮。夹头规格可按工件直径选取。

2）根据工件中心孔的尺寸和形状选择合适的顶尖，分别安装在头架和尾座的锥孔内。

3）移动头架，调整头架位置后，紧固螺钉。

4）移动尾座，调整两顶尖距离，如图4-36所示。用工件在两顶尖间比试，让工件右端越出的长度取顶尖60°锥面长度的1/2~2/3为宜，然后锁紧尾座螺母。将工件顶紧，用手转动工件检查工件顶紧力，如不合适取下工件，松开尾座螺母适当调整尾座到头架之间的距离再锁紧螺母。

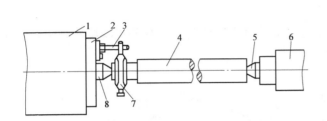

图4-34　前后顶尖装夹时夹头的作用

1—头架　2—拨盘　3—拨杆　4—工件　5—后
顶尖　6—尾座　7—夹头　8—前顶尖

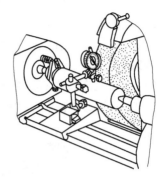

图4-35　测量工件径向圆跳动

5）清理中心孔。将砂布折叠成顶尖状，将中心孔的圆锥面磨光，然后用棉纱擦净中心孔。

6）在中心孔内加润滑油。

7）左手托住工件，将有夹头一端支承在头架顶尖上。

8）右手扳动尾座手柄，使尾座顶尖回缩，对准后将工件顶在两顶尖间。

9）调整拨杆位置，使拨杆能带动夹头旋转。

10）调整工作台的挡块行程。使砂轮在工件磨削部分两端越出的长度取砂轮宽度的1/3~1/2为宜，如图4-37所示。

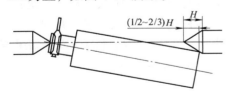

图4-36　两顶尖距离的调整

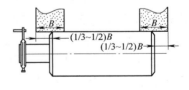

图4-37　砂轮超越长度

（2）注意事项

1）确保顶尖顶在中心孔内，以防顶尖顶在端面上，致使工件飞出伤人。

2）在机床上装卸工件时，手要握紧工件，避免工件落下，伤人或砸坏工作台。

8. 切削液的使用

（1）切削液的作用。冷却作用、清洗作用、防锈作用、润滑作用。

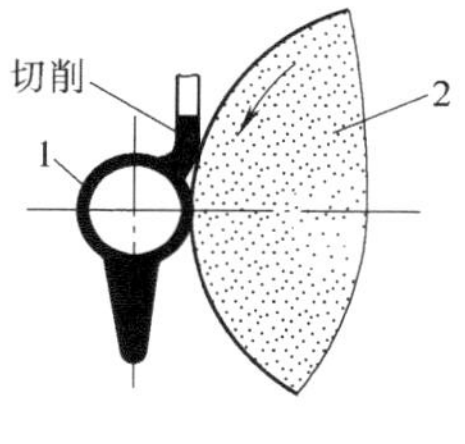

切削液中最常用的是乳化液，由 5% ~ 10% （质量分数）的皂化油和水搅拌而成。

（2）使用方法（图 4-38）

1）切削液应直接浇注在砂轮与工件接触的部位。

2）切削液的流量应充足，并均匀地喷射到整个砂轮宽度上。

图 4-38　切削液的使用
1—工件　2—砂轮

（3）注意事项

1）切削液应保持一定温度，以保证加工精度。

2）切削液应保持一定压力，以便切削液能进入磨削区域冲去磨屑和磨粒。

3）切削液应保持一定浓度。浓度过低，降低润滑效果，并会使机床生锈；浓度过高，易粘附磨屑造成砂轮堵塞和降低冷却效果。

4）切削液应保持清洁，若切削液中混杂磨屑、磨粒等，易使冷却管道堵塞及工件表面划伤。应及时更换变质的切削液。

9. 磨削用量的选择

（1）磨削深度 a_P（图 4-18）　粗磨时 $a_P = 0.01 ~ 0.03$mm，精磨时 $a_P = 0.005 ~ 0.01$mm。精磨时为了提高工件精度，减小表面粗糙度值，在精磨的最后的阶段，可在不进刀的情况下，光磨几次，使磨削火花减小甚至消失。

（2）纵向进给量 $f_纵$　粗磨时 $f_纵 = (0.4 ~ 0.8)B$；精磨时 $f_纵 = (0.2 ~ 0.4)B$，单位为 mm/r。

（3）工件圆周速度 v_w　通常工件圆周速度 v_w 是按工件直径选取的，工件转速 n_w 可按表 4-10 选择。

表 4-10　工件转速

工件直径/mm	< 20	20 ~ 50	50 ~ 80	80 ~ 110	110 ~ 150
工件转速/(r/min)	150 ~ 250	100 ~ 180	50 ~ 100	40 ~ 70	30 ~ 50

（4）砂轮圆周速度 v_c　通常砂轮圆周速度为 35m/s，实际上它并非是恒定的，它随着砂轮直径的减小而下降，生产中要注意及时更换直径过小的砂轮。

（5）磨削余量及粗精磨的划分　外圆的磨削余量一般为 0.3 ~ 0.5mm，为了提高劳动生产率和保证加工精度，通常可将磨削划分为粗磨和精磨两个阶段。

1）粗磨。粗磨要求以最短的时间磨去工件大部分余量，从而提高劳动生产率。粗磨时要将砂轮作粗修整，并采用较大的磨削用量。

2）精磨。精磨是在粗磨的基础上磨掉工件极少的余量，以进一步提高工件的加工精度。精磨的余量一般为 0.05mm 左右。

10. 外圆磨削的基本方法

（1）纵向磨削法（图 4-39）　磨削时，砂轮高速旋转，工件转动（圆周进给）并和工作台一起作直线往复运动（纵向进给），当每一纵向行程或往复行程终了时，砂轮按要求的背吃刀量作一次横向进给，在多次往复行程中磨去全部磨削余量，这种磨削方法称为纵向磨削法。它的特点如下。

1）在砂轮整个宽度上，磨粒工作情况不一样，处于纵向运动方向前面的磨粒（砂轮左端面尖角或右端面尖角）担负着主要的切削作用。砂轮宽度上绝大部分磨粒担负减小工件表面粗糙度值的作用。因此，磨削力小，散热条件好，工件可获得较高的加工精度和较小的表面粗糙度值。如果适当增加"光磨"时间，可进一步消除工艺系统的弹性变形和提高加工质量，特别适用于加工细长的工件。

2）整个砂轮圆周表面的磨粒利用率低。背吃刀量小，工件的磨削余量要多次走刀切除，故机动时间较长，生产效率较低。

3）可以用同一个砂轮加工长度不同的各种工件。在单件、小批量生产和精磨时应用更广泛。

（2）横向磨削法（图4-40）　磨削时，工件不作纵向往复运动，砂轮作连续的横向进给，直到工件余量全部磨除为止，这种磨削方法称为横向磨削法。它的特点如下。

1）整个砂轮宽度上磨粒的工作情况相同，发挥所有磨粒的切削性能，因而生产效率高。

2）由于砂轮作缓慢连续地横向切入，砂轮表面的形状会反映到工件表面，而影响工件表面粗糙度和加工精度（图4-41）。为了消除以上缺陷，在工件尚有少量余量时，用手摇动纵向手柄，使工件作纵向短距离移动。

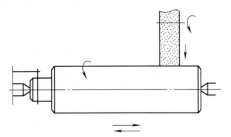

图4-39　纵向磨削法

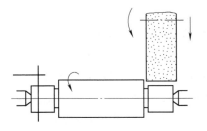

图4-40　横向磨削法

3）径向磨削力较大，工件容易弯曲变形，工件和砂轮接触面积较大。故发热量大、散热情况差，因而冷却液一定要充分。否则工件表面会退火或烧伤。

4）砂轮工作时，整个表面作连续横向切入，切屑排出困难，砂轮容易塞实或磨钝。

5）横向磨削法因受外圆磨削砂轮宽度限制，只能适用于磨削长度较短的外圆表面以及成形面。

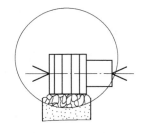

图4-41　横向磨削的特点

（3）分段磨削法（图4-42）　它是把工件分成若干小段，采用横向磨削法逐段进行粗磨，留0.03～0.05mm的精磨余量，最后用纵向磨削法精磨至图样要求。分段粗磨时，相邻两段间要有3～5mm的重叠，以保证各段外圆衔接好。这种磨削方法适用于磨削余量多、刚性好的工件。

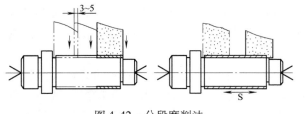

图4-42　分段磨削法

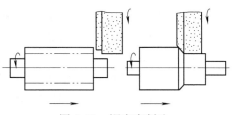

图4-43　深度磨削法

（4）深度磨削法（图4-43）　先将砂轮工作面修成阶梯形或锥面，磨削时采用较大的背吃刀量，用较小的纵向进给量，在一次纵向进给中磨去工件大部分或全部磨削余量，这种磨削方法称为深度磨削法。适用于磨削余量大，刚性好，精度较低的工件。

三、技能训练

1. 调整工作台

磨削外圆柱面时，必须保证被磨削工件的轴线与工作台纵向运动方向平行，否则会出现锥度，如图4-44所示。调整工作台的方法与步骤如下。

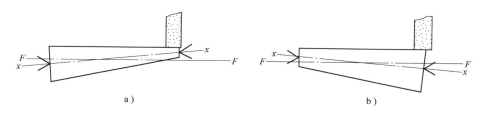

图4-44　工件轴线与工作台纵向运动方向不平行

（1）目测法找正　首先把工作台调至零位。观察工件与砂轮之间的缝隙，若工件左端缝隙小，说明工件左端向砂轮方向偏斜，工作台应逆时针方向调整，如图4-45a所示；反之工作台应按顺时针方向调整，如图4-45b所示。

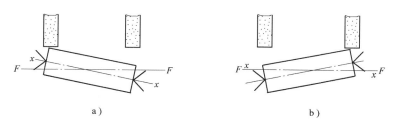

图4-45　目测法找正

（2）对刀找正　精度可调至0.05mm以内，如图4-46所示。先选一个无锥度的试件，然后起动机床，移动纵向工作台，使砂轮处于工件的左侧，横向进给直至出现火花，观察横向进给手轮的刻度；横向退刀后，移动纵向工作台，使砂轮处于工件的右侧，横向进给直至出现火花，观察横向进给手轮的刻度，依据两次读数即可判断工作台产生的锥度及调整方向。若右侧刻度值大，则说明尾座远离砂轮，工作台应按逆时针方向调整；反之，按顺时针方向调整。重复上述步骤，直至手轮读数相同，则工作台已初步找正。

（3）精细调整法　选用试件进行试磨，当两端均磨出后测量工件直径，依据所测工件直径调整工作台，若右端大，逆时针调整工作台；若左端大，顺时针调整工作台。

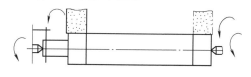

图4-46　对刀找正

注意事项：

1）在工件直径大端进给，对刀时，砂轮缓慢靠近工件，背吃刀量要小。

2）反向转动旋钮，应注意消除间隙。

3）磨钝的砂轮应及时修整；注意加注充足的切削液，以防工件局部受热变形。

2. 调整工作台成绩评定（表 4-11）

表 4-11 调整工作台的评分标准

序号	检测项目	配分	评分标准	实测结果	得分
1	检测圆柱度误差（<0.003mm）	80 分	圆柱度误差 0.003~0.005mm 扣 10 分		
			圆柱度误差 0.005~0.01mm 扣 25 分		
			圆柱度误差 0.01~0.02mm 扣 40 分		
			圆柱度误差 >0.02mm 不得分		
2	检测表面粗糙度值 $Ra1.6\mu m$	10 分	超差不得分		
3	安全文明生产良好	10 分	违反扣 10 分		

3. 控制尺寸精度（图 4-47）

（1）加工方法与步骤

1）选择切削用量。背吃刀量取 0.005mm，即直径方向磨削量 0.01mm，工件转速取 100~200r/min。

2）根据工件长度，调整头架和尾座的距离，工件在两顶尖间的松紧程度适当。

3）在 $\phi25mm$ 端装上大小合适的夹头；擦净工件中心孔，并加注润滑油。

4）擦净两顶尖，将工件安装在两顶尖之间；调整拨杆位置，使拨杆能带动工件旋转。

5）调整工作台行程挡块位置；测量工件尺寸，计算磨削余量和检查圆柱度误差值。

6）用目测法、对刀法仔细地将工作台找正，将锥度误差调到 0.05mm 以内。

7）再用精细调整法继续调整工作台，将锥度误差调到 0.005mm 以内，锁紧工作台。

8）用纵磨法将工件磨至工序尺寸（工序尺寸为图样尺寸加 0.05mm 余量），适当增加"光磨"次数停机测量。

9）磨去剩余的 0.05mm 余量。如果还有锥度，可在大端多光几刀。

（2）注意事项 锥度没有消除时，不要纵向走刀磨削工件；磨削时必须浇注充足的切削液。

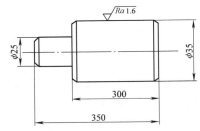

图 4-47 试磨轴

4. 控制精度尺寸成绩评定（表 4-12）

表 4-12 控制精度尺寸的评分标准

序号	检测项目	配分	评分标准	实测结果	得分
1	检测尺寸精度 $D\pm0.003mm$	40 分	尺寸精度为 $D\pm0.004mm$ 扣 10 分		
			尺寸精度为 $D\pm0.005mm$ 扣 20 分		

（续）

序号	检测项目	配分	评分标准	实测结果	得分
2	检测圆柱度公差 0.01mm	20 分	超差 0.005mm 扣 10 分		
3	检测表面粗糙度 Ra1.6μm	10 分	超差不得分		
4	检测磨削余量 0.2mm	20 分	超差不得分		
5	检测中心孔的研磨	10 分	超差不得分		
6	安全文明生产		违反扣 10 分		

任务二 光 轴 磨 削

一、实训教学目的与要求

1）了解光轴的磨削特点。

2）掌握光轴的磨削步骤与方法。

二、基本知识

磨削光轴要分两次掉头装夹磨削才能完成，要求无明显接刀痕迹，对工件的定位基准（中心孔与顶尖）有较高的要求，以保证工件的同轴度和圆柱度公差。

三、技能训练

1. 磨削光滑轴（图 4-48）**的磨削步骤**

1）修研中心孔；找正头架、尾座中心，以防工件产生明显的接刀痕迹，如图 4-49 所示。

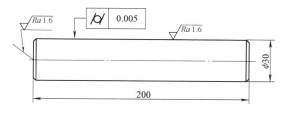

图 4-48 光轴

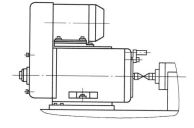

图 4-49 找正头架、尾座中心

2）将工件装夹在两顶尖间（顶尖、中心孔擦净加油）。

3）确定工作台行程，调整行程挡块位置，使接刀长度小于 30mm，接刀长度过长则工件易变形，产生接刀痕。

4）找正工作台，要求接刀处比另一端大 0.005mm，这样接刀时易接平，如图 4-50 所示。

5）粗磨外圆，每次进给量 0.01mm，切削液要充分，留精磨余量 0.03 ~ 0.05mm。

6）精磨外圆至尺寸（圆柱度小于 0.005mm，接刀处比右端大 0.005mm），每次进给量 0.005mm。

7）工件掉头垫铜片装夹，粗磨接刀处外圆（中心孔、顶尖擦净加油）留精磨余量0.03～0.05mm，如图4-51所示。

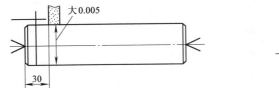

图4-50 找正工作台　　　　　　　　　　图4-51 接刀磨削

8）接刀外圆处涂上红丹粉，精磨接刀处外圆时用纵磨法磨削，每次横向进给0.0025mm，当红丹粉变淡，说明砂轮已磨到工件外圆，待红丹粉消失，立即退刀。

2. 接刀方法及注意事项

1）磨削接刀处外圆，每次横向进给量0.005mm。磨削余量剩余0.003～0.005mm时，横向进给量减少，最后以无横向进给的"光磨"接平外圆。为了便于观察，在接刀外圆处涂上红丹粉显示剂，当红丹粉消失或颜色变淡，砂轮已磨到工件外圆，便于尺寸控制。

2）当出现单面接刀痕迹时，要及时检查中心孔、顶尖的质量以及外圆的圆度。

3）要注意中心孔的清理和润滑；要注意调整顶尖的顶紧力，不要顶得过紧。

4）要保证砂轮的锋利；并充分浇注切削液，以避免工件产生烧伤痕迹。

5）接刀时，动作要协调，要注意砂轮横向进给与工作台纵向进给的配合。要避免进给过头，使工件产生接刀痕迹或圆柱度误差。

四、光轴磨削成绩评定（表4-13）

表4-13 光轴磨削的评分标准

序号	检测项目	配分	评分标准	实测结果	得分
1	检测 $\phi 30_{-0.006}^{0}$ mm	30分	超差0.001mm扣10分		
2	检测表面粗糙度 $Ra1.6\mu m$	10分	超差1级扣5分		
3	检测圆柱度误差（不大于0.005mm）	15分	超差0.002mm扣5分		
4	检测磨削余量0.2mm	15分	超差0.001mm扣10分		
5	检测接刀痕迹	20分	有接刀痕不得分		
6	安全文明生产良好	10分	酌情扣分		

任务三　用心轴装夹磨削套类零件

一、实训教学目的与要求

1）了解心轴适用范围、制作要求及使用方法。

2）掌握套类零件的磨削方法。

二、基本知识

1. 微锥心轴的适用范围

磨削同轴度要求较高的套类零件的外圆时，为了保证套内孔和外圆的同轴度，先将工件内孔磨好，以内孔定位磨外圆。这时，就必须在工件内孔中装夹一根微锥心轴，以心轴两顶尖装夹，进行外圆磨削。

2. 微锥心轴制作要求

微锥心轴锥度为 1:5000～1:7000，即每 100mm 长度上，心轴的直径差为 0.014～0.02mm。为了保证精度，心轴表面应淬硬，并要求心轴的圆度公差小于 0.002mm，表面粗糙度 $Ra0.2\mu m$。为了便于工件在心轴上安装，一般微锥心轴小端外圆直径比工件孔径的最小极限尺寸小 0.005mm，并且在心轴小端磨出一段锥度较大的外圆，安装工件时起导向作用，如图 4-52 所示。因为定位面的锥度小，所以内孔与心轴配合时接触面积大，定位精度高。微锥心轴装夹用于同轴度要求较高的套类零件。

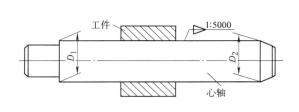

图 4-52 工件在微锥心轴上安装

图 4-53 微锥心轴的安装

3. 微锥心轴的安装方法

装夹时，将工件顺着心轴小端装入，在铜块上轻轻蹾击，依靠心轴锥体表面的弹性变形及摩擦作用，将工件胀紧在心轴上（图 4-53），拆卸时，则将心轴在铜块上反向蹾击。

三、技能训练

1. 磨削套类零件的方法与步骤

1）检测工件定位孔的尺寸精度和圆度是否符合设计要求，工件如图 4-54 所示。

2）将微锥心轴安装在两顶尖之间，检查径向圆跳动量公差 0.002mm。检查心轴中心孔和顶尖精度并注意润滑。

3）把工件套在心轴上，将心轴的大端在木块或铜板上轻轻蹾击，使工件在心轴上胀紧。然后按照磨削外圆的步骤进行磨削。

4）待工件磨削至要求后，将工件取下。用微锥心轴装夹，进行批量生产时，由于孔径的实际尺寸不同，工件在心轴上的位置可

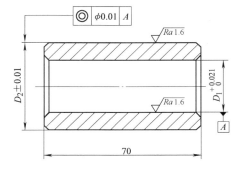

图 4-54 套类零件

能不同，要及时调整纵向行程挡块的距离。而且进刀刻度值也不相同，应随时测量调整。

2. 注意事项

1）用心轴装夹零件时，必须将心轴与工件擦净，并检查是否有伤痕；否则工件容易被

划伤或被卡死。

2）工件套入心轴时，位置要准确，不能偏斜。工件装不进去时，不能硬敲。装卸时必须在木块或软金属块上蹾击。

3）工件用微锥心轴装夹时，松紧度适当。太紧（工件产生的弹性变形大）或过松（磨削时工件松动）都会发生质量问题，甚至发生事故。

4）为了保证孔与外圆的同轴度，外圆必须在一次装夹中磨好，因此，在磨削时要注意严格控制外圆的尺寸公差。

四、套类零件磨削的成绩评定（表4-14）

表 4-14　套类零件磨削的评分标准

序号	检测项目	配分	评分标准	实测结果	得分
1	检测尺寸 D_2	40	超差 0.005mm 扣 10 分		
2	检测同轴度误差（不得大于 0.01mm）	30	超差 0.005mm 扣 10 分		
3	检查表面粗糙度 $Ra1.6\mu m$	20	超差不得分		
4	安全文明生产	10	良好得 5 分，差不得分		

任务四　外圆锥面的磨削

一、实训教学目的与要求

1）掌握圆锥套规的使用方法及磨削余量的计算。

2）掌握转动工作台、转动头架及转动砂轮架磨削圆锥的方法与步骤。

二、基本知识

1. 圆锥面的特点

圆锥面配合应用广泛。例如，磨床头架主轴孔、尾座锥孔与顶尖外锥的配合，砂轮法兰盘内锥与砂轮架主轴外锥的配合等，都是利用了圆锥面的配合。这种配合具有很多优点。

1）圆锥装卸方便，锥面配合有较高的自定心能力，配合精度高，能达到较高的同轴度并且配合紧密。

2）当圆锥角较小（在3°以下）时，可传递较大的转矩。

3）大部分圆锥零件可以进行修磨，恢复配合精度方便。

2. 圆锥角的计算和莫氏圆锥的种类及锥度

见单元二"车工实训"。

3. 圆锥面精度检验

精度较高的锥面用套规检查。圆锥套规采用"涂色法"来检验圆锥面（见车工实训）。可以检验锥度、圆度、素线的直线度及直径尺寸公差。

4. 磨削余量计算

在外圆锥面磨削过程中，当锥度已磨准，而大小端尺寸还未达到要求时，应确定磨去多少余量才能使大、小端尺寸合格，可用下面公式计算：

$$\frac{h}{2} = l\sin\frac{\alpha}{2}$$

当 $\alpha < 6°$ 或 $C < 1:5$ 时，$\sin\frac{\alpha}{2} \approx \tan\frac{\alpha}{2}$

故 $h/2 \approx l\tan\frac{\alpha}{2} \approx lC/2$

$$h = lC$$

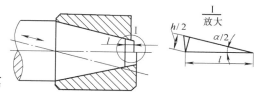

图 4-55　磨圆锥面时尺寸的控制

式中　h——应磨去的最小余量（mm）；

　　　l——工件端面至圆锥套规过端界限的距离

　　　　（mm）（图 4-55）；

　　　C——锥度；

　　　$\frac{\alpha}{2}$——工件圆锥半角（°）。

5. 套规检验工件锥度的要求

接触部分应靠近大端，接触面积为工件总面积的 75% 。

6. 注意事项

1）用套规检验时，要将圆锥面、套规内表面擦净，以免测量时拉毛工件和影响检验精度。若工件或套规表面有划痕，要用金相砂纸（抛光纸）将划痕磨去。

2）在圆锥表面顺着素线方向均涂三条极薄的显示剂（红丹粉），涂色宽度为 5～10mm，厚约 2μm。

3）工件进入套规后，不能用力太大，防止无法转动。手握套规向一个方向转动约 30°，研合一次，转动角度不宜过大，并且不能摇晃。

4）取下套规，观察工件表面上的擦痕，显示剂的擦痕若在小端，套规与工件圆锥的大端没有接触，说明工件锥度太小（图 4-56b）；反之说明锥度太大（图 4-56c）。

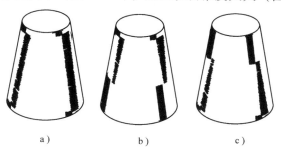

图 4-56　擦痕分析
a）擦痕均匀　b）擦痕在小端　c）擦痕在大端

5）锥度的评定按接触面擦痕最差的情况评定，只有当工件大小端擦痕均匀时，说明锥度接触良好，锥度正确（图 4-56a）。

6）用套规检查形位公差的几种现象：如果擦痕在两端，套规与工件圆锥的中部没有接触，则说明工件圆锥素线不直。其中，有一条显示条纹没有擦痕，说明工件圆锥有圆度误差。

7. 圆锥体的磨削方法

1）转动工作台磨削外圆锥面锥度不大的外圆锥面，可转动上工作台，进行磨削操作方法如下。

① 工件安装在两顶尖之间。

② 将上工作台逆时针方向转动至工件的圆锥半角 $\alpha/2$ 或锥度 C，如图 4-57 所示。

③ 采用纵向磨削法试磨。

④ 用套规测量锥度，若大端摩擦痕多，小端摩擦痕少，则工件锥度大，将工作台顺时针方向微调；反之，工作台逆时针方向微调。需经数次调整直至锥度正确为止。

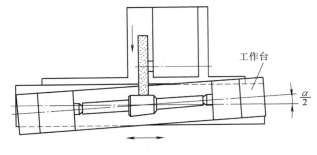

图 4-57 转动工作台磨外锥面

⑤ 用套规测量尺寸，并磨至图样要求。

特点：机床调整方便，工件装夹简单，精度容易控制，加工质量好。但受工作台转动角度的限制，只能加工圆锥角小于 18° 的工件。

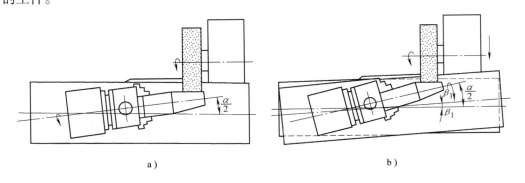

图 4-58 外圆锥面的磨削方法
a) 转动头架磨削 b) 转动工作台和转动头架磨削

2）转动头架磨削外圆锥面。当工件锥度超过工作台转动角度时，可采用卡盘装夹或利用头架主轴锥孔安装的方法，将头架逆时针转过工件圆锥半角 $\alpha/2$ 进行磨削（图 4-58a）。操作方法如下：

① 工件安装在卡盘或头架主轴内，用百分表找正。

② 头架逆时针方向转动工件圆锥半角 $\alpha/2$。

③ 移动工作台，使工件进入磨削区，并调整好行程，紧固行程档块。

④ 试磨工件，并用圆锥套规检验锥度是否正确。如果锥度不正确，可依据转动工作台调整锥度的方法进行调整。

⑤ 用套规检查磨削余量，随后磨至图样要求。

特点：适合于磨削锥度较大和长度较短的工件。如果遇到工件锥度大，长度较长，安装后砂轮已退至极限位置，还不能磨削，但距离相差不多时，可把工作台也偏转一个角度 β_2，使头架转动的角度 β_1 比原来小些，这样工件相对就退出一些（图 4-58b），但头架转动角度与工作台转动角度之和应等于工件圆锥半角（即 $\beta_1 + \beta_2 = \alpha/2$）。

3）转动砂轮架磨削外圆锥面。适合于磨削锥度较大，长度较长的工件（图 4-59）操作方法如下。

① 工件安装在两顶尖之间。

② 砂轮架逆时针回转的角度应等于工件的圆锥半角 $\alpha/2$。

③ 必须采用横向磨削法进行磨削。

特点：磨削时不能作纵向移动，工件质量差，角度调整麻烦，很少采用。

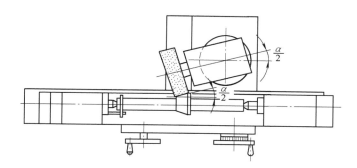

图 4-59 转动砂轮架磨削外圆锥面

三、技能训练

1. 磨削 1:5 的外圆锥面

1）分析工件形状和技术要求，如图 4-60 所示。磨削 $C=1:5$ 圆锥面大端直径 $\phi25\text{mm}$，$\alpha/2=5°42'38''$，表面粗糙度值 $Ra0.8\mu\text{m}$。

2）磨削步骤。

① 工作台预调整：调整时先松开压板螺钉，再转动锥度调整旋钮调至 $C=1:5$。

② 精细修整砂轮，圆锥表面粗糙度值必须达到 $Ra0.8\mu\text{m}$。

③ 前后顶尖装夹工件，仔细调整行程挡块位置。

④ 用目测法、对刀法调整锥度；再用纵向磨削法精细调整工作台，然后磨削至尺寸。

⑤ 用圆锥套规检验锥度是否正确，再转动锥度调整旋钮微量调整，直到锥度正确为止。

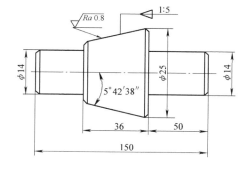

图 4-60 磨削 1:5 圆锥面

3）注意事项。

① 试磨时，应从磨削余量较多的一端对刀，否则磨削量大容易发生事故。

② 要根据图样要求，认真调整工作台转动的角度，防止锥度调整过量，并及时锁紧。

③ 套规检验时，擦净工件圆锥面、套规内表面，红丹粉涂得薄而匀。检验精度才准确。

④ 如果工件及套规表面拉毛可用金相砂纸（抛光纸）将毛刺磨去。

⑤ 工作台纵向进给要均匀，否则影响锥度；及时修整砂轮，否则影响锥度的准确性。

2. 磨削莫氏锥度 3 号圆锥

1）分析工件形状及技术要求，如图 4-61 所示。磨削大端尺寸 $\phi45\text{mm}$，圆跳动公差

0.005mm，Ra0.8μm 的莫氏锥度 3 号圆锥。

2）加工步骤。

① 研中心孔。

② 精修整砂轮外圆表面。

③ 转动工作台转至 $\alpha/2 = 1°26'16''$，即 $C = 1:19.922$。

④ 用夹头装夹 ϕ25mm 一端，并安装在前后顶尖上。

⑤ 调整行程挡块位置；采用纵向磨削法试磨。

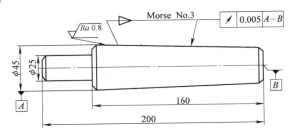

图 4-61 磨削莫氏锥度 3 号圆锥

⑥ 用莫氏锥度 3 号套规测量锥度是否正确。根据测量结果，经多次调整直至锥度达到要求。

⑦ 用莫氏锥度 3 号套规、游标卡尺测量余量，根据测量结果磨至尺寸。

四、注意事项

1）砂轮修整时，待砂轮形状修整后背吃刀量减小，一般为 0.005mm，进给速度降低，最后光刀磨几次，则修出的砂轮表面平整光滑，能得到理想的微刃并且等高。为了防止脱落的磨粒粘在砂轮表面划伤工件，可用切削液进行冲刷。

2）检验时，红丹粉要干净，并且涂抹均匀，红丹粉用机油调和均匀，干稀适中。

3）如果检验时工件及圆锥套规拉毛，可用金相砂纸（抛光纸）将毛刺磨去。

五、圆锥面磨削成绩评定（表4-15）

表 4-15 圆锥面磨削的评分标准

序号	检测项目	配分	评分标准	实测结果	得分
1	检测大端接触面85%	50	每少5%扣15分，少于70%不得分		
2	检测圆度误差（不得大于0.01mm）	10	超差不得分		
3	检测直线度误差（不得大于0.01mm）	10	超差不得分		
4	检测圆跳动误差（不得大于0.005mm）	10	超差不得分		
5	检查表面粗糙度 Ra0.8μm	10	超差1级扣5分		
6	安全文明生产	10	良好得5分，差不得分		

任务五 台阶轴的磨削

一、实训教学目的与要求

1）了解台阶轴磨削、砂轮端面修整的基本要求。

2）掌握磨削台阶轴的操作方法和台阶轴位置公差的测量方法。

二、基本知识

1. 台阶轴磨削的基本要求

尺寸精确、表面粗糙度、形状和位置公差符合要求。

2. 砂轮端面修整的基本要求及修整方法

为了保证工件基本要求，砂轮端面应该修成内凹形，使砂轮只留下极窄的一圈环面参加磨削。修整方法如图4-24所示。

3. 台阶轴的磨削方法

（1）台阶轴外圆的磨削方法

1）横向磨削法。当工件磨削长度小于砂轮宽度时，应采用横向磨削法，如图4-62所示。

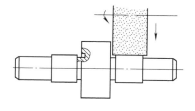

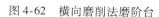

图4-62　横向磨削法磨阶台

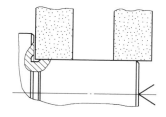

图4-63　调整工作台行程（纵向磨削法）

2）纵向磨削法。当工件磨削长度大于砂轮宽度时，可采用纵向磨削法，如图4-63所示。用纵向法磨削台阶轴时，要细心调整工作台行程，避免砂轮与台阶碰撞。若没有退刀槽或退刀槽较窄（图4-64），可在靠近台阶处用横磨法磨出一段外圆，留0.03～0.04mm精磨量；然后采用纵磨法磨削外圆与轴肩处外圆接平；最后用纵磨法精磨全部外圆。

（2）台阶轴磨削步骤与要领

1）调整工作台行程挡块要精确。先将左端行程挡块放置在砂轮与工件端面接近的位置，然后让工作台纵向移动，调整微调螺钉，让挡块逐渐后退，使砂轮端面逐渐向轴肩端面靠近，在准确位置固定挡块。调整时砂轮不转动，并经过几次自动换向，检查是否准确。

2）台阶轴磨削时横向进给的位置要精确要保证台阶处外圆根部尺寸准确，横向进给位置要在工作台纵向运动至左端换向时进刀，如图4-65所示。

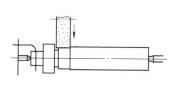

图4-64　台阶处外圆的磨削

图4-65　有退刀槽轴肩处外圆的磨削

3）台阶处外圆清根。要保证台阶处外圆能清根，在调节机床左右停留阀时，应在磨削到台阶处，让工作台稍停片刻，并保持砂轮端面尖角锋利。

（3）台阶轴端面的磨削方法　磨好外圆后，砂轮横向稍微退出约0.1mm，退出距离不宜太大，否则会在台阶端面根部留有凸台。用手轻轻敲打纵向进给手轮，使工件缓慢接触砂轮，观察磨削火花，控制磨削进给量。为了保证端面质量，要光磨一次再退出。

4. 台阶轴磨削顺序

1）根据工件形状，先磨削最长的台阶外圆，以便找正圆柱度。

2）轴类零件应先粗磨、再精磨；先磨圆柱，再磨端面；先磨直径大的外圆，后磨直径小的外圆；先磨精度要求低的外圆，后磨精度要求高的外圆，以保证工件的精度要求。

3）圆锥面的粗、精磨要在一次装夹中磨削完成。

5. 台阶轴位置公差的测量

台阶轴磨削一般以两中心孔为定位基准，测量时基准不变。图4-66所示为测量工件的径向圆跳动误差的方法。测量时先在工作台上放一个测量桥板，使百分表量杆与被测工件轴线垂直，并让测头位于工件圆周最高点上，转动工件，表针的摆动差值是工件的圆跳动误差（百分表刻度盘在圆周上有100等分的刻度线，其每格的分度值为0.01mm）。

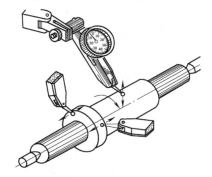

图4-66　台阶轴径向圆跳动误差的测量

>> **注意**　测量时，测量头压缩量为0.3mm左右，以减少测量误差。杠杆式百分表测量时，如调整量较大，应先松开固紧螺钉，移动表头，再调整微调螺钉。

6. 工件质量分析及预防措施

（1）工件表面有直波形误差　选择合适硬度的砂轮，保持砂轮平衡并及时修整。停车前，先关掉切削液，使砂轮空转进行脱水，以免切削液聚集在下部而引起不平衡。修研中心孔、卸下顶尖重新安装并重新调节尾座顶尖顶紧力。适当降低工作转速、合理选择磨削用量；调整头架主轴轴承间隙或更换大规格的磨床。

（2）工件表面有螺旋形痕迹　合理选择砂轮硬度，及时修整砂轮。适当降低纵向进给量和背吃刀量。加大或加浓切削液；调整导轨润滑油压力；打开放气阀，排除液压系统中的空气或检修机床。

（3）工件表面烧伤　合理选择砂轮并及时修整；适当减小背吃刀量和纵向进给量或提高工件的转速，并加强冷却。

（4）工件表面划伤、拉毛　砂轮修整后，应加大切削液流量，用刷子将砂轮表面刷净，或过滤切削液；适当提高砂轮的硬度。

（5）有圆柱度误差　仔细找正工作台；在精磨时，砂轮的锋利程度，磨削用量和"光磨"行程次数与找正工作台时的情况基本保持一致，否则需要用不均匀走刀加以消除。调整导轨润滑油压力；擦净工作台和尾座的接触面，使前后顶尖轴线重合。

（6）工件有圆度误差　把中心孔擦净、重新修正中心孔；把顶尖卸下，擦净后重新装上，或修磨顶尖，重新调节尾座顶尖压力。修整砂轮，保证充足的切削液。逐步减小背吃刀量，增加"光磨"次数。调整头架、主轴轴承间隙。

（7）工件呈现腰鼓形　减小工件的弹性变形；减小背吃刀量，增加"光磨"次数；及时修整砂轮，使其经常保持良好的切削性能；工件较长时，可使用中心架，并正确调整撑块和支块对工件的压力。

（8）工件产生弯曲变形　适当减小背吃刀量，并保持充足的切削液。

（9）工件两端尺寸较大呈鞍形　调整顶尖压力；调整工作台上行程挡块位置，使砂轮越出工件端面约为（1/3~1/2）砂轮宽度；调整的停留时间要正确。

（10）轴肩处外圆尺寸较大　延长工作台换向停留时间；横向进刀只能在靠近台阶旁进行；及时修整砂轮。

（11）台肩端面圆跳动误差　进给时，纵向摇动工作台缓慢均匀"光磨"时间要充分；加大切削液流量；调节尾座顶尖压力；调节砂轮主轴轴向窜动量；调整头架主轴推力轴承间隙。

（12）台肩端面有凸面　进刀要慢而均匀，并"光磨"至没有火花为止；把砂轮端面修成内凹形状，使工作面尽量减小；调整砂轮架位置。

（13）台阶轴各外圆径向圆跳动误差较大　消除跳动的方法与消除圆度误差方法基本相同。

（14）表面粗糙度值大　合理选用砂轮的粒度、硬度，并仔细修整砂轮；排出液压系统中空气。减少背吃刀量和纵向进给量，提高砂轮圆周速度；加大切削液流量；增加"光磨"次数。

（15）锥度有误差　减少测量误差，提高测量准确度；找正工作台、头架或砂轮架的位置再进行磨削；及时修整砂轮。精磨时要光磨到火花消失为止。

（16）圆锥素线不直　合理选择砂轮；调整旋转轴线与工件的旋转轴线等高；擦净工作台和尾座的接触面。如果接触面磨损，可在尾座下垫上一层纸垫或薄钢皮，使前后顶尖轴线重合，并调整顶尖压力。

三、技能训练

1. 磨削台阶轴（一）（图 4-67）

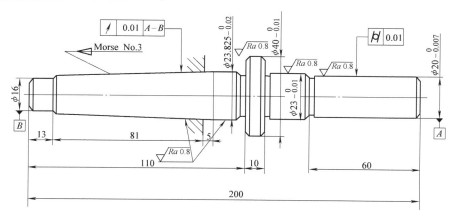

图 4-67　台阶轴（一）

1）修研中心孔、修整砂轮外圆及砂轮端面至要求。

2）用两顶尖装夹，夹头安装在 $\phi16$mm 一端（注意清理中心孔、顶尖定位面并加润滑油）。

3）调整行程挡块位置（注意台阶处挡块位置），磨 $\phi20_{-0.007}^{0}$mm 至尺寸，保证圆柱度 0.01mm 及表面粗糙度值 $Ra0.8\mu$m。

4）调整换向撞块位置磨 $\phi40_{-0.01}^{0}$mm 至尺寸，保证表面粗糙度值 $Ra0.8\mu$m。

5）调整行程挡块位置（注意台阶处挡块位置），磨 $\phi23\,_{-0.01}^{\ 0}$ mm 至尺寸，保证表面粗糙度值 $Ra0.8\,\mu$m。

6）用两顶尖装夹，垫铜皮夹头安装在 $\phi20\,_{-0.007}^{\ 0}$ mm 一端（工件取下后擦净中心孔并涂油）。

7）调整行程挡块位置（注意台阶处挡块位置），磨 $\phi23.825\,_{-0.02}^{\ 0}$ mm 至尺寸，保证表面粗糙度值 $Ra0.8\,\mu$m。

8）转动工作台调整行程挡块位置，磨莫氏 3 号外锥至尺寸；保证锥面的径向圆跳动不大于 0.01mm、表面粗糙度值 $Ra0.8\,\mu$m；锥体接触面应≥80%，并靠近大端（涂色检验）。

9）卸下工件擦净检测。

2. 磨削台阶轴（二）（图 4-68）

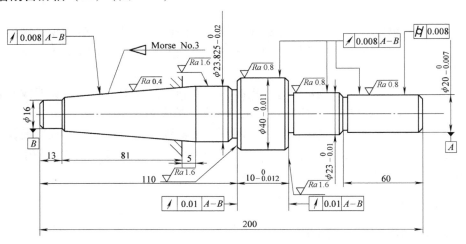

图 4-68　台阶轴（二）

1）研中心孔、修整砂轮外圆及砂轮端面至要求。

2）前后顶尖装夹（夹头夹在 $\phi16$mm 端）。

① 磨 $\phi20\,_{-0.007}^{\ 0}$ mm 至尺寸，保证圆柱度误差不大于 0.008mm、径向圆跳动不大于 0.008mm、表面粗糙度值 $Ra0.8\,\mu$m。

② 磨 $\phi40\,_{-0.011}^{\ 0}$ mm 至尺寸，保证径向圆跳动不大于 0.008mm、表面粗糙度值 $Ra0.8\,\mu$m。

③ 磨 $\phi23\,_{-0.01}^{\ 0}$ mm 至尺寸，保证径向圆跳动不大于 0.008mm、表面粗糙度值 $Ra0.8\,\mu$m。

④ 横向退出 0.20mm 靠 $\phi40$mm 右端面见光，保证径向圆跳动误差不大于 0.01mm、表面粗糙度值 $Ra1.6\,\mu$m。

3）前后顶尖装夹（掉头垫铜皮夹 $\phi20$mm 外圆）

① 磨 $\phi23.825\,_{-0.02}^{\ 0}$ mm 至尺寸，保证表面粗糙度值 $Ra1.6\,\mu$m。

② 横向退出 0.20mm，靠 $\phi40$mm 左端面，保证长度 $10\,_{-0.012}^{\ 0}$ mm，径向圆跳动误差不大于 0.01mm、表面粗糙度值 $Ra1.6\,\mu$m。

③ 转动工作台，磨莫氏锥度 3 号外锥至尺寸，保证径向圆跳动误差不大于 0.008mm、表面粗糙度值 $Ra0.4\,\mu$m；圆锥接触面积≥80%，并靠近大端。

3. 注意事项

1）工作台移动快到台阶左端面时，动作要缓慢，避免碰上工件。

2）在调整台阶处行程挡块时，尽量用微调螺钉调节，以避免工件撞击砂轮端面产生事故。

3）在靠台阶处砂轮横向进刀，以保持砂轮左端尖角的锋利，使台阶外圆的根部尺寸准确。

4）磨削时切削液要充足。

四、台阶轴磨削成绩评定（表4-16、表4-17）

表4-16　台阶轴1磨削的评分标准

序号	检测项目	配分	评分标准	实测结果	得分
1	检测尺寸 $\phi20_{-0.007}^{0}$ mm	10	超差0.002mm扣2分		
2	检查表面粗糙度值 $Ra0.8\mu m$	5	超差不得分		
3	检测尺寸 $\phi23_{-0.01}^{0}$ mm	10	超差0.001mm扣1分		
4	检查表面粗糙度值 $Ra0.8\mu m$	5	超差不得分		
5	检测尺寸 $\phi40_{-0.01}^{0}$ mm	10	超差0.005mm扣5分		
6	检查表面粗糙度值 $Ra0.8\mu m$	5	超差不得分		
7	检测尺寸 $\phi23.825_{-0.02}^{0}$ mm	10	超差0.005mm扣5分		
8	检查表面粗糙度值 $Ra0.8\mu m$	5	超差不得分		
9	检测莫氏锥度3号锥体接触面≥80%	10	少5%扣5分，少10%扣10分		
10	检查表面粗糙度值 $Ra0.8\mu m$	5	超差不得分		
11	检测圆柱度误差（不得大于0.01mm）	10	超差不得分		
12	检测圆跳动误差（不得大于0.01mm）	10	超差不得分		
13	安全文明生产	5	良好得5分，差不得分		

表4-17　台阶轴2磨削的评分标准

序号	检测项目	配分	评分标准	实测结果	得分
1	检测尺寸 $\phi20_{-0.007}^{0}$ mm	10	超差0.002mm扣2分		
2	检查表面粗糙度值 $Ra0.8\mu m$	5	超差不得分		
3	检测尺寸 $\phi40_{-0.011}^{0}$ mm	10	超差0.005mm扣5分		
4	检查表面粗糙度值 $Ra0.8\mu m$	5	超差不得分		
5	检测尺寸 $\phi23_{-0.01}^{0}$ mm	10	超差0.005mm扣5分		
6	检查表面粗糙度值 $Ra0.8\mu m$	5	超差不得分		
7	检测尺寸 $\phi23.825_{-0.02}^{0}$ mm	10	超差0.005mm扣5分		
8	检查表面粗糙度值 $Ra1.6\mu m$	2	超差不得分		
9	检测长度 $10_{-0.012}^{0}$ mm	4	超差不得分		
10	检查表面粗糙度值 $Ra1.6\mu m$（2处）	3	超差1处扣1.5分		
11	检测莫氏锥度3号锥体接触面≥80%	10	少5%扣5分，少10%扣10分		
12	检查表面粗糙度值 $Ra0.4\mu m$	5	超差不得分		
13	检测圆柱度误差（不得大于0.008mm）	3	超差不得分		
14	检测圆跳动误差（不得大于0.008mm）（4处）	12	超差1处扣3分		
15	检测圆跳动误差（不得大于0.01mm）（2处）	6	超差1处扣3分		
16	安全文明生产		酌情扣分		

任务六　模拟考工训练

一、实训教学目的与要求

1）了解考试的整个过程，了解考场纪律。

2）掌握零件磨削的方法与步骤。

二、考试准备

考工准备内容，限时 30min。

1）认真阅读图样，分析考件的形状和技术要求，并注意工件的特点。

2）认真测量工件的磨削余量；并校对千分尺。

3）修整磨石、研中心孔；修整砂轮外圆、左端面。检测前后顶尖，并找正头架、尾座的中心。

4）工、量、刀、夹及辅具准备

① 量具：外径千分尺（0～25mm、25～50mm）各 1 把、游标卡尺（0.02mm/125mm）1 把、公法线千分尺（0～25mm）1 把、莫氏锥度 3 号圆锥量规 1 套、杠杆百分表（0.01mm）1 块。

② 工具：活扳手 1 把、固定扳手（17～19mm）、（14～17mm）各 1 把、螺钉旋具 1 把、油枪 1 把、内六角扳手（M10、M8）各 1 把、磁力表座 1 个、砂轮修整器 1 个。

③ 辅具：金刚刀 1 把、红丹粉少许、抛光纸 F240（金相砂纸）2 张、铜皮 1 块、夹头 1 个、电刻笔 1 支、棉纱少许。

④ 刀具：M1420A 磨床砂轮：　1　300×40×127　WA 46 K 5 V 35

　　　　　M6020A 磨床砂轮：　1　200×20×75　WA 46 K 5 V 35

三、考试件加工

1. 考件（一）（图 4-69）**的加工步骤**（限时 180min）

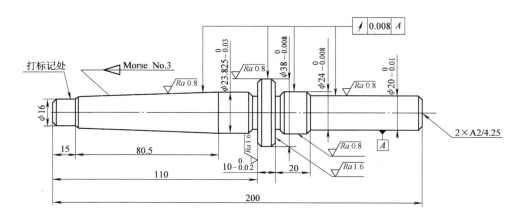

图 4-69　考件（一）

（1）研中心孔　修整砂轮外圆及左端面。

（2）前后顶尖装夹（夹头夹在 $\phi16\text{mm}$ 端）

1）磨 $\phi20_{-0.01}^{0}$ mm 至尺寸，保证径向圆跳动误差不大于 0.008mm，表面粗糙度值 $Ra0.8\mu\text{m}$。

2）磨 $\phi38_{-0.008}^{0}$ mm 至尺寸，保证径向圆跳动误差不大于 0.008mm，表面粗糙度值 $Ra0.8\mu\text{m}$。

3）磨 $\phi24_{-0.008}^{0}$ mm 至尺寸，保证径向圆跳动误差不大于 0.008mm，表面粗糙度值 $Ra0.8\mu\text{m}$。

4）横向退出 0.20mm，靠 $\phi38\text{mm}$ 右端面见光，保证表面粗糙度值 $Ra1.6\mu\text{m}$。

（3）前后顶尖装夹（掉头垫铜皮夹 $\phi20\text{mm}$ 一端）

1）磨 $\phi23.825_{-0.03}^{0}$ mm 至尺寸。

2）横向退出 0.20mm，靠 $\phi38\text{mm}$ 左端面 $10_{-0.02}^{0}$ mm 至尺寸，保证表面粗糙度值 $Ra1.6\mu\text{m}$。

3）转动工作台磨莫氏锥度 3 号外锥至尺寸，保证径向圆跳动误差不大于 0.008mm、表面粗糙度值 $Ra0.8\mu\text{m}$、锥体接触面应大于 80%，并靠近大端（涂色检验）。

2. 考件（二）（图 4-70）的加工步骤（限时 230min）

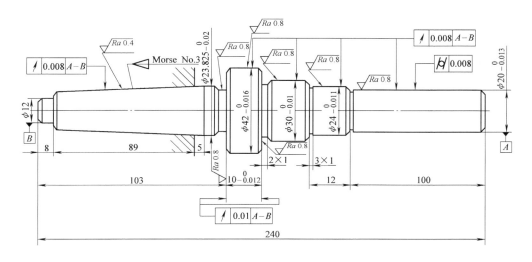

图 4-70　考件（二）

（1）研中心孔　修整砂轮外圆及左端面。

（2）前后顶尖装夹（夹头夹在 $\phi12\text{mm}$ 端）

1）磨 $\phi20_{-0.013}^{0}$ mm 至尺寸，保证圆柱度公差 0.008mm，径向圆跳动误差不大于 0.008mm，表面粗糙度值 $Ra0.8\mu\text{m}$。

2）磨 $\phi42_{-0.016}^{0}$ mm 至尺寸，保证径向圆跳动误差不大于 0.008mm，表面粗糙度值 $Ra0.8\mu\text{m}$。

3）磨 $\phi30_{-0.01}^{0}$ mm 至尺寸，保证径向圆跳动误差不大于 0.008mm，表面粗糙度值 $Ra0.8\mu\text{m}$。

4）横向退出 0.20mm，靠 $\phi42$ mm 右端面见光，保证径向圆跳动误差不大于 0.01mm，表面粗糙度值 $Ra0.8\mu m$。

5）磨 $\phi24_{-0.011}^{0}$ mm 至尺寸，保证径向圆跳动误差不大于 0.008mm，表面粗糙度值 $Ra0.8\mu m$。

6）前后顶尖装夹（掉头垫铜皮夹 $\phi20mm$ 端）。

7）磨 $\phi23.825_{-0.02}^{0}$mm 至尺寸，保证表面粗糙度值 $Ra0.8\mu m$。

8）横向退出 0.20mm，靠 $\phi42$ 左端面 $10_{-0.012}^{0}$mm 至尺寸，保证径向圆跳动误差不大于 0.01mm，表面粗糙度值 $Ra0.8\mu m$。

9）转动工作台磨莫氏锥度 3 号外锥至尺寸，保证径向圆跳动误差不大于 0.008mm，表面粗糙度值 $Ra0.4\mu m$，接触面靠近大端，接触面超过 80%。

3. 考件（三）（图4-71）**的加工步骤**（限时 230min）

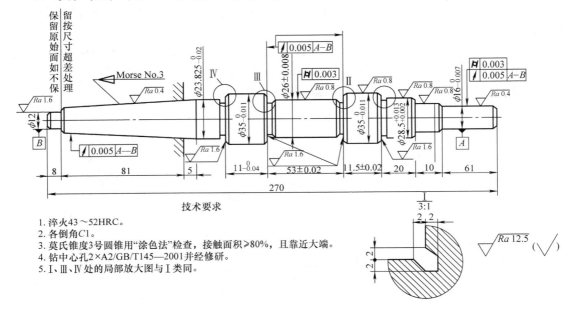

图 4-71 考件（三）

（1）研中心孔 修整砂轮外圆及左端面。

（2）前后顶尖装夹（夹头夹在 $\phi12mm$ 端）

1）磨 $\phi16_{-0.007}^{0}$ mm 至尺寸，保证圆柱度公差 0.003mm，径向圆跳动误差不大于 0.005mm，表面粗糙度值 $Ra0.4\mu m$。

2）磨 $2\times\phi35_{-0.011}^{0}$ mm 至尺寸，保证表面粗糙度值 $Ra0.8\mu m$。

3）磨 $\phi28.5_{+0.002}^{+0.013}$mm 至尺寸，保证表面粗糙度值 $Ra0.8\mu m$。

4）横向退出 0.20mm，靠 $\phi35$ mm 右端面（Ⅰ）见光，保证表面粗糙度值 $Ra1.6\mu m$。

5）磨 $\phi20_{-0.011}^{0}$ mm 至尺寸，保证表面粗糙度值 $Ra0.8\mu m$。

6）磨 $\phi(26\pm0.008)$ mm 至尺寸，保证圆柱度公差 0.003mm，表面粗糙度值 $Ra0.8\mu m$。

7）横向退出 0.20mm，靠 $\phi35$ mm 右端面（Ⅲ）见光，保证径向圆跳动误差不大于

0.005mm，表面粗糙度值 $Ra1.6\mu m$。

（3）前后顶尖装夹（掉头垫铜皮夹头夹 $\phi16mm$ 端）

1）靠 $\phi35mm$ 左端面（Ⅱ）（11.5±0.02）mm、（53±0.02）mm 至尺寸，保证径向圆跳动不大于 0.005mm，表面粗糙度值 $Ra1.6\mu m$。

2）磨 $\phi23.825_{-0.02}^{0}mm$ 至尺寸，保证表面粗糙度值 $Ra0.8\mu m$。

3）横向退出 0.20mm，靠 $\phi35mm$ 左端面（Ⅳ）$11_{-0.04}^{0}mm$ 至尺寸，保证表面粗糙度值 $Ra1.6mm$。

4）磨 $\phi12mm$，保证表面粗糙度值 $Ra1.6\mu m$。

5）转动工作台磨莫氏锥度 3 号外锥至尺寸，保证径向圆跳动不大于 0.005mm，表面粗糙度值 $Ra0.4\mu m$，锥体接触面应≥80%，并靠近大端（涂色检验）。

4. 注意事项

1）磨削前应先检查零件中心孔的质量，磨削过程中应保持顶尖和中心孔之间的润滑，松紧程度要适宜。

2）在磨削台阶轴各台阶外圆时，注意相邻轴颈之间的直径差，避免摇错手柄产生碰撞。

3）行程挡块调整要认真、细心，应尽量用微调螺钉调节，尤其在调整 $\phi26mm$ 这段时更要小心；以免工件撞击砂轮端面发生事故。

4）台阶外圆磨削时，横向进给应在近台阶旁换向时进行，以保持砂轮左端面尖角的锋利，这样才能清根，使台阶根部外圆尺寸准确。

5）台阶端面磨削时，砂轮必须在横向退出 0.2mm 后进行，以免在磨削端面时，砂轮磨伤工件外圆表面破坏原有的精度。

6）端面接触砂轮时，应避免冲击或碰撞。同时砂轮端面应修成内凹型，以保证砂轮端面与工件端面的线接触。

7）对于位置公差要求高的台阶轴，端面磨削时要有足够的光磨时间。

8）千分尺零位要校对好，加工时要磨削到中间偏差。

9）由于 $11_{-0.04}^{0}mm$、（53±0.02）mm、（11.5±0.02）mm、三个长度尺寸组成一个封闭环，所以要算好每边的加工余量；否则长度尺寸不容易保证。

10）磨 $\phi20_{-0.011}^{0}mm$ 外圆时，砂轮端面接触工件端面，采用横磨法磨削，测量时，直接退刀，测量后再横向进刀，不要再摇动纵向手轮。

四、结尾（限时 10min）

1）在零件上刻上考生班级、学号，在考件图上填写班级、姓名、学号。

2）零件擦净加油，用纸包好，交监考人员。

3）擦拭机床并对机床导轨等有关部位润滑保养。

4）整理工、量具，分类放入工具箱内；清扫考试场地卫生。

五、考场纪律

1）不能交头接耳，看不清楚图样可询问监考人员；独立完成考件加工。

2）机床出现故障应报告监考人员，以便维修人员及时排除。

3）按时交考件；并做好安全文明生产，有序顺利地通过考试。

六、考件成绩评定（表4-18、表4-19、表4-20）

表4-18 考件（一）评分标准

序号	检测项目	配分	评分标准	实测结果	得分
1	检测尺寸 $\phi20_{-0.01}^{0}$ mm	10	超差 0.002 mm 扣 2 分		
2	检查表面粗糙度值 $Ra0.8\mu m$	5	超差不得分		
3	检测尺寸 $\phi24_{-0.008}^{0}$ mm	10	超差 0.005 mm 扣 5 分		
4	检查表面粗糙度值 $Ra0.8\mu m$	5	超差不得分		
5	检测尺寸 $\phi38_{-0.008}^{0}$ mm	10	超差 0.005 mm 扣 5 分		
6	检查表面粗糙度值 $Ra0.8\mu m$	5	超差不得分		
7	检测尺寸 $\phi23.825_{-0.03}^{0}$ mm	10	超差 0.005 mm 扣 5 分		
8	检查表面粗糙度值 $Ra1.6\mu m$	5	超差不得分		
9	检测长度 $10_{-0.02}^{0}$ mm	10	超差不得分		
10	检查表面粗糙度值 $Ra1.6\mu m$	5	超差不得分		
11	检测莫氏锥度 3 号锥体接触面 80% 以上	10	少 5% 扣 5 分，少 10% 扣 10 分		
12	检查表面粗糙度值 $Ra0.8\mu m$（$\phi42mm$ 两端面）	5	以除超差扣 2.5 分		
13	锥体的尺寸合格	2	超差不得分		
14	检测圆跳动（不大于 0.008mm）（4 处）	8	超差 1 处扣 2 分		
15	安全文明生产		酌情扣分		

表4-19 考件（二）评分标准

序号	检测项目	配分	评分标准	实测结果	得分
1	检测尺寸 $\phi20_{-0.013}^{0}$ mm	6	超差 0.002 mm 扣 3 分		
2	检查表面粗糙度值 $Ra0.8\mu m$	4	超差不得分		
3	检测尺寸 $\phi24_{-0.011}^{0}$ mm	6	超差 0.005 mm 扣 3 分		
4	检查表面粗糙度值 $Ra0.8\mu m$	4	超差不得分		
5	检测尺寸 $\phi30_{-0.01}^{0}$ mm	6	超差 0.002 mm 扣 2 分		
6	检查表面粗糙度值 $Ra0.8\mu m$	4	超差不得分		
7	检测尺寸 $\phi42_{-0.016}^{0}$ mm	6	超差 0.002 mm 扣 2 分		
8	检查表面粗糙度值 $Ra0.8\mu m$	4	超差不得分		
9	检测尺寸 $\phi23.825_{-0.02}^{0}$ mm	6	超差 0.005 mm 扣 3 分		
10	检查表面粗糙度值 $Ra0.8\mu m$	4	超差不得分		
11	检测长度 $10_{-0.012}^{0}$ mm	6	超差不得分		
12	检查表面粗糙度值 $Ra0.8\mu m$	4	超差不得分		
13	检测莫氏锥度 3 号锥体接触面 80% 以上	8	少 5% 扣 4 分，少 10% 扣 8 分		
14	检查表面粗糙度值 $Ra0.4\mu m$	5	超差不得分		
15	锥体的尺寸合格	4	超差不得分		
16	检测圆跳动不大于 0.008mm（5 处）	15	超差 1 处扣 3 分		
17	检测圆跳动不大于 0.01mm（2 处）	6	超差 1 处扣 3 分		
18	检测圆柱度误差（不得大于 0.008mm）	2	超差不得分		
19	安全文明生产		酌情扣分		

表4-20　考件（三）评分标准

序号	检测项目	配分	评分标准	实测结果	得分
1	检测尺寸 $\phi16_{-0.007}^{0}$ mm	6	超差0.002mm扣2分		
2	检查表面粗糙度值 $Ra0.4\mu m$	3	超差不得分		
3	检测尺寸 $\phi20_{-0.011}^{0}$ mm	3	超差0.005mm扣1.5分		
4	检查表面粗糙度值 $Ra0.8\mu m$	2	超差不得分		
5	检测尺寸 $\phi28.5_{+0.002}^{+0.013}$ mm	3	超差0.005mm扣1.5分		
6	检查表面粗糙度值 $Ra0.8\mu m$	2	超差不得分		
7	检测尺寸 $\phi35_{-0.011}^{0}$ mm（2处）	6	超差1处扣3分		
8	检查表面粗糙度值 $Ra0.8\mu m$（2处）	4	一处超差扣2分		
9	检测尺寸 $\phi26$ mm±0.008mm	6	超差0.002mm扣2分		
10	检查表面粗糙度值 $Ra0.8\mu m$	2	超差不得分		
11	检测尺寸 $\phi23.825_{-0.02}^{0}$ mm	6	超差0.005mm扣5分		
12	检查表面粗糙度值 $Ra0.8\mu m$	2	超差不得分		
13	检测长度（11.5±0.02）mm	4	超差不得分		
14	检查表面粗糙度值 $Ra1.6\mu m$（2处端面）	2	一处超差扣1分		
15	检测长度（53±0.02）mm	4	超差不得分		
16	检查表面粗糙度值 $Ra1.6\mu m$	2	超差不得分		
17	检测长度 $11_{-0.04}^{0}$ mm	4	超差不得分		
18	检查表面粗糙度值 $Ra1.6\mu m$	2	超差不得分		
19	检测莫氏锥度3号锥体接触面80%以上	10	少5%扣5分，少10%扣10分		
20	锥体的尺寸合格	2	超差不得分		
21	检查表面粗糙度值 $Ra0.4\mu m$	7	超差不得分		
22	检测圆柱度误差(不得大于0.003mm)(2处)	6	超差1处扣3分		
23	检测圆跳动误差(不得大于0.005mm)(4处)	12	超差1处扣3分		
24	安全文明生产		酌情扣分		

1. 砂轮钝化分哪几种形式？砂轮修整时，金刚刀相对砂轮的位置有什么要求？

2. 磨削加工为什么常采用固定顶尖装夹？特点如何？

3. 外圆磨削对中心孔有什么要求？如何修研中心孔？

4. 为什么磨削加工要加注切削液？它有哪些作用？

5. 简述纵向磨削法、横向磨削法，由几个运动组成？各有哪些特点？

6. 试述光滑轴磨削的加工步骤。

7. 试述光滑轴外圆磨削时的接刀方法和注意事项。

8. 圆锥磨削有几种方法？各种磨削方法的适用范围以及各自有什么特点？

9. 磨削台阶轴的顺序有哪些原则？带退刀槽的轴肩端面如何磨削？

10. 台阶轴磨削时横向进给的位置选在哪儿？为什么？

11. 外圆磨削时，工件有锥度或腰鼓形的原因有哪些？如何消除？

12. 外圆磨削有哪几种形式？外圆磨削有哪几种方法？各有何特点？如何合理选择外圆磨削的砂轮？

13. 试述中心孔的种类和结构。如何修研中心孔？试述顶尖的种类和结构。

14. 磨削时产生直波形误差的原因是什么？如何防止？工件表面有螺旋痕迹的原因是什么？如何防止？

15. 工件产生圆度误差的原因是什么？如何防止？影响工件表面粗糙度的因素有哪些？

16. 为什么要划分粗、精磨？如何磨削光轴和台阶轴？轴类零件有哪些主要技术要求？

17. 什么是锥度？外圆锥的磨削方法有哪几种？各有什么特点？

18. 用两顶尖装夹工件，工件 $\alpha/2 = 5°$ 的外圆锥，采用什么磨削方法？如何检测其精度？

19. 磨削工件 ϕ25mm，选工件圆周速度为 20m/min，计算工件转速。

课题三　　内圆磨削

任务一　　内圆磨具、零件装夹及找正

一、实训教学目的与要求

1）掌握内圆砂轮的修整方法。

2）掌握内圆磨具、卡盘、工件的安装及调整方法。

二、基本知识

1. 内圆磨具、卡盘的安装（以 M1432A 为例）

1）卸下砂轮及罩壳，拆卸尾座，将砂轮架快速引进。

2）M1432A 型万能型外圆磨床的内圆磨具为翻转式结构（图 4-72），使用时，先拔出插销，然后将内圆磨具翻下，使定位支承与砂轮基面接触，并用螺钉紧固。图 4-73 所示为内圆磨具调整后的位置。内圆磨具翻下时，由电气线路控制使电磁铁将快速手柄锁住（内圆磨具与快速进退互锁），故在操作时不要再强行转动快速手柄。

3）拆下砂轮架电动机罩壳及传动带，安装内圆磨具带轮和传动带，调整好电动机位置。

2. 卡盘的安装

M1432A 型万能外圆磨床卡盘采用带锥柄的法兰盘连接，步骤如下。

1）拆卸头架拨杆，安装带动螺钉。

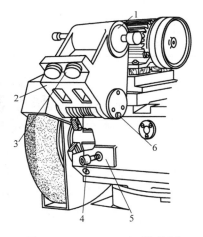

图 4-72　M1432A 型万能外圆
磨床内圆磨具的调整

1—内圆磨具　2—转体　3—定位支承
4—螺钉　5—砂轮架基面　6—插销

2）擦净法兰盘锥柄及主轴锥孔。

3）装入法兰盘。

4）用拉杆将法兰盘拉紧（图4-74）。

5）起动机床电器操纵板上的内圆磨具启动按钮，启动机床，检查机床各部分运行情况。

3. 调整砂轮主轴轴线（图4-75）

砂轮轴线与工件轴线不等高，会使工件的素线产生直线度误差，因此，必须调整。

1）将头架、上工作台均转到零位。

2）在头架上用卡盘装夹内圆零件并找正，径向圆跳动公差为0.01mm。

3）在砂轮接长轴上安装杠杆百分表。将百分表转到与工件水平中心一致的位置，表头接触孔前壁，调正表盘取一整数值；再将砂轮接长轴旋转180°，使表头接触孔后壁，观察百分表所指数值，根据两次测量的数值差调整内圆磨具的横向位置使表头接触孔前、后孔壁。要使测量数值基本相同，如图4-75a所示。

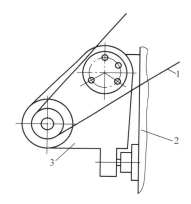

图4-73　M1432A型万能外磨床内圆磨具调整后的位置
1—传动带　2—砂轮架　3—转体

图4-74　自定心卡盘在主轴上的安装
1—拉杆　2—主轴　3—法兰盘　4—定心圆柱

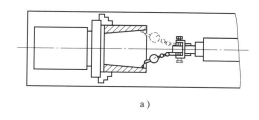
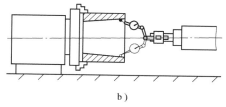

a）

b）

图4-75　调整砂轮轴线与工件轴线等高

4）将砂轮接长轴旋转90°，使百分表头接触孔壁顶面，与工件垂直中心一致的位置；观察百分表，记住读数；再将砂轮接长轴旋转180°，使百分表头接触孔壁下面位置上；观察表针所指数值，两个数值差的一半值即是砂轮接长轴轴线与工件旋转轴线等高差值。如果上壁数值比下壁数值大，说明工件旋转中心比砂轮接长轴的旋转中心低；反之，则说明工件旋转中心比砂轮接长轴的旋转中心高，如图4-75b所示。当等高性超过允许范围时，应重新调整内圆磨具的中心位置。

4. 内圆磨砂轮的选择、安装和修整

（1）内圆磨砂轮的选择　由于内圆磨削条件差，通常选择粒度较粗，硬度较软的内圆砂轮；粒度 F36～F60；硬度 J～K、L；平形砂轮。直径：$D_s/d_w = 0.5～0.9$。当工件孔径较小时，应选较大的比值；反之，则取较小的比值。

（2）砂轮的安装

1）用螺钉紧固砂轮　常选用的内圆磨砂轮形状有平形和单面凹形；平行适宜于磨削圆柱通孔、圆锥通孔等（图 4-76）；单面凹形适宜磨削不通孔、台阶孔和端面（图 4-76）。安装时在砂轮两端垫以衬垫，然后将螺钉拧紧即可（图 4-77）。

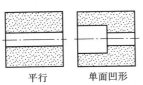
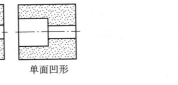

平行　　单面凹形

图 4-76　内圆砂轮形状

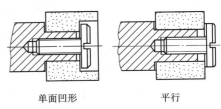

单面凹形　　平行

图 4-77　用螺钉安装砂轮

2）用粘结剂紧固砂轮　用于磨削工件孔径小于 15mm 的砂轮，用氧化铜粉加磷酸溶液调配成粘结剂粘接紧固。

≫ 注意　用螺钉紧固砂轮时，砂轮内孔与接长轴的配合间隙要小，以免砂轮安装偏心；如果间隙过大，则应在砂轮内孔垫入纸片。

（3）砂轮接长轴的装拆（图 4-78）

1）擦净内圆磨具主轴外锥面。

2）将接长轴装入主轴孔中，将专用扳手插入内圆磨具右端靠带轮的扁槽内；再用一把扳手夹住接长轴，按顺时针方向旋紧；拆卸时，方向相反。

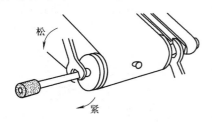

松

紧

图 4-78　接长轴的装拆

图 4-79　用砂轮块修整内圆砂轮

（4）内圆砂轮的修整

1）砂轮的粗修整　新安装的砂轮不宜直接用金刚石修整器修整，通常用绿色碳化硅砂轮块作粗修整（图 4-79）。

2）用金刚石修整器修整砂轮（图 4-80）　砂轮修整器位于砂轮前方，金刚石安装位置应高于砂轮中心 1～1.5mm。其修整用量如下：粗修时，背吃刀量 a_p 为 0.02～0.03mm，纵向进给速度取 0.3～0.5m/min 修整值不超过 0.15mm；精修时，a_p 为 0.01～0.02mm，纵向进给速度取 0.1～0.2m/min。注意：金刚石刀尖要锋利，安装牢固；接长轴较长时，修整量应适当减小；修整值不超过 0.05mm。

5. 自定心卡盘装夹工件后找正

自定心卡盘使用方便，但精度不高，径向圆跳动误差在0.08mm左右。因此，加工精度要求较高的零件，用自定心卡盘装夹后必须找正。

三、技能训练

零件装夹与找正的方法如下：

图 4-80　用金刚石修整内圆砂轮

（1）短套类工件的装夹和找正　自定心卡盘装夹较短的套类工件时，工件端面易倾斜，用百分表找正时，先测量出工件端面圆跳动量，然后用铜棒轻击工件远端的最高点，位移量为高点与低点差值的1/2。跳动量在0.05mm左右即可（图4-81a）。

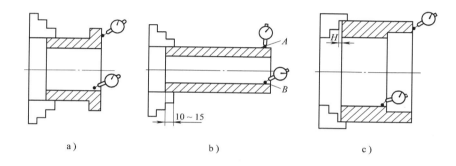

图 4-81　零件装夹与找正
a）短工件的装夹和找正　b）较长工件的装夹和找正　c）用反爪装夹和找正

（2）长套类工件的装夹和找正　当工件长度较长时，工件装夹后远端的径向圆跳动误差较大；找正时要测量内孔和外圆的径向圆跳动误差，以保证磨削余量均匀，如图4-81b所示。

（3）自定心卡盘反爪装夹工件　当工件外圆直径较大，可换反爪装夹工件，其找正方法与上述相同；找正时，使工件与卡爪平面之间要留有2mm左右的间隙（H），以便能找正端面圆跳动误差如图4-81c所示。

>> **注意**　长工件找正时，夹持工件的长度10~15mm；卡盘板手用后立即取下，避免飞出发生事故。

四、工件装夹与找正成绩评定（表4-21）

表 4-21　工件的装夹与找正评分标准

序号	检测项目	配分	评分标准	实测结果	得分
1	短零件的装夹及找正径向圆跳动量≤0.02mm	30	超差 0.01mm 扣 5 分		
2	长零件的装夹及找正径向圆跳动量≤0.02mm	30	超差 0.01mm 扣 5 分		
3	反爪装夹工件及找正径向圆跳动量≤0.02mm	30	超差 0.01mm 扣 5 分		
4	安全文明生产	10	良好得 5 分，优秀得 10 分		

任务二　磨削圆柱孔

一、实训教学目的与要求

1）掌握选择砂轮、接长轴的方法。

2）掌握圆柱孔零件的磨削、测量方法与步骤。

二、基本知识

1. 砂轮的选择

选用 1　20 × 厚度 × 内径 WA 46 K 5 V 35。

2. 接长轴选择

接长轴直径根据内圆砂轮的直径确定，长度要求内圆磨具与工件之间有 10～15mm 的距离（图 4-82）。其原则是使接长轴尽可能短而粗，以增加刚性，提高磨削效率。

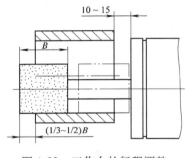

图 4-82　工作台的行程调整

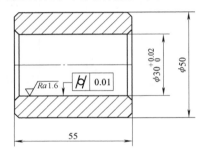

图 4-83　圆柱孔零件

三、技能训练

1. 工件形状及技术要求如图 4-83 所示。

工件外径 $\phi50$mm，内径 $\phi30$mm，长度 55mm；属于短工件；技术要求：内孔 $\phi30$mm 有 0.02mm 的尺寸公差，圆柱度公差为 0.01mm，表面粗糙度值 Ra1.6μm。

2. 准备工作

磨削用量的选择：头架转速取 $n_w = 150$r/min；纵向进给速度取 $f_纵 = 1.5$m/min，背吃刀量取 $a_p = 0.01$mm。

3. 磨削方法与步骤

1）在自定心卡盘上装夹工件并找正；并根据工件孔径及长度选择合适的砂轮及接长轴。

2）调整行程挡块距离，砂轮在工件孔口越出长度取（2/3～1/2）B，如图 4-82 所示。超出过多易磨成喇叭口，超出过少孔易磨成腰鼓形。

3）粗修整砂轮；并在工件内孔两端对刀试磨，根据直径差值调整工作台。

4）采用纵向磨削法磨削工件内孔，使内孔磨出 2/3 以上。

5）用内径百分表测量孔的圆柱度误差，并根据误差值调整机床。

6）继续磨削内孔，磨出后重新进行测量和调整机床，使工件圆柱度符合图样要求。

7）磨去粗磨余量，留精磨余量 0.05mm 左右；并根据图样要求，精修砂轮。

8）精磨圆柱孔，见光后再精确测量圆柱孔的圆柱度误差和检查表面粗糙度，达不到要求，则精细地调整机床和重新修整砂轮，直至符合要求为止。

9）磨去精磨余量，使工件达到尺寸要求。

>> **注意**

1）磨削过程中切削液要充分、清洁。

2）砂轮退出时，先横向退出，再纵向退出，以免工件产生螺旋痕迹。

3）磨削时砂轮不宜在孔端停留过久，以免孔口产生锥度。

4）砂轮钝后，使工件产生圆柱度误差应及时修整砂轮，不能盲目地调整机床，避免产生不必要的调整误差。

5）在测量内孔时，砂轮应先退出，等砂轮和工件停转后，再测量，避免发生事故。

4. 内孔的测量

1）根据被测量工件的孔径，选相应的千分尺，并将千分尺调整到公称尺寸后锁紧。

2）根据被测工件公称尺寸，选择内径量表，换上相应的量头，在测量杆上端装入百分表头，使百分表测杆压缩 0.3～0.5mm 后紧固。

3）将测量头放在外径千分尺两测量杆之间，观察表针摆动情况，调整可换量头的距离，使内径量表的指示值为零，调整时量头压缩 0.3～0.5mm。

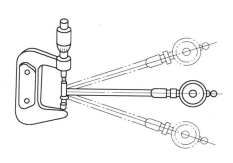

图 4-84　内径量表零位的调整

4）将内径量表在千分尺测量杆内摆动（图 4-84），使内径量表的测头与千分尺测量杆垂直，在千分尺测量杆内找最小值，然后旋转表盘使表针指向零位。

5）内径百分表测量工件　将已调整好零位的内径量表测量脚伸到被测工件孔内，上下或前后摆动，摆动幅度一般为 ±10°，使内径量表的测头与被测孔径垂直，表盘指针的读数值与零位差值便是被测工件内孔尺寸的实际偏差值。

>> **注意事项：**

① 用内径量表测工件内孔时，表杆应与工件轴线平行。测量时，应先压缩测量杆再移入工件孔内不能用猛力推入内径量表，以免损坏量具。

② 百分表装入量杆时应有 0.3～0.5mm 的指针压缩量。要反复检查百分表的零位。根据表针的偏转方向，判断工件实际内孔直径，防止读数误差。

③ 测量完毕要把百分表和可换量杆取下擦净，并放入盒内保存。

四、圆柱孔零件磨削成绩评定（表4-22）

表 4-22　磨削圆柱孔零件的评分标准

序号	检测项目	配分	评分标准	实测结果	得分
1	加工余量 0.2mm	20	超差不得分		
2	检测 $\phi30^{+0.02}_{0}$ mm	30	超差 0.01mm 扣 15 分		
3	检测圆柱度误差（≤0.01mm）	20	超差 0.002mm 扣 5 分		
4	检测表面粗糙度值 Ra1.6μm	20	超差一档扣 10 分		
5	安全文明生产	10	良好得 5 分，优秀得 10 分		

任务三　磨削圆锥孔

一、实训教学目的与要求

1）掌握砂轮的选择方法。

2）掌握圆锥孔的磨削、测量方法。

二、基本知识

1. 砂轮直径的选择

磨削圆锥孔时，砂轮直径应小于锥孔的最小直径，一般只要砂轮经过修整能进入圆锥孔小端，有 2～3mm 退刀距离即可。

2. 内圆磨削质量分析及预防方法

1）表面有振痕，表面粗糙度值过大，表面烧伤。选择较粗、较软及直径较大的砂轮，并及时修整砂轮和调整轴承间隙，减少跳动和振动现象；加注充分的切削液；适当减小进给量。

2）工件出现喇叭口。适当控制停留时间，调整砂轮轴伸出长度不超过砂轮宽度一半；根据工件内孔尺寸及长度合理选择砂轮接长轴长度；正确修整砂轮。

3）锥形孔。重新调整头架角度，减小进给量并调整砂轮轴伸出长度，及时修整砂轮。

4）圆度误差及内外圆同轴度误差。重新紧固工件避免工件走动，夹紧力不宜太大，并细心找正；调整卡盘的松紧量和主轴轴承间隙。

5）端面与孔的垂直度误差。夹紧工件细心找正；进给量要小；用塞规测量时不许摇晃。

6）螺旋痕迹。降低工作台移动速度，及时修整砂轮，增强接长轴刚性。

7）锥度不正确。及时修整砂轮，精磨余量留少些，增加光磨次数；增加接长轴刚性，减小砂轮宽度。

8）圆锥素线不直。调整机床，使砂轮轴的轴线与工件的轴线等高；正确调整工作台行程挡块位置，保证砂轮越出工件端面的距离为（1/3～1/2）B（B 为砂轮宽度），适当减小砂轮宽度和背吃刀量（磨削深度）。

三、技能训练

1. 分析工件的形状和技术要求（图 4-85）

磨削莫氏锥度 3 号圆锥孔，大端尺寸 $\phi 23.825$mm，长度 60mm，表面粗糙度值 $Ra1.6\mu$m，接触面积 > 70%。

2. 磨削方法与步骤

1）用自定心卡盘夹持工件，并找正。

2）选外径 $\phi 18$mm 的砂轮，长 65mm 的接长轴，装在磨床上，找正工件与砂轮轴等高。

3）转动工作台 $\alpha/2 = 1°26'16''$，即 $C = 1:19.922$（图 4-86）。

4）调整工作台行程挡块距离；修整砂轮。

在圆锥孔两端对刀试磨，再根据误差调整机床工作台。

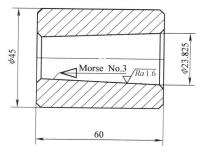

图 4-85 圆锥孔零件

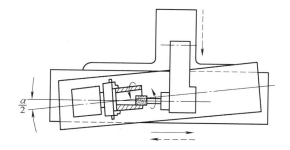

图 4-86 转动工作台磨削圆锥孔

5）采用纵磨法磨削圆锥孔，磨出 2/3 以上，然后用莫氏锥度 3 号圆锥塞规涂色进行锥度检验，并根据接触误差调整工作台。

6）磨去粗磨余量，留精磨余量 0.05mm。

7）精修整砂轮；精磨圆锥孔，并精确调整机床锥度，使圆锥孔的接触面及表面粗糙度符合图样要求。

3. 圆锥孔的测量

具体测量锥度及尺寸的方法与套规的测量方法类似。

四、圆锥孔的磨削成绩评定（表 4-23）

表 4-23 圆锥孔的磨削评分标准

序号	检测项目	配分	评分标准	实测结果	得分
1	检测锥度接触面 70%	40	少 5% 扣 20 分		
2	检测直线度误差（不得大于 0.01mm）	15	超差 0.005mm 扣 5 分		
3	检测圆度误差，3 等分都有摩擦痕迹	15	1 条擦痕不全扣 5 分		
4	检测表面粗糙度值 $Ra1.6\mu m$	20	超差一档扣 10 分		
5	安全文明生产	10	良好得 5 分，优秀得 10 分		

1. 如何用自定心卡盘装夹找正短、长工件？
2. 通孔磨削时怎样调整工作台的行程？
3. 内圆磨削时怎样选择接长轴？
4. 磨削内圆锥面时，产生双曲线误差的主要原因是什么？预防措施有哪些？
5. 内圆磨削有哪些特点？
6. 内圆磨削时，如何选择砂轮的直径？如何安装内圆砂轮？
7. 如何用自定心卡盘安装、找正工件？
8. 如何应用纵向法磨削内孔？

9. 磨削时产生喇叭口、锥形、圆度误差和内外圆同轴度误差的原因是什么？

10. 套类零件的磨削办法有哪两种？如何磨削套筒零件？

11. 试述图4-87所示铸铁套筒工件的磨削方法、步骤和注意事项。

12. 试述图4-88所示莫氏锥套工件的磨削方法、步骤和注意事项。

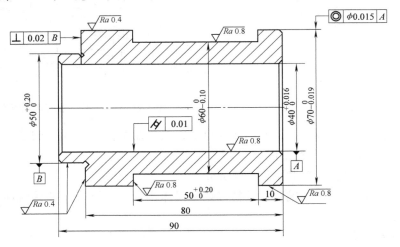

图 4-87　铸铁套筒

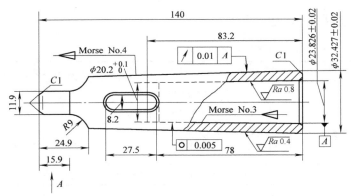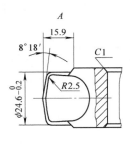

技术要求

1. 材料为45钢，淬火38～45HRC。

2. 锥面大端接触面积≥75%。

图 4-88　莫氏锥套

课题四　　平面磨削

任务一　磨削平面

一、实训教学目的与要求

1）了解平面磨床各部分的名称和作用。

2）掌握平面磨床操作的方法与步骤。

3）掌握磨削平面零件的方法与步骤。

二、基本知识

1. 卧轴矩台平面磨床的组成部分及作用（图4-89）

（1）床身　床身上面有 V 形导轨及平导轨；工作台安装在导轨上。床身前侧的液压操纵箱上装有工作台手动机构、垂直进给机构、液压操纵板等，用以控制机床的机械与液压传动。电气按钮板上装有电气控制按钮。

（2）工作台　工作台下部有导轨上部有台面，台面上有 T 形槽，用以固定电磁吸盘。

（3）砂轮架　砂轮架在壳体前部，装有两套短三块油膜滑动轴承和控制轴向窜动的两套球面止推轴承。砂轮架尾部装有电动机。砂轮架在水平燕尾导轨上有两种进给形式：一种是断续进给，即工作台换向一次，砂轮架横向作一次断续进给，进给量 1 ~ 12mm/次；另一种是连续进给，砂轮架在水平燕尾导轨上作往复连续移动。连续移动速度为 0.3 ~ 3m/min，由进给选择旋钮控制。砂轮架即能液压进给又能手动进给。

（4）滑板　滑板有两组相互垂直的导轨，一组为垂直矩形导轨，用以沿立柱作上下移动，另一组为水平燕尾导轨，用以作砂轮架横向移动。

（5）立柱　立柱前部有两条矩形导轨，通过丝杆、螺母传动使滑板沿导轨作上下移动。

（6）砂轮修整器　砂轮修整器装在滑板前面，用来安装金刚刀修整砂轮的外圆表面。

2. 平面磨床的操纵和调整（图4-90）

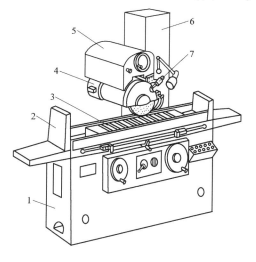

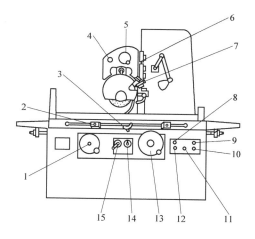

图 4-89　卧轴矩台平面磨床
1—床身　2—工作台　3—电磁吸盘　4—砂轮架
5—滑板　6—立柱　7—砂轮修整器

图 4-90　卧轴矩台平面磨床操纵示意图
1—工作台手动进给手轮　2—行程挡块　3—工作台换向手柄　4—砂轮架换向手柄　5—砂轮架横向手动进给手轮　6—砂轮架润滑按钮　7—砂轮修整器旋钮　8—电磁盘旋钮　9—砂轮调速起动旋钮　10—总停按钮　11—液压泵起动按钮　12—指示灯　13—垂直进给手轮　14—砂轮架液动进给旋钮　15—工作台调速手柄

（1）安全检查

1）检查行程挡块 2 的位置是否准确，工作台换向手柄 3 位于左、右两行程挡块之间。

2）工作台调速手柄 15 放在"停止"位置；砂轮架液动进给旋钮 14 放至"0"。

3）砂轮调速起动旋钮 9 放至"停止"位置。

（2）起动机床

1）接通电源；按下液压泵起动按钮 11（平面磨床油箱内装有水银限位开关来延迟砂轮起动的时间，液压泵起动 2~3min 后砂轮才能起动）。

2）顺时针转动工作台调速手柄 15，使工作台从慢到快作往复直线运动。

3）转动砂轮架液动进给旋钮 14，向左、向右可实现横向连续、断续进给。

4）拉动砂轮架换向手柄 4，可使砂轮前后移动，手柄向外拉出，砂轮向外进给；手柄向里推进，砂轮向里进给。

5）液压泵起动 2~3min 后，起动砂轮。启动顺序是将砂轮调速起动旋钮 9 扳到"低速"旋转位置，待运转正常后再扳到"高速"旋转位置，使砂轮作高速旋转。

6）摇动垂直进给手轮 13，砂轮架垂直上下移动。顺时针转动手轮，砂轮切入工件，反转退刀。当砂轮进、退刀时，都要注意消除间隙。手轮每进一小格，进给量为 0.005mm，磨削量为 0.005mm，手轮每转一圈，砂轮架垂直移动 1mm。

7）操作结束时，将工作台调速手柄 15 逆时针方向转动 120°到停止位置，使工作台由快变慢到停止运动。砂轮架液动进给旋钮 14 扳至"0"。

8）将砂轮调速起动旋钮 9 扳至"停止"位置；再按总停按钮停机。

>> **注意**

① 在起动砂轮前，必须先起动润滑泵，使砂轮主轴得到充分润滑。

② 砂轮在高速转动时，由"高速"位置转至"低速"位置，会造成砂轮"制动"，并使砂轮及法兰盘与主轴连接松动。因此，在操作结束时，转动砂轮调速起动按钮 9 应由"高速"直接转至"停止"位置。

3. 用滑板体上的砂轮修整器修整砂轮

砂轮修整器如图 4-91 所示。

1）在砂轮修整器上安装金刚刀，并紧固。

2）移动砂轮架，使金刚石处在砂轮宽度范围内。

3）起动砂轮，顺时针旋转砂轮修整器旋钮，使金刚刀向砂轮圆周面进给。

4）当金刚刀接触砂轮圆周面时，停止进给。

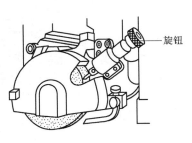

旋钮

图 4-91　用滑板上砂轮器修整砂轮

5）换向修整时，将砂轮架换向手柄 4 拉出或推进，使砂轮架换向移动。然后旋转砂轮修整器旋钮，按修整要求予以进给（旋钮一小格，$a_p = 0.01mm$），粗修整每次进给 0.02~0.03mm，精修整每次进给 0.005~0.01mm。

6）修整结束，将砂轮架快速退至台面边缘。

7）逆时针旋转砂轮修整器捏手，使金刚刀退离砂轮表面。

>> **注意**

用砂轮修整器修整砂轮，金刚石伸出长度要适当，太长会碰到砂轮端面，无法进行修整；太短金刚石无法接触砂轮。

4. 在电磁吸盘上用修整器修整砂轮

（1）砂轮圆周面的修整步骤

1）将金刚刀装入砂轮修整器内，并用螺钉紧固。

2）砂轮修整器安放在电吸盘台面上，将电吸盘工作状态开关扳到"吸着"位置，用手拉动砂轮修整器，检查是否吸牢。

3）移动工作台及砂轮架，使金刚刀处于图4-92所示的位置。

4）起动砂轮，并摇动垂直进给手轮，使砂轮圆周面逐渐接近金刚刀，当砂轮与金刚刀接触后，停止垂直进给。

5）移动砂轮架，作横向连续进给，使金刚刀在整个圆周面上进行修整（图4-93）。修整至要求后，砂轮架快速连续退出。

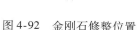

图4-92　金刚石修整位置

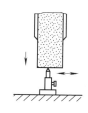

图4-93　砂轮圆周面的修整

6）将电磁吸盘工作状态选择开关拨至"退磁"位置，取下砂轮修整器，修整砂轮结束。

（2）砂轮端面的修整步骤

1）将金刚刀从侧面装入砂轮修整器内，并用螺钉紧固。

2）将砂轮修整器安放在电磁吸盘台面上，通磁吸住。

3）移动工作台及砂轮架，使金刚刀处于图4-94所示左端的位置。

4）起动砂轮并摇动手轮使砂轮架横向进给，砂轮端面接近金刚刀，当砂轮端面与金刚刀接触后，停止横向进给。

5）摇动砂轮架垂直进给手轮，使砂轮连续下降，以修整砂轮的端面。

6）砂轮架作横向进给，背吃刀量为0.02～0.03mm；再摇动垂直进给手轮，使砂轮垂直连续上升，在金刚刀离砂轮圆周边缘约2mm处，停止垂直进给。

7）如此上下修整数次，在砂轮端面上修出的一个约1mm深的台阶平面。

8）用同样方法修整砂轮右端面至要求，如图4-94所示右端位置。

（3）注意事项

1）用台面砂轮修整器修整砂轮时，应先检查一下砂轮修整器是否吸牢，可用手拉一下修整器，检查无误后再进行修整。

2）用金刚刀修整砂轮端面时，升降砂轮架时，要注意换向距

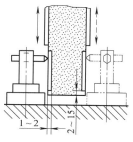

图4-94　砂轮端面的修整

离，不要使砂轮修整器撞到法兰盘上，也不要升过头将端面凸台修去。

3）在修整砂轮时，工作台启动调速手柄应转到"停止"位置，不要转到"卸负"位置，否则无法进行修整。

4）在修整砂轮端面时，砂轮内凹平面不宜修得过宽或过窄。过宽，磨削时会造成工件发热烧伤，且平面度也较差；过窄，砂轮端面磨损速度快，影响磨削效率。

5）在电磁吸盘台面上用砂轮修整器修整圆周面时，金刚刀与砂轮中心有一定偏移量，在修整砂轮时，工作台不能移动，否则，金刚刀吃进砂轮太深，容易损坏金刚刀和砂轮。

5. 用电磁吸盘装夹工件的方法及安全规程

（1）电磁吸盘的工作原理及其特点

1）电磁吸盘是利用电磁效应原理吸牢工件的。

2）工件装卸迅速方便，可同时装夹多个工件，生产效率高。

3）装夹稳固可靠；定位基准面被均匀地吸紧在台面上，能很好地保证工件的平行度。

4）可利用夹具直接装在台面上，磨出垂直平面或倾斜面。

（2）装夹工件的方法

1）用磨石或细砂纸将电吸盘台面和工件基准面毛刺清除并擦净，再把工件放到台面上。

2）扳动电磁吸盘工作状态选择开关至"通磁"位置，将工件吸牢。

3）工件加工完毕后，将开关转至"退磁"位置，工件即可取下。

>> 注意 必须保持电磁吸盘台面平整光洁，如台面被拉毛，可用磨石或细砂纸修光，再用金相砂纸抛光。

（3）安全规程

1）在装夹工件时，工件定位表面应尽量多覆盖电磁吸盘，以增加电磁吸力，使工件装夹稳固，如图4-95所示。

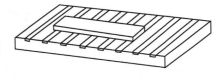

图4-95 工件的装夹

2）装夹工件的高度大于宽度时，可在工件前面（磨削力方向）加挡铁，挡铁高度不得小于工件高度的2/3；挡铁与台面的接触面积要大。如果工件定位面积小，则应在工件后面也加一块挡铁，前后夹住，如图4-96所示。以防工件在磨削中倾倒，发生事故。

3）若工件底面积较大，因剩磁及光滑表面粘附较大，工件不易取下时；可用木棒、铜棒或扳手在合适的位置将工件板松，再取下工件。切不可将工件从台面上硬拉下来，避免工件表面与工作台面被拉毛或损伤，如图4-97所示。

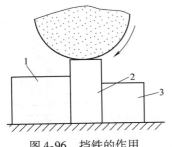

图4-96 挡铁的作用

1、3—挡铁 2—工件

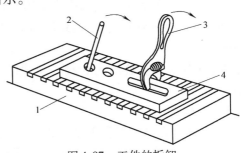

图4-97 工件的拆卸

1—电磁吸盘 2—木棒 3—活扳手 4—工件

4）工件装夹后，用手拉一下工件，检查是否吸牢，然后起动砂轮进行磨削。

（4）磨削面时工件基准面的选择原则

1）选择表面粗糙度值较小的面为基准面。

2）选择大平面为基准面，使装夹稳固，并有利于磨去较少余量达到平行度要求。

3）当平行面之间有几何公差要求时，应选择工件几何公差较小的面或者有利于达到几何公差要求的面为基准面。

4）根据工件的技求要求和前道工序的加工情况来选择基准面。

6. 平面磨削的几种方法

（1）横向磨削法（图4-98）　横向磨削法是平面磨削中常用的一种磨削方法。

工作台作纵向进给，砂轮架作垂直进给，当砂轮磨到工件后，砂轮架作横向断续进给，通过数次横向进给，磨去工件第一层余量。重复第一次操作，磨去工件第二层余量；经多次磨削，将余量全部磨去。

它的特点是砂轮与工件接触面积小，冷却和排屑条件较好。因此，磨削热和工件的变形较小，砂轮不易塞实，加工精度高，但生产效率较低。

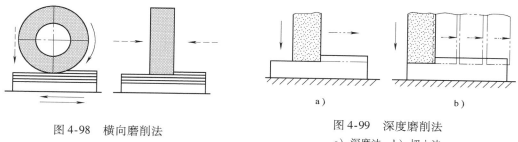

图4-98　横向磨削法

图4-99　深度磨削法
a）深磨法　b）切入法

（2）深度磨削法（图4-99）

1）深磨法。砂轮从工件一端垂直进给，横向不进给开始磨削。每当工作台纵向进给换向时，砂轮作垂直进给，经数次进给，将工件的大部分或全部余量磨去，砂轮停止作垂直进给，砂轮架再作微量横向进给，直至把工件整个表面全部磨好，如图4-99a所示。

2）切入法。磨削时，砂轮只作垂直进给，横向不进给，在磨去全部余量后，砂轮垂直退刀，并作横向移动，进给量取（4/5）B（B为砂轮宽度），再作垂直进给，通过分段磨削，把工件整个表面余量全部磨去，如图4-99b所示。

为了减小工件表面粗糙度值，用深度磨削法磨削时，可留少量精磨余量（一般为0.05mm左右），然后改用横向磨削法将余量磨去。深度磨削法的特点是生产效率高，适宜批量生产采用。

7. 平行面零件的精度检测

（1）平行度的检测

1）千分尺测量法。用千分尺在工件上多点测量其厚度，测量点相隔一定的距离；测点厚度最大差值，即为工件的平行度误差，如图4-100所示。测量点的数量，根据精度要求确定。

2）打表法。用杠杆式百分表在平板上测量工件的平行度（图4-101），将工件和杠杆表架放在测量平板上，调整表杆，使杠杆表的表头接触工件平面（约压缩0.3mm）；然后移动

图 4-100　用千分尺测量平行度

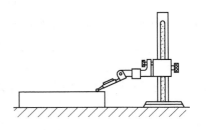

图 4-101　用杠杆表测量平行度

表架，使百分表的表头在工件平面上均匀地通过，则百分表的读数变动量就是工件的平行度误差。测量小型工件时，采用表架不动，工件移动的方法。

（2）平面度的检验

1）透光法。见"钳工实训"。

2）着色法。在被测平面上涂一层很薄的红丹粉显示剂在平板上摩擦，看摩擦痕迹分布情况，确定平面度误差。

三、磨削平行面技能训练

1. 磨削方法与步骤

1）分析图 4-102 所示工件形状和技术要求。

工件形状为六面体，厚度（25 ± 0.01）mm，平行度公差 0.02mm，表面粗糙度值 Ra1.6μm。

2）把电磁吸盘台面和工件基准面用磨石或细砂纸去除毛刺并清理干净。

3）检查工件的毛坯尺寸，并将质量较好的一面作为基准，顺长放在台面上，扳动电磁吸盘控制开关到"吸磁"位置。检查工件是否吸牢。

4）修整砂轮；摇动砂轮横向手动进给手轮，摇到工件上方位置停下。

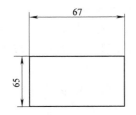

图 4-102　平行面磨削

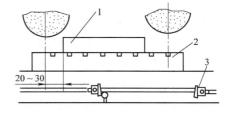

图 4-103　工作台行程距离的调整
1—工件　2—电磁吸盘　3—行程挡块

5）启动液压泵，调整工作台行程，使砂轮越出工件表面 20～30mm，如图 4-103 所示。

6）转动工作台调速手柄，使工作台快速进行直线往复运动。

7）降低砂轮高度，使砂轮接近工件表面，然后起动砂轮，作垂直进刀。先从工件尺寸较大处进刀，砂轮即将接触工件时，对刀要缓慢，看见火花后，用横向磨削法磨去工件余量的一半停机，用粉笔在垂直进给手轮的刻度上作标记，逆时针转动垂直进给手轮退刀，然后测量工件。

8）以磨过的平面为基准面，将工件、台面擦净。仍将工件放在原标记处，扳动电吸盘控制开关到"吸磁"位置。垂直对刀，快到标记处进给量要缓慢。若进刀刻度还没有到标记处，砂轮就接触到工件表面，表明工件没有擦净。应擦净重新安装，对刀。磨削时，分粗、精磨。粗磨时，横向进给量取（0.1~0.4）B/双行程；垂直进给量取 0.015~0.03mm；精磨时，横向进给量取（0.05~0.1）B/双行程；垂直进给量取 0.005~0.01mm。

2. 注意事项

1）工件装夹时，应将定位面、台面毛刺去除，清理干净，避免工件产生误差和划伤工件表面。

2）在磨削平行面时，砂轮横向进给应选择"断续"进给；砂轮越出工件的距离约 0.5B（B 砂轮宽度）时应立即换向，当砂轮全部越出后换向，易产生塌角。

3）粗磨二个平行面后应测量平行度误差，以便及时了解磨床精度和平行度误差。

4）加工中应经常测量尺寸，测量工件尺寸后，工件重新放回台面原位置上时，要将台面和基准面擦干净。

四、成绩评定

平行面零件磨削成绩评定见表 4-24。

表 4-24　平行面零件磨削的评分标准

序号	检测项目	配分	评分标准	实测结果	得分
1	检测尺寸（25±0.01）mm	30	每超差 0.005 扣 10 分		
2	检测平行度误差（≤0.02mm）	30	每超差 0.005 扣 10 分		
3	检测表面粗糙度值 Ra1.6μm	30	每超差一档扣 15 分		
4	安全文明生产	10	良好得 5 分，优秀得 10 分		

任务二　薄片零件磨削

一、实训教学目的与要求

1）了解薄片工件的磨削特点。
2）掌握薄片工件磨削的步骤与方法。

二、基本知识

1. 薄片工件磨削的特点

1）薄片工件被磨削时，很容易在受力或受热后产生变形。工件产生不均匀的线性膨胀，易被磨成凹面形状，如图 4-104 所示。

2）翘曲变形。由于工件厚度小，刚性差，磨削前工件有翘曲变形，如图 4-105a 所示；在吸力作用下翘曲会消失，如图 4-105b 所示。但去除吸紧力，工件呈自然状态，弹性变形消失，工件又恢复成原来

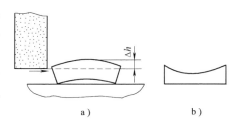

图 4-104　工件的热变形

的翘曲形，如图 4-105c 所示。因此，应采取以下措施来减少工件的发热和受力变形。

2. 减小受力变形的方法

1）选用硬度较软的砂轮，并保持锋利。

2）采用较小的背吃刀量和较高的工作台纵向进给速度。

3）加注充分的切削液改善磨削条件，减小变形等。

4）从工艺和装夹等两个方面采取措施，以减小工件的受力变形。

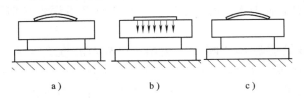

图 4-105　薄片工件安装时的变形情况

a）磨削前　b）磨削时　c）磨削后

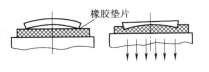

图 4-106　垫弹性垫片

1）垫弹性垫片。在工件与电磁吸盘之间放入厚度约 0.5mm 的橡胶或海绵。当工件被吸紧时，由于橡胶或海绵垫片的作用，因而工件的弹性变形减小。将工件两平面交替磨削，平面度得到找正后，再直接吸在电磁吸盘上磨削，如图 4-106 所示。

2）垫纸。将工件放在平板上，用手指或橡胶手锤轻轻敲击，找出工件和平板接触空隙，将纸垫贴平在空隙处。以垫出的平面作定位基准，放在电吸盘上，磨出第一个平面，再以磨好的平面为基准，装在电磁吸盘上，磨出另一面。

3）敷蜡法。敷蜡法的目的是使原来弯曲的薄片工件在磨削时保持自由状态，这样就可以将工件弯曲部分磨去。

4）用导磁铁装夹磨薄片工件。在电磁吸盘上再放置一个导磁铁。工件放在导磁铁上，磁力线通过导磁铁再吸住工件，磁力的强度大大减弱，减小了工件的弹性变形。

三、技能训练

1. 实作薄片零件的的形状分析及技术要求（图 4-107）

该工件属圆环形薄片零件，厚度（3±0.01）mm，表面粗糙度值 $Ra1.6\mu m$，平行度公差 0.02mm。

2. 加工步骤

（1）检查磨削余量和初找平面度　若工件翘曲较大，将其放在平板上，用铜棒敲击凸起部位，进行找平，直至厚度最小处有磨削余量为止。检查和找平后清除毛刺。

（2）选择基准面及纸垫　将已校平的工件放在精密平板上，用千分表（或杠杆百分表）测量工件平面度误差，选择误差较小的一面作为基准面，并根据误差及弯曲部位，

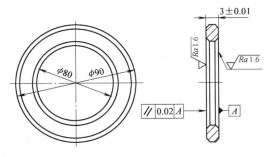

图 4-107　薄片零件

垫入相应大小和厚度的纸片（一般用电容纸），用木锤或手指敲击工件，应无空鼓声。

（3）修整砂轮、粗磨两平面　将工件放在电磁吸盘上，粗磨上平面，磨出新面即可。然后，磨另一面。

（4）检查工件两平面的平面度误差　若平面度误差在公差范围内，继续磨削。磨削时两面交替进行，控制精磨余量在 0.05～0.06mm 即可。

（5）精修整砂轮、精磨两平面　先精磨出一面，然后磨削另一面至尺寸。

四、成绩评定

薄片零件磨削成绩评定见表4-25。

表4-25　薄片零件磨削的评分标准

序号	检测项目	配分	评分标准	实测结果	得分
1	检测尺寸（3±0.01）mm	30	每超差 0.005 扣 10 分		
2	检测平行度误差（≤0.02mm）	30	每超差 0.005 扣 10 分		
3	检测表面粗糙度值 $Ra1.6\mu m$	30	每超差一档扣 15 分		
4	安全文明生产	10	良好得 5 分，优秀得 10 分		

任务三　磨削垂直面

一、实训教学目的与要求

1）掌握平口钳装夹工件及找正的方法。
2）掌握磨削垂直平面的步骤与测量方法。

二、基本知识

1. 用平口钳和直角尺装夹找正磨削垂直平面的步骤

1）首先用磨石将电磁吸盘、平口钳底面毛刺打掉并擦净。把平口钳放到电磁吸盘台面上，并使钳口夹紧平面与工作台运动方向相同，如图4-108所示。

2）将工件装夹在钳口上，使工件平面略高于钳口，如图4-107所示，将直角尺测量面放置在电磁吸盘台面，并使直角尺垂直测量面与工件左端面贴紧，根据"透光"情况，用铜棒敲击右端面，直至工件与直角尺垂直面完全贴合，如图4-109a所示。

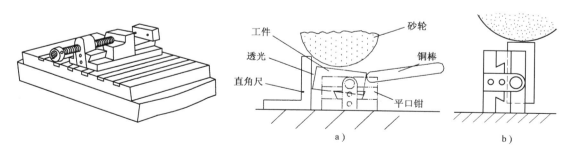

图4-108　平口钳的放置　　　　图4-109　用平口钳装夹磨削垂直平面

3）调整工作台行程距离及磨头高度，使砂轮处于磨削位置。

4）磨削工件平面，使平行度符合图样要求。

5）将平口钳连同工件一起翻转 90°，平口钳侧面吸在电磁吸盘台面上，如图 4-109b 所示。

6）磨削工件的垂直面，使工件垂直度符合图样要求。

2. 用直角尺测量工件的垂直度

测量方法见"钳工实训"。

3. 质量分析及预防方法

1）表面粗糙，并有烧伤或拉毛现象。选择合适的进给量；及时修整砂轮，并加注充足的切削液。

2）表面有波纹。重新平衡砂轮，选择较软砂轮并及时修整砂轮，减小工作台换向冲击力，及时排出液压系统的空气，调整主轴轴承、楔铁间隙。

3）工件边缘塌角。合理选择砂轮换向时间，控制砂轮越出工件的距离（1/3 ~ 1/2）*B*。

4）平面度误差。减小工件变形；合理选择磨削用量，适当延长无横向进给的光磨时间；及时修整砂轮。保持充分冷却，减少热变形。

5）平行度误差。装夹工件时做好清洁、修毛刺工作，做好工件定位面的精度检查；及时修整砂轮。

6）垂直度误差。正确选择定位面；正确装夹并准确找正；正确、合理选择和使用测量方法，减少测量误差。

7）尺寸误差。正确控制进给量并经常测量；工件冷却后进行测量；及时修整砂轮。

三、技能训练

1. 分析图 4-110 所示工件的形状和技术要求

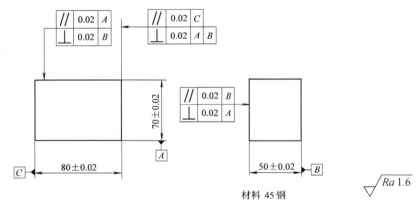

图 4-110 六面体

工件为六面体；要求磨削六个面；六面均有尺寸公差（±0.02mm），表面粗糙度值 *Ra*1.6μm，平行度公差为 0.02mm，垂直度公差为 0.02mm。

2. 加工步骤

1）磨 *B* 面及对面至尺寸（50±0.02）mm，保证平行度公差 0.02mm；

2）去除工件表面的毛刺并将台面、工件基准面擦净；上平口钳夹持 50mm 两平行面用直角尺找正 C 面,夹紧工件。磨 A 面见光,保证 50mm 两平行面对 A 面的垂直度公差 0.02mm。

3)将平口钳连同工件一起翻转 90°,磨 C 面见光。保证 50mm 两平行面对 C 的垂直度公差 0.02mm。

4)将基准面去除毛刺并擦净,以 A 面为基准,磨 A 对面至尺寸(70 ± 0.02)mm。保证相距 70mm 的两平行面平行度误差不大于 0.02mm。

5)将基准面去除毛刺并擦净,以 C 面为基准,磨 C 对面至尺寸(80 ± 0.02)mm。保证距离为(80 ± 0.02)mm 的两平行面平行度误差不大于 0.02mm。

3. 注意事项

1)要定期检查平口钳的垂直度,如有超差应予以修复,在使用前应去除平口钳底面、侧面及钳口的毛刺并将钳口擦净。

2)在平行面磨好后,准备磨削垂直面时,应用磨石除去平行面上的毛刺,以消除定位误差,保证垂直度。

3)在磨削 70mm、80mm 两平面时,因高度高,稳定性差,可参照图 4-111 所示的放置挡铁,其高度不得小于工件高度的 2/3。

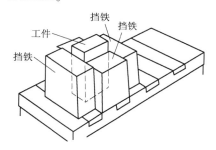

图 4-111　挡铁的作用

4)磨削顺序是先磨厚度最小的两平面,其次磨厚度较大的垂直平面,最后磨高度要求较高的垂直平面,以保证磨削精度和提高效率。

四、成绩评定

六面体磨削成绩评定,见表 4-26。

表 4-26　六面体磨削的评分标准

序号	检测项目	配分	评分标准	实测结果	得分
1	检测尺寸(50 ± 0.02)mm	10	每超差 0.005mm 扣 5 分		
2	检测尺寸(70 ± 0.02)mm	10	每超差 0.005mm 扣 5 分		
3	检测尺寸(80 ± 0.02)mm	10	每超差 0.005mm 扣 5 分		
4	检测平行度误差(≤0.02mm)(3 处)	30	1 处超差扣 10 分		
5	检测垂直度误差(≤0.02mm)(3 处)	30	1 处超差扣 10 分		
6	检测表面粗糙度值 Ra1.6μm	10	1 面超差扣 2 分		
7	安全文明生产		酌情扣分		

思 考 题

1. M7120A 机床主要有哪几部分?各部分有何作用?
2. 电磁吸盘装夹工件的安全技术要求有哪些?
3. 薄片工件的磨削方法有哪些?

4. 磨削薄片零件时如何减小装夹变形？

5. 平面磨床有哪几种类型？各有什么特点？平面磨削有哪几种方式？各有什么特点？

6. 平面磨削常用的方法有哪几种？各有什么特点？

7. 在电磁吸盘上如何装夹窄而高的零件？

8. 简述磨削平行平面的操作步骤和磨削垂直平面的操作步骤。

9. 平面工件的精度检验包括哪些内容？

10. 如何用直角尺和平口钳装夹找正磨削垂直面？

11. 试述图 4-112 所示工件的磨削方法、步骤和注意事项。

12. 试述图 4-113 所示斜垫铁的磨削方法、步骤和注意事项。

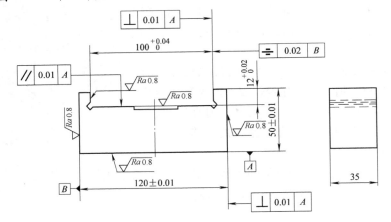

图 4-112　底座

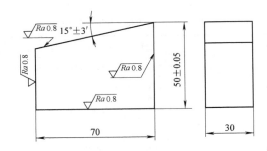

技术要求

1. 材料 45 钢。

2. 调质 220 ~ 250HBW。

图 4-113　斜垫铁

参 考 文 献

[1]　王兰萍. 机械制造技术实训［M］. 北京：电子工业出版社，2005.

[2]　聂建武. 金属切削与机床［M］. 西安：西安电子科技大学出版社，2006.

[3]　贺小涛. 机械制造工程训练［M］. 长沙：中南大学出版社，2003.

[4]　赵玉奇. 机械制造基础实训［M］. 2版. 北京：机械工业出版社，2010.

[5]　彭德荫. 车工工艺与技能训练［M］. 北京：中国劳动社会保障出版社，2005.

[6]　陈臻. 铣工工艺与技能训练［M］. 北京：中国劳动社会保障出版社，2005.

[7]　蒋增福. 钳工工艺与技能训练［M］. 北京：中国劳动社会保障出版社，2005.

[8]　郑光华. 机械制造实践［M］. 合肥：中国科技大学出版社，2005.

[9]　黄克进. 机械加工操作基本训练［M］. 北京：机械工业出版社，2004.

[10]　徐小国. 机加工实训［M］. 北京：北京理工大学出版社，2006.

[11]　金福昌. 车工（中级）［M］. 2版. 北京：机械工业出版社，2012.

[12]　周湛学. 铣工（高级工）［M］. 北京：化学工业出版社，2005.

[13]　薛源顺. 磨工（初级）［M］. 2版. 北京：机械工业出版社，2012.

[14]　殷作禄. 磨工技术［M］. 北京：机械工业出版社，2003.

[15]　朱根福. 磨工生产实习［M］. 北京：中国劳动出版社，1996.

[16]　薛源顺. 磨工基本操作技能［M］. 北京：机械工业出版社，1997.

[17]　技工学校机械类通用教材编审委员会. 车工工艺学［M］. 北京：机械工业出版社，1992.

[18]　杨授时. 车工技术［M］. 北京：机械工业出版社，1999.